基于 ARM 架构的嵌入式系统开发

——以 Linux 系统为例

代 飞 苗 晟 著

U0263513

科学出版社

北 京

内 容 简 介

本书围绕嵌入式系统的组成，从硬件和软件两个方面对嵌入式系统进行全面深入的介绍，着重讲述嵌入式系统的操作系统移植、系统编程和驱动开发等内容，并加入大量编程实例和开发流程以帮助读者快速掌握相关知识，最后简要介绍嵌入式系统发展趋势和未来研究重点。

本书可作为计算机类、电子信息类相关专业的教学辅导书，也可作为嵌入式系统开发设计人员的参考工具书。

图书在版编目(CIP)数据

基于 ARM 架构的嵌入式系统开发—— 以 Linux 系统为例 / 代飞，苗晟著. —北京：科学出版社，2025.3
ISBN 978-7-03-072026-9

Ⅰ.①基⋯　Ⅱ.①代⋯　②苗⋯　Ⅲ.①微处理器–系统设计②Linux 操作系统–系统设计　Ⅳ.①TP332②TP316.89

中国版本图书馆 CIP 数据核字（2022）第 055401 号

责任编辑：孟　锐／责任校对：彭　映
责任印制：罗　科／封面设计：墨创文化

科 学 出 版 社 出版
北京东黄城根北街16 号
邮政编码：100717
http://www.sciencep.com

成都锦瑞印刷有限责任公司 印刷
科学出版社发行　各地新华书店经销
*

2025 年 3 月第　一　版　　开本：787×1092 1/16
2025 年 3 月第一次印刷　　印张：15 1/2
字数：368 000
定价：98.00 元
（如有印装质量问题，我社负责调换）

前　言

当今社会正发生深刻的变革，而信息化技术的发展正是影响这次变革的重要推手之一。随着时间进入 21 世纪的第 3 个十年，信息化技术发展更加迅猛，对人们生活的影响也越来越大。

在新一代信息化技术浪潮冲击下，新技术、新方法、新概念层出不穷，加之芯片产业格局的变化，对嵌入式系统课程提出了新的要求。很多传统计算机类课程在新技术的冲击下，需要不断随着新技术的出现进行调整和跟进，努力结合社会不断变化的需求，跟进时代的发展步伐。

嵌入式系统在计算机发展史中是一门有着几十年发展历史的分支科学，从 Intel 开创 8086 微处理器以来，嵌入式系统技术不断更新，与信息、网络等技术相结合，产生了多个新的分支科学，现代的物联网技术、智能机器人、人机交互等都离不开嵌入式系统。以最常见的嵌入式系统——智能手机来说，谁能想象回到过去没有手机的日子会如何？至少在可预见的未来，人们对智能化设备的依赖是越来越强的。回想二十年前，当时大学的嵌入式系统课程仅仅讲授单片机开发的基本方法，编程方式多采用汇编语言，几乎很少涉及嵌入式操作系统，更不用说手机 App 的开发。现如今，单片机开发所占比重越来越小，主流的嵌入式系统大多移植了操作系统。相比单片机，嵌入式系统的内涵和外延要深刻得多，这也对开发人员提出了更高的要求。

嵌入式系统的教学随着嵌入式系统的发展而变迁，需要进行一些调整，根据目前相关资料和文献总结，笔者感受到嵌入式系统开发正呈现出以下三个特点。

(1) 系统集成度越来越高。很多程序代码、开发工具、驱动程序等都在进一步集成和封装。现在嵌入式系统开发很少需要像单片机编程那样去写最底层的代码，取而代之的是调用各种库函数、固件库、IP 核、板级支持包等完成编程，但是要掌握各种内容丰富、形形色色的库函数离不开大量的编程实践，因此动手实践能力变得更加重要。

(2) 团队合作增强，分工越来越细化。传统单片机的开发方式，一个系统由一个人完成的时代将会成为过去。嵌入式系统越来越复杂，对于大一点的项目，硬件开发、软件编程、操作系统、驱动开发、系统测试等流程都需要工作人员具备非常专业的知识，虽然能有人兼任一到两项工作，但是业精于细，以团队合作的形式，不仅产品开发周期短、系统可靠，而且每人专注一个方面，能够很好地提升业务熟悉度。

(3) 新技术新方法不断涌现。现在嵌入式系统逐步朝着系统集成化、模块化方向发展，例如 SoC（System on Chip，片上系统）。同时，越来越多的嵌入式系统开始组网，与分布式计算、云计算和边缘计算等概念相融合，越来越多的软件和工具支持 Android 系统和 iOS 系统，新的技术方法层出不穷。可以预见，在云计算、大数据和人工智能时代，嵌入式系统的开发也必将不断创新和变革。

如上所述，嵌入式系统内涵和外延广泛，目前嵌入式系统技术几乎覆盖整个电子信息类和绝大部分计算机类学科的相关课程，其涉及的知识面从硬件跨越到软件。加上传感器、云计算、大数据等技术的迅猛发展，嵌入式系统与这些技术的结合使其在应用领域得到了更大的拓展，嵌入式系统可以看作衔接计算机系统硬件和软件开发的"桥梁"，所以无论怎样拓展篇幅，一本书也难以将嵌入式系统所有内容都包含进去。

目前在售的很多嵌入式系统书籍也十分优秀。书籍大约可分为三类：第一类详细介绍底层系统架构（如 ARM 架构）和汇编语言及硬件接口；第二类详细介绍某一种嵌入式操作系统（如 Linux、μC/OS 或 Vxworks 等）；第三类上升到应用程序 App 设计（以 Android 系统和 iOS 开发为主）。三类书籍各有侧重，读者可根据开发需求选择合适的书籍阅读。

本书编著主要目的是希望能够让广大初学者对嵌入式系统有一个全面的了解和认识，所以相对于嵌入式系统各项技术的"深度"来说更加偏重"广度"。由于嵌入式系统开发平台较多，任何一本书基本只会针对一个平台进行主要介绍，在这个基础上进行拓展。本书也不例外，我们主要以现在 ARM 系列中的 Cortex 系列为基础进行介绍，让读者有对比性地了解微处理器和微控制器。本书结合两种开发平台，第一种由尚学科技开发的基于 Cortex-M3 架构的 STM32 芯片设计的开拓者开发板，第二种基于 Cortex-A9 四核架构的 iTop4412，该平台由北京迅为公司开发。前者主要用于简要介绍 ARM 架构和汇编语言以及常用外围接口，而后者用于重点介绍 Linux 系统编程和驱动开发的相关知识。本书会简要介绍 Android 系统、Ubuntu 系统的特点，为后续智能终端开发课程做一个铺垫。由于篇幅所限，本书对各方面技术讲解深度有限，我们会在每一个知识点处，介绍一个简单的例程或操作步骤，例如介绍 Linux 脚本编程，首先用 Vi 编译器编译一个"Hello world"小程序，介绍它最基础的编译和执行方法，再进一步介绍一些常用的函数。编程方面也只涉及基础的函数指令，不过多地讨论复杂的代码，最后列出一些参考文献，供感兴趣的读者进一步深入学习。

当然，嵌入式系统的开发是需要经过具体工程实践的，无论使用什么开发平台或工具，读者只要从基础开始扎扎实实地一步步学习，终会有所收获。

本书在撰写中参阅了大量相关书籍、技术贴和各大公司的官网资料，还包括多个嵌入式开发板厂商提供的技术支持和试验指导书等，由于资料繁杂琐碎，无法一一列出，在此对所有为嵌入式系统技术发展做出贡献的教师和技术人员一并表示感谢。

嵌入式系统发展技术日新月异，限于作者水平有限，书中难免有不足之处，恳请广大读者指出，作者邮箱：ms_xilin@swfu.edu.cn。

目 录

第1章 嵌入式系统概述

嵌入式系统已经渗透到人们生活的方方面面,如果仔细观察,你会发现,手机、音箱、监控探头、车载导航等很多常用的电子设备都属于嵌入式系统,它和人们的生活息息相关。

嵌入式系统是计算机系统发展过程中的一个分支或者重要补充,作为专用计算机系统,它在人们日常生活中发挥着通用计算机不可替代的作用。未来,嵌入式系统将和物联网、云计算、大数据、人工智能以及虚拟现实(virtual reality,VR)技术等新技术紧密结合,在人们日常生活中发挥更加重要的作用。

1.1 嵌入式系统的定义

嵌入式系统涉及的技术和领域非常广泛,业界很难给出一个各方面都比较满意的定义,目前在众多书籍和资料中一般采用如下两种方式定义。

(1)美国IEEE(Institute of Electrical and Electronics Engineers,电气电子工程师协会)的定义:嵌入式系统是"控制、监视或者辅助装置、机器和设备运行的装置"(原文:Devices used to control,monitor,or assist the operation of equipment,machinery or plants)。从上述定义中可以看出嵌入式系统是软件和硬件的综合体,还可以涵盖机械等附属装置。但总的来说,这个定义比较模糊,不太容易理解,初学者也不好掌握。

(2)为了让嵌入式系统的定义更加直观且容易理解,目前国内业界有一个普遍被同行认同的定义:以应用为中心,以计算机技术为基础,软件硬件可裁剪,适应应用系统对功能、可靠性、成本、体积、功耗有严格要求的专用计算机系统。

这里分析一下上述第二个定义的四个关键句。

(1)以应用为中心。嵌入式系统一般有一个明确的应用方向,换言之,嵌入式系统在设计之初就必须以明确的应用为导向,即为专用的系统。所以嵌入式系统设计第一步需要先进行详细的需求分析,明确具体的应用方向才进行后续系统设计(虽然在设计过程中客户需求经常会发生变化)。

(2)以计算机技术为基础。不是任何设备或仪器都是嵌入式系统,嵌入式系统一定是要使用到计算机技术,和计算机技术无关的设备不能称为嵌入式系统。

(3)软件硬件可裁剪。这点是针对通用计算机来说的,就是说,嵌入式系统设计一般遵循最小系统思想,即多余的软硬件一律裁剪,以保证系统的尺寸、功耗、可靠性等方面的要求。

(4)适应应用系统对功能、可靠性、成本、体积、功耗有严格要求的专用计算机系统。嵌入式系统是专用计算机系统,它的应用领域环境和通用计算机有着很大的不同,为了适应各种"苛刻"的应用条件，嵌入式系统必须在设计时对系统的尺寸、功耗、可靠性等方面仔细斟酌，反复权衡，因为这些指标很多时候是此消彼长、相互制衡的。尤其是在航空航天、军事工业等领域要求更加严格。

从上述定义中我们知道嵌入式系统是一种计算机系统，而且是"专用"计算机系统，不要一看到"专用"就觉得和我们关系不大。目前一说到计算机系统，大家可能马上想起的是通用计算机系统，也就是个人电脑，其实不然。在日常生活中，嵌入式系统在计算机系统中占很大比例，每年微处理器出货量中，通用计算机仅占二成到三成，甚至更少，其他绝大部分都用在嵌入式系统中，表 1-1 给出了嵌入式系统在计算机系统分类中的划分。

表 1-1　计算机体系分类

名称	分类	说明	趋势
计算机体系	超大型计算机	运算次数在每秒亿亿次以上的大型计算机	以网络为骨干，物联网、互联网+、云计算以及大数据等技术为支撑的虚拟计算平台的发展（计算机资源的整合）
	中型机	服务器	
	微型机　通用计算机	个人电脑	
	专用计算机	嵌入式系统	

表 1-1 中给出了计算机类型的基本分类，从下到上可以以一个金字塔形结构来看待它。例如，超大型计算机虽然宏大，计算能力每秒在亿亿次级别，但是由于其规模大，价格高昂，一般只在大型企业集团或政府部门中使用。服务器相对普遍一些，大多数公司、部门或科研教学团体都可能用到，而个人计算机基本家家户户都会用到，甚至一人有多台计算机。但其实使用最广泛的是嵌入式系统，举个例子：1991～ 2016 年，全球使用 ARM 架构的微处理器单元(microprocessor unit，MPU)出货量达到了 1000 亿颗；而在 2021 年初，基于 ARM 架构的 MPU 出货量超过 1800 亿颗。现在基本每个人身边都有数十个嵌入式系统，而且随着人工智能、5G 等通信技术、智慧城市、物联网、智慧医疗等概念和技术的发展，嵌入式的应用必将更加广泛和深入。

1.2　嵌入式系统的组成

从上面的定义可知，嵌入式系统是一种专用计算机系统，相对于通用计算机系统，它们在软硬件上架构相似，又各有特点，这主要是由对嵌入式系统特殊的应用要求所造成的。

1.2.1　硬件组成

1. 嵌入式系统微处理器

处理器是计算机系统的核心，也是现代计算机系统必不可少的"大脑"，在嵌入式系统中，由于针对的应用需求形形色色，对处理器性能、价格、侧重等都不一样，很难有一个系列或一种类型的处理器能够满足所有嵌入式系统的需求，所以根据处理的应用方向不同，一般将处理器分为如下几个大的类型。

1）微控制器

一般来说（不是严格定义），微控制器（microcontroller unit，MCU）泛指单片机，其实包括一些数字电路的芯片也可以称为微控制器，但是比如 74L 系列的芯片由于可以直接搭建具有简单逻辑功能的系统，而不需要编程，所以更多的是将能够编程控制的单片机看作是控制器。

以单片机为主的微控制器特点是：结构简单，编程实现容易，价格便宜，适合搭建一些小系统或者编写相对简单的控制程序。大多数读者学习嵌入式系统之前都学习过单片机课程，这样能够对嵌入式系统有一个初步的了解，便于对后续课程的学习。

2）微处理器

微处理器（microprocessor unit，MPU）的含义非常广泛，从广义来看可泛指所有计算机的处理器，但是为了和通用 PC 机区分，通用计算机的处理器多称为"CPU"，而微处理器主要指嵌入式系统的处理器，有些教材为进一步指明，在微处理器前面加上"嵌入式"三个字，这样更加明确。

当然，嵌入式微处理器广义上是包括微控制器的，但是随着嵌入式系统的发展，微处理器逐渐变成了嵌入式系统的高端处理器的代名词，而微控制器特指单片机，二者的划分（在业界的一个普遍共识）在于有无运行嵌入式操作系统，因为有无操作系统对于系统开发方法来说大不一样，这点会在本书后续章节介绍。

ARM 系列就是主流的微处理器架构，但是微处理器是一个泛称，还涉及其他相关平台。

3）数字信号处理器

数字信号处理器（digital signal processor，DSP）是一种专门针对信号处理设计的微控制器，它由大规模或超大规模集成电路芯片组成，主要用来完成某种信号处理任务，最大的特点在于其强大的数学运算能力。DSP 是为适应高速实时信号处理任务（早期主要是图像和语音信号处理）的需要而逐渐发展起来的，经过多年发展，现代 DSP 高速实时处理速度越来越快。

DSP 的应用也是十分广泛，在信号处理中，信息或信号的获取是极其重要的，可以决定后续分析的结果及质量。信号出现的形式各不相同，除了比较常见的语音和图像数据外，文本、电磁、生物信号等各种不同形式的数据都需要进行处理和融合。数字信号处理器的出现，很好地解决了上述信号采集和处理的问题。

DSP 芯片目前以德州仪器（Texas Instruments，TI）和美国模拟仪器公司（Analog Devices Inc，ADI）的产品比较主流，它们都为自己公司生产的芯片开发了专门的开发环境，例如德州仪器的 CCS（code composer studio），美国模拟仪器公司的 ADSP（analog digital signal processor）都是不错的开发平台，不过要熟练掌握一款芯片的开发需要阅读大量资料，并通过实践慢慢摸索。

　　另外，目前很多 MPU 中集成了 DSP 核，就是在进行普通多任务处理时也能进行高速数字信号处理，这样的设计有效提高了微处理器的信号处理性能。

　　4) 可编程逻辑器件

　　FPGA (field programmable gate array) 是现场可编程门阵列的缩写，它的前身有 PAL (programmable array logic)、GAL (generic array logic)、PLD (programmable logic device) 等可编程器件。FPGA 可以看作超大规模集成电路发展至今的一个产物，是专用集成电路 (application specific integrated circuit，ASIC) 中集成度最高的一种。FPGA 实现用户自己的逻辑结构，满足不同项目需求。

　　FPGA 和前面介绍的几种处理器最大的区别就是它是针对硬件编程，实现语言多用 VHDL (VHSIC hardware description language) 和 Verilog 硬件描述语言，其最大的优势就是所有语句并行运行，速度极快，十分适合处理时序有关的编程实现，缺点是针对运算编写的能力相对较弱，因为用硬件描述语言实现算法并不是一件轻松的事。

　　FPGA 的特点还有很多，它最大的特点是具有静态可重复编程和动态系统重构的特性，该特性使得硬件功能的实现可以像软件一样通过编程来修改。FPGA 如同提供了一些模块或器件，工程师根据图纸来进行拼装和搭建设计，这样的硬件设计方式大大减少了设计时间，并可规避很多硬件设计中出现的问题，减少硬件电路板面积，提高系统的可靠性。

　　目前有不少大公司都提供 FPGA 产品，国际上较为知名的系列主要有 Xilinx 的 XC 系列、TI 公司的 TPC 系列和 Altera 公司的 FLEX 系列等。目前 Xilinx 与已被 Intel 收购的 Altera (Intel FPGA 现应用于 OEM 数据厂商) 并称为全球 FPGA 两大引导者，它们和 NVIDIA 的 GPU 共同抢占 AI 加速器市场。近年来，Intel Altera 与 Xilinx 都有不断揭露新产品的细节，但以目前透露的规格型号来看，Altera 仍然主要沿用四核的 Cortex-A53，相较于同期 Xilinx ACAP (adaptive compute acceleration platform) 系列的双核 A72 设计，各有特点，未来市场竞争将更加激烈。

　　上述提到的三种微处理器的代表都有很多共同之处，此处不再赘述，现分别简要介绍一下其特点和长处。

　　(1) ARM：比较通用，可以说是应用最广的嵌入式系统架构之一，在手机架构上它甚至占到 95% 的市场。ARM 主要的特点是具有比较强的控制和事务管理功能，适合搭建各种小型的单机设备或者控制设备，其优势还体现在控制和各种基础运用方面，如同移植了操作系统的高端单片机。

　　(2) DSP：应用领域相对窄一些，多用来做数字信号处理和计算，例如进行采样滤波、加密解密、调制解调等，优势是强大的数据处理能力和较高的运行速度，相比 FPGA，其擅长处理顺序结构的代码，适合采用面向过程的编程语言进行开发。现在单纯的 DSP 芯片由于在控制方面不通用，所以很多架构会集成一个 DSP 核，这样既可以克服单纯 DSP 核的不足，又可以获得较高的运算能力，这是目前的一个趋势。

　　(3) FPGA：主要针对硬件设计实现功能，采用并行的 VHDL 或 Verilog HDL 编程，和传统单片机有着本质的区别。它将硬件设计上升到一个可编程实现高度，这使得硬件电路设计和开发都有了本质的变化，尤其是当电路需要进行改动时，FPGA 的优势就更加明显了。

　　虽然 FPGA 的特点是采用并行编程语言，使其具备并行运算与高度弹性可配置的能力，能灵活运用在诸多不同的垂直应用市场，比如可以用于采样、量测、通信基础建设、先进驾驶辅助系统(advanced driver assistance systems，ADAS)、数据中心加速组件与国防航天等领域。不过，相对于普通微处理器，FPGA 先天上也有弱势——开发相对不易，尤其是产品的初期研发，因为并行计算的原因，它对面向过程的开发语句并不友好，研发人员不易将 C 语言等常见的程序语言移植到 FPGA 上，所以 FPGA 的易用性还有待进一步提高。

　　在很多大的系统开发中，会将 MPU、DSP、FPGA 综合应用，各取所长，实现一些大的复杂的系统功能，形成片上系统(system on chip，SoC)。

　　早年，FPGA 就是被用作终端产品初期量产的重要组件，在逐渐量产之后，才被 ASIC 或是 ASSP(application specific standard parts，专用标准产品)所取代。目前，随着产品性能需求的提高，嵌入式系统平台搭建的主流风格就是 SoC，因此，这里再简要介绍一下 SoC。SoC 就是"芯片级系统"，通常人们称其为"片上系统"。SoC 也涉及集成电路的设计、系统集成、芯片设计、生产、封装、测试等，可以说它就是一个芯片，其定义也和芯片的定义大同小异。在集成电路领域，SoC 更被看作一个整体，可以定义为：由多个具有特定功能的集成电路组合在一个芯片上形成的系统或产品，其中包含完整的硬件系统及其承载的嵌入式软件。

　　其实从广义的角度来看，上述 MPU、MCU 等也都属于 SoC，因为它们的定义相符合，但是也有些书将 SoC 等价于 FPGA，即现场可编程门阵列，这里不讨论其合理性，读者知道即可。对于 SoC，有两个比较显著的特征：一是硬件规模庞大，通常采用基于知识产权(intellectual property，IP)的设计模式；二是软件比重大，一般采用软硬件协同的设计方法。满足上述特征基本可以认定是片上系统，其设计思路如图 1-1 所示。

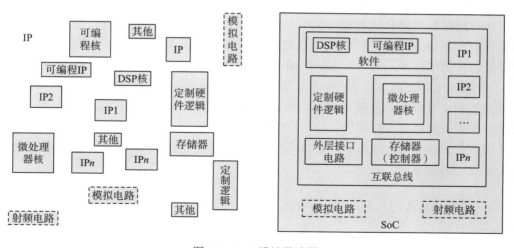

图 1-1　SoC 设计思路图

666666

业界很多专业人士将 SoC 视作未来嵌入式系统的发展主流,即将一些相关功能电路(部分外围电路)也集成到芯片中,形成更加专用的芯片,便于用户选用。对于用户来说,SoC 自然便捷很多,但是芯片级开发,入行门槛更高,难度更大,因此协同合作也更加重要。表 1-2 对上述几种微处理器做了简单的总结,便于读者掌握。

表 1-2　几种常见微处理器对比

名称	特点	开发环境	编程语言	应用
MCU	主要指简单控制电路及各种单片机系统的总称	Keil 或 ADS 等	汇编或 C	用于简单控制系统或者实时任务系统
MPU	泛指移植了操作系统的高端嵌入式系统微处理器	比较丰富,例如 Linux 下的交叉编译环境	汇编、C、C++、其他面向对象语言等	高端嵌入式产品,以手机为主
DSP	主要针对高速数字信号处理	各生产公司提供	汇编或 C	需要进行高速数字信号运算的场合
FPGA	可编程逻辑器件	各生产公司提供	VHDL 或 Verilog	复杂逻辑控制,或对速度、实时性有特殊要求的场合

2. 嵌入式系统外围电路

在目标板上,除了嵌入式微处理器以外,其他所有的电路称为外围电路。外围电路中最主要的两大部分是存储器和接口电路,其他还包括电源电路、电平转换电路、晶振电路等。

外围电路是嵌入式系统设计不可或缺的部分,也是较为丰富、可供设计人员选择最多的部分,可以说也是硬件设计的乐趣所在,在诸多外围电路中,存储器电路和接口电路最为丰富。

(1)嵌入式系统的存储器很丰富,根据存储器响应速度大致可以分为寄存器、高速缓存、主存储器和辅助存储器四级,每一级使用的存储器件不一样,寄存器为微处理器内部自带,一般高速缓存也会集成到芯片内部。主存储器一般采用同步动态随机存储,辅助存储器种类比较多,例如 U 盘、Flash、TF 卡等。

(2)接口电路是嵌入式系统中最重要的组成部分之一,可以说任何外设要和微处理器进行通信和交互都离不开接口。接口电路的种类也很多,应用领域也各不相同,一般是根据实际项目和外设去选择相应的接口电路。

嵌入式系统外围电路极其丰富,本书第 3 章将集中介绍各种常见的外围电路及其特点,此处不再展开。

1.2.2　软件组成

在传统单片机开发中,软件虽然需要硬件支持,但一般硬件设计和软件设计是分开进行的,即先设计硬件平台,再进行程序开发。随着嵌入式系统的发展,软件的重要性也越来越突出，尤其是在 SoC 设计中，很突出的一点就是软硬件协同开发，因此，嵌入式系统的学习必须重视软件开发。

1. 嵌入式操作系统

随着嵌入式系统功能的日益增加，传统的编程模式已经无法满足高要求的嵌入式系统，为了使嵌入式系统具有运行多任务程序、安装第三方软件的功能，嵌入式操作系统必不可少。

嵌入式操作系统是相对于台式计算机操作系统而言的，它们有很多相似之处，但是由于嵌入式系统中的存储器容量有限，嵌入式操作系统内核通常都比较小。不同的应用需求下，用户会选用不同特性的嵌入式操作系统。

由于嵌入式操作系统要适应嵌入式系统小巧、精干的特点，因此相对于桌面操作系统，它还具有以下特点。

(1) 强稳定性，弱交互性。这是嵌入式系统的一个普遍特点，它运行后期望用户尽量少干预，因为干预越多，操作就越复杂，出错概率也越大，为了获得更好的稳定性，嵌入式操作系统界面比桌面操作系统提供的操作少得多。

(2) 较强的实时性。相对于桌面操作系统，嵌入式系统实时性一般较强，可用于各种设备的实时控制，当然对于有硬实时要求的系统，软硬件的设计都需要特殊考虑。

(3) 可伸缩性。嵌入式系统具有开放、可伸缩的体系结构。

(4) 外围硬件接口的统一性。嵌入式操作系统提供了许多外围硬件设备驱动接口，便于满足不同用户的各种需求。

嵌入式操作系统根据其应用范围分类，种类繁多，下面介绍几种常见的操作系统。

1) WinCE

WinCE 是微软公司开发的一款小巧的 32 位嵌入式操作系统，它采用经典 Win98 桌面设计。WinCE 在 2020 年推出 7.0 版本，主要用在车载系统上。不过由于 Linux 的强势竞争，WinCE 现在的市场占有率不太理想。

2) Linux 系统

Linux 系统是嵌入式操作系统中应用最为广泛的操作系统，它是一个类似于 Unix 的操作系统，现在已经是很流行的一种开放源代码的操作系统。它从 1991 年问世至今，经过无数工程师的不断改进，现已成为一种功能强大、设计完善的操作系统。

由于 Linux 现在是嵌入式操作系统的主流，所以本书后续内容将重点介绍 Linux 操作系统，很多相关应用也是基于 Linux 平台介绍的。

3) μC/OS 系统

μC/OS-Ⅱ (micro-controller operating system) 是一种免费公开源代码、结构小巧、具有可剥夺实时内核的实时操作系统。μC/OS-Ⅱ 于 1998 年推出，μC/OS-Ⅲ 于 2009 年推出，每个新版本的性能都提升很多。由于 μC/OS 小巧、实用，在各种嵌入式系统教学中应用广泛，它也可以方便地移植到各种系统上，有很多文献都介绍了 μC/OS 移植到

ARM 上的方法，在 STM32 中，μC/OS 的移植也是学习嵌入式系统的首选。

4) Vxworks

在实时嵌入式操作系统中，Vxworks 是典型代表。1983 年，美国风河公司（WindRiver）设计开发了一款嵌入式实时操作系统（real time operating system，RTOS），将其命名为 Vxworks。2009 年 Intel 收购了风河公司，使其成为一个子公司。2016 年，Intel 宣布完全将风河纳入自己的部门。在实时性嵌入式操作系统中，Vxworks 无疑是一款功能强大、优秀的实时操作系统，欧美的很多军事和航空航天的高端应用都选择了该操作系统，但是由于使用该操作系统需要支付昂贵的版权费用，不是开源免费的，在教学和普及推广中存在一定困难。

2. 嵌入式应用软件

在传统单片机系统开发中，普遍采用"硬件优先"原则，即系统需求分析阶段只在粗略估计软件任务需求的情况下，首先进行硬件设计与实现，搭建硬件平台之后，再在此基础上进行软件设计。基于上述思想的设计，很难充分综合利用硬件软件资源使系统达到最佳性能。20 世纪 90 年代以来，随着电子系统功能的日益强大和微型化，系统复杂度不断上升，因此设计所涉及的问题越来越多，出现错误的概率也大大增加。为了解决软硬件设计不同步导致的种种问题，软硬件协同（codesign）设计方法随之被提出，它的主要思想是使用统一的方法和工具对嵌入式系统协同设计软硬件体系结构，以最大限度地挖掘系统软硬件能力，避免由于独立设计软硬件体系结构而带来的种种弊端，得到高性能低代价的优化设计方案。

嵌入式系统发展至今，对嵌入式操作系统的开发已经成为主流，现在嵌入式开发让人第一时间想到的是移动智能终端的开发，再具体一点就是基于 Android 系统或 iOS 系统的手机 App 开发，这方面有很多相关书籍和资料可以参考。

综合来看，嵌入式系统的软硬件设计都必须根据具体的应用，以功耗、成本、体积、可靠性、处理能力等为指标来选择平台和操作系统。嵌入式系统开发的核心是基于不同的具体要求，设计人员必须根据具体应用环境，开发出适合的专用计算机系统以满足具体客户需求。随着技术的发展，嵌入式有些领域的开发难度降低，但总体来说，入门的门槛也越来越高，要求相关工程师掌握的知识越来越丰富。

1.3　嵌入式系统课程介绍

嵌入式系统的开发是有一定难度的，从硬件设计到软件开发，其涉及很多软硬件设计的基础知识以及信号处理方面的内容，要求学生掌握编程语言、硬件开发、软件设计等知识，这些内容都可以作为一门课程或研究方向进行深入研究。从嵌入式系统这门课程来看，由于受到篇幅、学时等限制，难以对每个方面都展开介绍，需要一些前导课程的支撑。

嵌入式系统课程的教学也是值得探讨的问题，需要注意不要变成单片机课程的重复，要体现出基于操作系统开发的特点，而书籍涉及操作系统开发移植，相关内容十分丰富。电子类、通信类专业的学生对系统编程不熟悉，而计算机专业的同学对底层设计，尤其是汇编语言和电路知识又略有欠缺，所以嵌入式系统课程可以说是处于一个软硬件交叉的"中间地带"，其教学方法和授课内容都值得深入研究探讨。

1.3.1　从单片机到嵌入式

很多学生在学习嵌入式课程前，都学习过单片机。首先需要明确的一点是，从定义上来看，单片机毫无疑问是属于嵌入式系统范畴的，也就是说，基于单片机开发出来的产品就是嵌入式系统，这点是没有疑问的。但这里讨论的问题是为什么学习了单片机课程后还要学习嵌入式系统，二者之间主要的区别是什么。只有先弄清楚这两个问题，学习起来才能有的放矢，事半功倍。

为了讨论以上问题，我们举一个简单的例子。以人们身边最常见的手机这个嵌入式系统为例，手机的概念最早是由美国最大的通信公司亚历山大贝尔实验室提出的。但是到了 1985 年，才出现真正意义上的第一部手提电话，20 世纪 90 年代前后进入我国，俗称"大哥大"，那时的手机只实现最基本的打电话功能，所以简单来说，它就是一个便携式的信号接收发射机。但是随着时代的发展，手机功能越来越强大，不仅仅要求能接打电话，还要能发短信、发彩信、上网等，直到智能手机出现，彻底颠覆了传统手机的概念。现在对智能手机的定义是一种能够安装第三方应用软件、支持系统扩展的手机，其整个系统功能已经开始接近通用电脑。

单片机就如同普通手提电话，只实现单一的功能和任务，就像传统手机的主要功能就是信号的接收和发送。嵌入式系统如同智能手机，功能强大且扩展性好，不仅能完成多任务执行，而且能够安装第三方软件，具有通用计算机部分的功能。简而言之，单片机用于处理简单的单任务方面的应用，嵌入式系统用于处理复杂的多任务环境，因此嵌入式系统更加接近通用计算机系统。下面，从软硬件上简要介绍嵌入式系统和单片机的区别。

硬件方面，单片机系统的核心芯片称为微控制器（MCU），而嵌入式系统处理器称为微处理器（MPU）。以 ARM 架构的芯片为例，Cortex-M 系列的芯片就是面向微控制器的，而基于 Cortex-A 系列架构的芯片是微处理器。微处理器比微控制器在硬件上多增加了储存器管理单元（memory management unit，MMU），这个东西非常重要，甚至有些工程师认为有没有它就是区分 MCU 和 MPU 的依据。因为 MMU 能够把物理地址映射成为虚拟地址，嵌入式系统上就可以移植操作系统（当然，也有部分操作系统不需要 MMU，例如 ucLinux 或μC/OS 等微型操作系统），在后续应用程序级的编程开发中就不用再关注具体的物理地址，而专注于应用程序的开发。

软件方面，区分单片机和嵌入式系统最重要的一个依据是是否在系统上移植了操作系统。现在单片机开发一般是在某种开发平台上直接采用汇编或 C 语言编程实现相应功能，在业界，这种不移植操作系统的平台称为"裸机"，在裸机上直接针对硬件编程的开发方式称为"裸机编程"，相关的代码称为"裸机程序"。嵌入式系统当然也能直接开发应用程序，但是没有操作系统的支撑，硬件能力无法有效发挥，例如，基于 ARM 架构的 Cortex-A 系列不移植操作系统根本发挥不出 ARM 架构强大的优势和性能，所以本书中说的嵌入式系统一般指带有 MMU 的微处理器并且移植了操作系统的硬件平台。

当然，单片机也没有被市场遗弃，事实上，单片机系统，例如 51 单片机仍然在工控领域以及简易电子设备中占有很大比重。从嵌入式系统的定义开始我们就一直强调，嵌入式系统以应用为导向，就是说，选择什么样的处理器和开发平台，主要是根据系统的具体应用要求来定的，如果只做一个简单的控制器，例如一个小的秒表、电子闹钟等，那么单片机就足够胜任了，这样既节约时间也减少开发成本，但是如果需要开发的是多任务应用系统，那么可能就需要移植操作系统，就必须考虑功能强大的微处理器。嵌入式系统开发充分体现了"合适的才是最好的"的含义。

1.3.2 嵌入式系统的学科体系

如上所述，嵌入式系统是一个很广泛的概念，其设计和开发涉及计算机系统方方面面的内容，一般一个嵌入式系统的开发都是以团队进行的，下面简要介绍嵌入式系统涉及的知识。

硬件方面。嵌入式系统的硬件平台选择非常重要，其实硬件平台的选择首先是微处理器的选择。根据开发项目的要求，结合开发人员对平台的熟悉情况，从功耗、价格等因素综合考虑，合理选择硬件平台。如果没有特殊的需求一般最好不要选择不熟悉的平台，因为即使是资深的硬件开发人员，面对一款新处理器一般也需要半年左右的时间来熟悉(特殊情况除外)。

软件方面。软件方面首先考虑的是要不要操作系统、用什么操作系统和如何尽可能快捷地设计出项目所需要的软件。

对于初学者来说，嵌入式系统的学习起步是有一定困难的，因为它既涉及硬件知识，也包括操作系统编程，更需要应用程序开发，每一个阶段使用的开发工具和编程语言都不相同。表 1-3 以 Linux 操作系统为例，介绍了嵌入式系统涉及的常用软件和编程语言，表中灰色背景部分代表嵌入式系统课程需要涵盖的内容。

表 1-3   嵌入式系统课程在计算机软硬件中主要涉及的内容

系统层次	开发的对象	主要知识点	主要编程工具或语言
应用级	App 开发	应用程序开发，网络和系统相关知识	HTML、Java、JavaScript、数据库等
	驱动开发	会使用简单的驱动	C+内核代码+Shell 命令
系统级（以 Linux 为例）	文件系统	通过文件系统划分不同操作系统	C+Linux 脚本+Makefile+串口命令+cmd 命令
	Linux 内核	内核裁剪和编译	
	Uboot 移植烧写	BootLoader 作用	
底层硬件	硬件设计(原理图，板图)	会看原理图，能将软硬件对应	电路综合分析
	电路分析(模电数电)	基本电路	模拟数字电路设计

由表 1-3 的简要介绍可以看出，嵌入式系统开发是一个综合性的领域，涉及计算机技术方方面面的知识。下面再简要谈谈嵌入式系统开发需要具备的基础知识和前导课程。

（1）硬件知识。任何软件都离不开硬件的支持，很多系统编程方面的文章都不建议学习嵌入式系统的同学去深入了解硬件，但是不深入了解并不代表一点都不了解。电子类专业相关硬件电路方面的课程从电路分析、模拟电子线路、数字电子线路到单片机和 PCB（printed-circuit board，印制电路板）制板，完整叙述了硬件的基本知识体系，而作为嵌入式开发人员，学习基本的硬件基础知识是必须的，例如拨码开关、连跳线帽、各种接口引脚定义需要了解清楚，否则后续学习会难以深入。

（2）操作系统知识。嵌入式系统的难点在于它跨越软件和硬件，学计算机的学生对硬件知识了解相对较少，而电子类专业的学生相对又不擅长软件及系统方面的编程，但嵌入式系统正是对二者的综合。微处理器上面运行操作系统是学习嵌入式的必经之路，了解任务切换、时间片轮询、通信、进程等概念是开发多任务系统的基础，因此建议真正想深入研究的学生必须要学习计算机操作系统这门课程，至少应该大概了解。

（3）Linux 系统。市场上嵌入式操作系统有上百种，但是 Linux 一般是入门首选，因为它相关的资料多，下载方便，各种学习论坛更是数不胜数，有问题也容易找到参考资料，最重要的是以 Linux 内核开发的各类操作系统已经占了嵌入式操作系统的半壁江山。那么要掌握 Linux 哪些内容呢？首先 Linux 基本命令是必不可少的，其中 Vi 编译器必须熟练掌握，因为修改文件、编写代码都需要它，其他诸如文件管理系统、Shell 编程、Makefile 文件、设备驱动架构也要进行了解。

（4）编程语言。嵌入式系统涉及的编程语言很丰富，导致初学者掌握起来有一定困难。首先 C 语言是嵌入式开发基础中的基础，当然对 C 语言的要求不仅是基本的顺序和循环结构。C 语言的精髓在于指针，此外结构体、共用体、文件操作这些也是十分重要的内容。其次，汇编语言也是很难绕过去的，虽然现在开发很少用汇编语言了，但是作为嵌入式系统的基本语言，汇编语言仍然对深入了解微处理器内部架构有很强的引导作用。以 ARM 为例，以前有 ARM 指令集和 Thumb 指令集，现在 Thunmb-2 指令集基本整合了 ARM 汇编语言，在实时系统中为了提高程序的执行速度和可靠性，很多子程序是用汇编语言编写的。再者，BootLoader 中 Stage1 部分也是汇编语言编写的，而且掌握 C 语言和汇编语言的混合编程方法也是嵌入式的一个基本点。接下来就是面向对象的程序语言，例如嵌入式系统应用最广的 Qt 图形界面就是一个 C++类库，对象、继承、重载等概念还是应该要能读懂的。最后是到上层开发，比如移植 Android 系统、开发手机 App，目前最常用的就是 Java 或 Python，而且项目如果还涉及数据库的开发，那学习的内容将更多。

（5）Makefile 文件。如果开发者已经接触过汇编、C、C++和 Java，那么进入嵌入式系统的学习可以从了解 Linux 的 Shell 命令、ADB 驱动命令、串口命令等开始。后面的难点在于编写驱动和内核编译、Makefile 脚本编程等。Makefile 文件是 Linux 驱动开发中必不可少的内容，好在现在很多项目的 Makefile 文件都写好了，直接使用即可。不过如果要做大的工程项目，还是需要自己编写 Makefile 文件。

随着电子信息技术的发展，新方法、新技术层出不穷，很多技术都在不断更新发展，甚至可以说，嵌入式系统从任何一个方面展开都是一门课程，从很多经验丰富的工程师的经历来看，要成为嵌入式系统高级研发工程师绝对是需要艰辛付出的，"轻松入门"多半是不太可能的事，因此如果决定要学习嵌入式系统，必须做好长期坚持并付出努力的准备。

1.3.3　嵌入式系统的学习方法

嵌入式系统课程涉及的内容和知识点繁杂，而且不同的开发平台差异很大，可以说没有一本书靠有限的篇幅就可以囊括嵌入式系统的方方面面。嵌入式系统的学习最好有规划性，否则容易被杂乱的知识点迷惑，例如一会儿学 C 语言，一会儿学汇编语言，一会儿学移植系统，一会儿又研究应用程序编程，结果越学越乱，导致最终放弃。

对于嵌入式系统的学习，首先不否认其学习的复杂性、困难性和长期性，但并不代表它无从下手。通过对嵌入式的认识和与相关技术人员的沟通交流，笔者认为对于初学者，一开始不必太关注嵌入式系统的内部结构，但是单片机和 C 语言编程的基础还是必须要有的，这意味着还是应该先花一些时间学习了解一下单片机，对于其他知识则可用到什么学什么。

下面简单总结一些学习嵌入式系统的方法，仅供参考。

（1）对于想快速学习嵌入式系统的读者，首先应该自己购买一套开发板，最好是能够移植 Linux 系统的。目前比较流行的架构是 ARM 架构的 Cortex-A 系列+Linux 内核+Android 系统，当然先学习一下基于 ARM 的 Cortex-M3 开发的 STM32 也是不错的选择，只是后面移植系统还得学习 A 系列。其次要在自己的电脑上安装所需要的软件，搭建交叉编译环境，跟着指导书或者视频一步步把开发流程和基础实验做一遍，这样对系统软硬件能有一个大致的了解。把实验做了一遍之后，如果想自己开发，那么再好好研究相关开发的细节内容，例如各种函数、接口等，深入阅读相关文档。

（2）大量阅读教材和中英文资料。不同教材的侧重点不同，因此学习嵌入式系统不能只看一本教材，也不能只看一遍，关键的内容可能需要反复阅读，芯片的英文资料也必不可少，一边学习理论一边操作。同时可以浏览各种论坛的资料文档，很多好的贴子都是业界工程师经验的总结，能让学习事半功倍。

（3）最好从 Linux 系统入门学习操作系统的移植。嵌入式系统的学习最重要的是学习系统移植和系统编程，同时建议初学者可以直接从 Linux 入门。这是因为目前 Linux 系统市场占有率超过 50%，在 Linux 基础上还可以进一步学习开发 Ubuntu、Android、QTE等主流操作系统，而其他操作系统市场占有率很难超过 Linux，而且多数是教学使用。直接从 Linux 入门学习对于后续项目开发，甚至就业都是很有帮助的。

（4）学习要脚踏实地，切忌好高骛远。例如，本书借鉴的迅为的开发板配套的视频教程超过 200 期，相关资料超过 120G，但是从教学结果来看，购买开发板的学习者八成以上不会跟着视频全部学一遍，多是半途而废，坚持到底的人少之又少。

总结一下本章建议的嵌入式系统学习入门方法：

(1)要有开发板，并照着视频或实验指导书认真做几遍；

(2)要亲自动手编程(先将例程照原样编写，再进行改进)；

(3)要随时查阅资料，提升解决问题的能力。

1.4 本 章 小 结

本章对嵌入式系统做了一个简要的介绍，同时建议初学者通过开发板快速入门，边做边学，达到尽快初步了解嵌入式系统全貌的目的。

本书撰写的时候尽量以简洁的方式，对嵌入式系统全貌进行概述，各个知识点主要介绍其核心内容和其特征，然后根据一个小例子介绍该部分内容在嵌入式系统中的作用，让读者快速掌握其特点，尽量不纠缠于介绍芯片的各种寄存器或大段的代码。希望读者通过本书，掌握嵌入式系统以下基本内容。

(1)掌握嵌入式系统的定义、组成以及相关的概念和知识点；

(2)理解 ARM 的基本架构、内核组成、寄存器结构、指令系统和 ARM 指令的基本知识；

(3)理解嵌入式外围设备相关知识，尤其是各种常用总线接口形式，以及基于 STM32 固件库的开发方法和开发环境的搭建；

(4)理解嵌入式操作系统架构，包括 Uboot、kernel、文件系统等基本概念；

(5)会搭建 Linux 交叉编译环境，能够对 Linux 源码进行裁剪和编译；

(6)掌握基本的 Linux 系统移植烧写的流程和方法；

(7)初步掌握 Linux 系统编程的基础，会编写、调试、下载、运行简单的程序；

(8)知道字符类驱动的概念，会做简单驱动模块的编写和调试；

(9)了解其他和嵌入式系统相关的知识点，例如 Android、QTE 的移植，App 的基本开发和安装以及其他嵌入式系统目前的一些新进展。

最后，由于嵌入式系统发展很快，新技术、新方法层出不穷，例如现在互联网的接入很多使用 Wi-Fi，物联网组网用到 ZigBee 技术，同时结合云计算、大数据应用等，近年业界更提出边缘计算、雾计算等新概念，而这些新技术都和嵌入式系统密切相关，这些内容都是以前嵌入式系统书籍中没有涉及的，本书为了开阔初学者眼界，单独撰写了一章对它们做了简单的介绍，感兴趣的读者可以查找和该部分内容相关的书籍和资料进行深入学习。

第 2 章　ARM 架构和汇编语言

嵌入式系统的发展历史不短，但是它并没有随着时间的流逝被淘汰，反而在新时代焕发出蓬勃的生机。以 ARM 架构为例，2022 年第三季度全球基于 ARM 架构的芯片出货量超过了 80 亿颗，嵌入式系统年增长率超过 3%。未来嵌入式系统融合边缘计算、人工智能，将有更加广阔的应用空间。本章以 ARM 架构为基础，介绍嵌入式系统微处理器架构和底层汇编语言。

2.1　ARM 架构

2.1.1　芯片架构

微处理器可以称为计算机系统的大脑，而芯片的设计，第一步就是架构的选择，只有先确定合适的架构才能设计出合适的芯片，目前市场上主流的芯片架构有 X86、MIPS、RISC-V 和 ARM 四种，前三种都是美国公司推出的，只有 ARM 是英国公司推出的，但也采用了不少美国专利技术，因此可以说目前芯片架构被美国所垄断。

在上述四个主流架构中，X86 应该最为普通用户所熟悉，因为常用的 Intel 的 CPU 就是基于 X86 架构设计的，它已经形成一套完整成熟的计算机指令体系。X86 架构始于 1978 年，当年的 8 月 6 日，Intel 发布了当时的新款 16 位微处理器 "8086"，在计算机史上，这是有跨时代意义的里程碑事件，X86 的诞生为后续个人电脑的蓬勃发展提供了最重要的技术保障。"微机原理" 和 "操作系统" 课程主要就是介绍 X86 架构及其汇编语言。

PC 机主要采用 X86 架构，但在嵌入式系统中，就不能不介绍 ARM 了。ARM 架构是一个 32/64 位精简指令集处理器架构，和 X86 相比，它具有低功耗、低成本、简洁小巧的特点，十分适合通信、控制等以低功耗为主的嵌入式系统领域。如今，ARM 系列占到 32 位嵌入式处理器的四分之三以上，在手机市场上基于 ARM 架构的微处理器占了 95%，可以说 ARM 架构是嵌入式微处理使用频率最高的架构。

除了上述介绍的 X86 和 ARM 两大架构以外，RISC-V 架构是近年较为热门的一个架构，它也是基于精简指令集计算机(reduced instruction set computer，RISC)建立的开放指令集架构(instruction set architecture，ISA)，RISC-V 是在指令集不断发展和成熟的基础上建立的全新指令。RISC-V 指令集最大的特点在于完全开源，同时设计简单、采用模块化设计、具有完整工具链等。RISC-V 架构可以看作现在四大主流架构中唯一开源的架构，世界各地工程师和开发人员都可以随意使用，如同 Linux 系统一样，很多业界人士预言它未来有着不可估量的发展前景。同时，开源架构也是打破一些国际巨头对架构垄断的关键，尤其对于我国这种后起新兴国家，要在各种技术封锁中成功突围，选择走开源道路是较为合适的捷径。

RISC-V 架构起步相对较晚(2014 年才提出)，但开源的特性使得其发展较快。目前，RISC-V 指令集架构可以用于设计服务器 CPU、家用电器 CPU、工控 CPU 和一些微型的传感器中的 CPU，且应用领域还在不断扩大。

MIPS 架构(microprocessor without interlocked piped stages architecture)也是微处理器四大架构之一，它的起步可以追溯到 1971 年，它也是一种采取 RISC 的处理器架构，由 MIPS 科技公司开发并授权。MIPS 架构主要特点是采用固定长度的定期编码指令集，并采用导入/存储(load/store)数据模型。相对于以前的 32 位，目前最新的 MIPS 版本已经变成 64 位。

四种主流架构的特点对比如表 2-1 所示。

表 2-1　四种芯片设计架构对比

架构	特点	代表性使用	运营机构	诞生时间
X86	高性能，高速	Intel/AMD	Intel	1978 年
ARM	低成本，低功耗	苹果/华为/IBM	ARM	1983 年
RISC-V	开源，模块化	三星/英伟达	RISC-V 基金会	2014 年
MIPS	简洁，扩展性好	龙芯	MIPS 公司	1971 年

在四种主流架构中，ARM 最适合嵌入式系统，同时也是目前市场占有率最高的架构，因此学习嵌入式系统基本绕不开基于 ARM 架构的芯片，本书将这种架构作为介绍的重点。

2.1.2　ARM 简介

ARM 是 advanced RISC machines 的简称，它的含义比较丰富，普遍认为其是一种嵌入式系统的架构，同时也可认为是一个公司的名称，还可认为是对某一类微处理器的统称或是一个内核、一种技术。很多嵌入式微处理器采用了 ARM 架构设计，但一定不要把 ARM 看作一块具体的芯片。

在详细讨论 ARM 架构之前，首先简要介绍一下 ARM 公司。ARM 公司全名为 Advanced RISC Machines Ltd.，1990 年成立于英国剑桥，据官网资料，它最早是由三家公司合资，分别是苹果电脑公司、Acorn 电脑公司，以及 VLSI 技术(公司)。1991 年，ARM 最先推出了第一款商用 ARM6 处理器，同时 VLSI 是第一个与之合作并取得授权的公司。

如今，基于 ARM 架构的芯片出货量每年增幅都在 20 亿颗以上。ARM 公司作为半导体行业最顶层的公司之一，本身并不制造和销售处理器芯片成品，它只做架构，并将其授权给相关的商务合作伙伴，让其他公司根据架构生成芯片。基于 ARM 低成本和高效的处理器设计方案，得到授权的厂商生产了多种多样的处理器、单片机以及片上系统(SoC)，这种商业模式就是所谓的"知识产权授权"。由此可见，ARM 公司处于产业链的高端。

ARM 处理器的成功可以归纳为耗电少功能强、16 位/32 位双指令集和众多合作伙伴。

为便于直观了解 ARM 内核和一个 MPU 微控制器的关系，本书用目前比较主流的 Cortex-M3 内核和微处理器进行分析，图 2-1 给出一块基于 Cortex-M3 内核的具体芯片以及其内部基本结构。

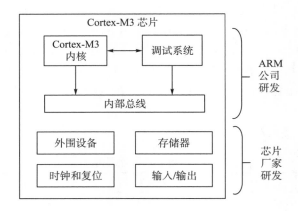

图 2-1　ARM 文档中标注的芯片内部研发部分示意

直观地说，ARM 内核相当于一个人的大脑，但是要构成一个完整的"人"，光有大脑还不行，还需要身体、躯干等。同样，基于 ARM 架构的 MCU 也需要其他部件，主要有存储器、外设、I/O 以及其他功能块，这样才能构成一块完整的芯片。

那么，以 ARM 内核为基础设计的微处理器好在哪里呢？这需要对比来讨论，以常用的 51 单片机系列来对比介绍 ARM 系列的特点是比较有代表性的。

目前业界对 51 单片机和 ARM 的分析很多，各有特点，一个最大的问题就是 ARM 会不会替代 51 单片机。其实一种技术替代另一种技术是市场的选择，这里不讨论这个问题，重点介绍 ARM 相对 51 单片机有哪些特点。

首先 ARM 系列很多，尤其是现在 Cortex 系列发布后，发展出三个分支，其针对的应用环境不一样，性能也有很大的区别，不太好一概而论，不过总的来说，ARM 系列比 51 单片机在性能上要高一个层次，这也是本书第 1 章介绍的嵌入式系统和单片机系统的主要区别，现就其主要特点对比叙述如下。

（1）硬件方面，传统的 51 单片机是 8 位或 16 位的，而 ARM 普遍是 32 位，单从字长这个指标上来看，ARM 的数据吞吐量就比 51 单片机大，加上 ARM 的主频比较高，例如 M3 能达到 72MB，而 A 系列普遍都是几百兆，所以 ARM 拥有更快的运行速度和数据处理能力。

（2）编程方面，51 单片机的编程基本是对基层寄存器的直接操作，虽然入门简单，也比 ARM 的程序直观和容易理解，但是对于复杂的程序管理很困难，尤其是要求系统执行多任务几乎是无能为力。ARM 编程入门比 51 单片机抽象得多，例如以基于 Cortex-M3 架构的 STM32 编程为例，ST 公司为 STM32 编写了固件库，简单来说就是对底层寄存器进行了封装，程序中直接调用库函数就行。但是一开始入门还是会觉得理解固件库很困难，需要一段时间适应。Cortex-A 系列的编程普遍是基于操作系统的程序设计，除了在驱动开发方面，其他地方基本接触不到寄存器，编程更加抽象，如同上位机应用软件开发。

总的来说，ARM 是一种很强大的嵌入式系统架构，但是学习 51 单片机对初学者也是很有帮助的，学习不同的开发平台会对嵌入式系统的整体全貌有更加深入的理解。

2.1.3　ARM 发展历程

ARM 公司可以说是世界一流的半导体公司，它成立以来推出了各种各样的架构和平台，对嵌入式系统的发展产生了深刻的影响。以下简要记述一下 ARM 公司的重要里程碑事件：1993 年推出 ARM7 系列，1996 年推出 ARM8 系列，1997 年推出 ARM9 系列，1998 年推出 ARM10 系列，同年进入中国，2002 年推出 ARM11 系列，2004 年发布 Cortex-M 系列，2012 年完善了 Cortex 三个系列，到 2023 年，各个系列都发展了数十种不同的平台供用户选择。

初学者可能容易混淆 ARM 架构和版本号，其实架构版本号和名字中的数字并不是一码事。上面介绍的 ARM6、ARM7、ARM9 并不是指架构，ARM 的架构采用 v 来表示，例如 ARM7TDMI 是基于 ARMv4T 架构的(T 表示支持"Thumb 指令")，ARM9E 是基于 ARMv5TE 架构的。ARMv6 是在 ARM9 和 ARM10 中使用，Cortex 系列基本采用 ARMv7 架构，新的 Cortex 开始使用 ARMv8，至 2019 年，ARM 发布的新一代 A77 平台仍然基于 ARMv8 架构。2021 年 3 月，ARM 又推出最新的架构 ARMv9，将处理器的综合性能提高了约 30%，它将是下一代基于 ARM 架构芯片设计的主流。

对于嵌入式系统的市场，其具体应用多种多样，而成本是最为敏感的影响因素之一，对于低端市场，设计要有极强的确定性和稳定性；而在高端市场上，不但要有丰富的功能，还要有极高的性价比，这都要求设计时选择最合适的开发平台。

图 2-2 和表 2-2 给出了 ARM 系列和架构发展的基本流程和对应关系。

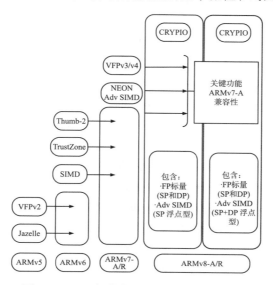

图 2-2　ARM 架构发展及其搭载的主要技术

表 2-2　几种典型的 ARM 内核和架构

处理器名称	架构版本号	存储器管理特性	其他特性
ARM7TDMI	v4T		
ARM7EJ-S	v5E		DSP，Jazelle
ARM920T	v4T	MMU	
ARM1020E	v5E	MMU	DSP
ARM1136J（F）-S	v6	MMU	DSP
ARM1176JZ（F）-S	v6	MMU+TrustZone	DSP，Jazelle
Cortex-M3	v7-M	MPU（可选）	NVIC
Cortex-R4	v7-R	MPU	DSP
Cortex-A8	v7-A	MMU+TrustZone	DSP，Jazelle

2.1.4　ARM 系列芯片应用范围

ARM 架构版本很多，各大合作公司基于 ARM 体系设计的芯片更是数不胜数，但是随着 ARM 系列的发展，ARM 命名越来越长，用户也越来越不容易弄清各个系列的特性，为了解决这个问题，ARM 公司在 2011 年推出了一种新的命名方法，针对不同的系列和使用需求，用不同的字母编号，这样大大简化了 ARM 系列的命名问题。下述是 ARM 官网对新的系列产品命名的简要介绍。

1. ARM Cortex^{TM}-A

ARM Cortex^{TM}-A 系列应用型处理器是面向高端用户的，它向用户提供全方位的解决方案，从超低成本手机、智能手机、移动计算平台、数字电视到机顶盒再到企业网络、打印机和服务器，都有完整的解决方案。

根据官网上介绍，Cortex-A15 和 Cortex-A7 都支持 ARMv7A 架构的扩展，从而为大型物理地址访问和硬件虚拟化以及处理 AMBA4 ACE 一致性提供支持。目前 A 系列应用以 Cortex-A57 处理器、Cortex-A53 处理器为主，但是在教学和一些对性能要求不是太高的场合中，Cortex-A15 处理器、Cortex-A9 处理器、Cortex-A8 处理器、Cortex-A7 处理器、Cortex-A5 处理器应用也很广泛。A 系列也能兼容 ARM11 处理器、ARM9 处理器甚至 ARM7 处理器程序。其实处理器的选择要根据需求来定，并不是数字高就一定好，如 A7 单个性能超过 A8，逼近 A15，因此要针对应用来选择合适的型号。另外需要指出的是，ARMv8 架构发布以后，A57 和 A53 及新的 A72、A73 都支持新架构。

A72 和 A73 是 ARM 在 2016 年发布的，主要是取代 A57，定位高端应用，同时 ARM 还发布了 CoreLink CCI-500 和 Mali-T880，据说性能最多可以提升 80%。ARM 官方介绍了 A72 性能及其特色，虽然它和 A57 并没有本质的不同，仍旧最多四核心，一级二级的缓存容量都没变，只是做了一些细节调整，比较明显的变化是减掉了 NEON SIMD 引擎中的加密扩展功能，总线接口扩展到 128bit，但是综合性能是 A57 的 3.5 倍。

2019 年 6 月，ARM 官网上发布了新的架构设计方案：Cortex-A77 CPU、Mali-G77 GPU 和 ARM ML 处理器，其性能又获得了全面提升。据资料介绍，新的架构主要关注人工智能设计，能够极大提高产品的智能化水平。

从现在官网公布的数据分析，Cortex-A77 的主要特征为：采用 ARMv8.2 架构，支持 AArch32 和 AArch64；拥有 64KB L1 指令和数据缓存；256KB 或 512KB L2 缓存以及高达 4MB L3 缓存；Cortex-A77 和 Cortex-A76 保持相同的 3.0GHz 峰值频率目标。

同时，Cortex-A77 将更多的计算能力和资源用于设备安全的边缘计算上，提高设备可靠性。这些计算能力使用范围包括 AI 摄像机、视觉场景检测、3D 扫描、生物特征用户 ID（人脸识别）、语音识别、游戏中的 ML 和 AR 中的 ML 等。

虽然 2021 年 ARM 在官网上已经发布 v9 架构，但是处理器设计型号，如 Cortex-A78 CPU、A78C、A78AE 和 Mali-G78 GPU 还是基于 v8 架构的，它们在各方面又有一些创新性。据资料介绍，新的 ARM 架构 A78 解决方案主要聚焦于释放下一代移动网络能力的前沿，主要关注 5G 建设和人工智能以及机器学习，新架构希望更快、低延迟、高带宽的 5G 网络可以在任何地方、任何时间进行连接，为此提高了架构性能、效率并降低了成本，提出了为消费者创新的理念。总的来说，未来架构以用户为中心，尤其是在系统效率和可扩展性上有明显提升。图 2-3 给出了 A77 和其他 A 系列性能的对比，该图由 ARM 官网提供。

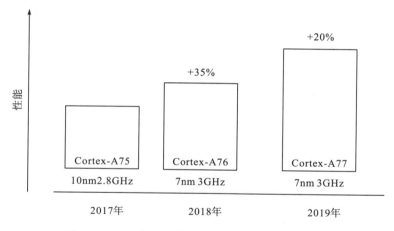

图 2-3　ARM 官网上给出的 Cortex-A 系列发展对比

2. ARM Cortex-R

ARM Cortex-R 为实时处理内核，它对可靠性、高可用性、容错功能、可维护性和实时响应要求较高，是一种专门为实时高性能嵌入式系统提供解决方案的架构。

ARM 官网公布的 Cortex-R 系列的关键特性主要有如下几条。

(1)实时：处理能力在所有场合都符合硬实时限制。

(2)安全：具有高容错能力的可靠且可信的系统。

(3)经济实惠：可实现最佳性能、功耗和面积。

Cortex-R 系列处理器与 Cortex-M 和 Cortex-A 系列处理器都不相同，主要区别在于，Cortex-R 系列处理器提供的性能比 Cortex-M 系列提供的性能高得多，而 Cortex-A 系列专用于具有复杂软件操作系统(需使用虚拟内存管理)的面向用户的应用。

3. ARM Cortex™-M

ARM Cortex™-M 处理器系列是一系列可向上兼容的高能效、易于使用的处理器，这些处理器旨在帮助开发人员满足将来的嵌入式应用的需要。这些需要包括以更低的成本提供更多功能、不断增加连接、改善代码重用和提高能效。

Cortex-M 系列针对成本和功耗敏感的 MCU 和终端应用(如智能测量、人机接口设备、汽车和工业控制系统、大型家用电器、消费性产品和医疗器械)的混合信号设备进行了优化。

截至 2024 年 6 月，在 ARM 官网上 M 系列最新的产品为 Cortex-M85，但是在很多应用中，M3 和 M4 仍然很受市场欢迎。

嵌入式系统的发展和革新十分迅猛，以 ARM 架构为例，几乎每年都会推出新的平台。当然，一个新的架构推出，被市场普遍接受和应用是需要时间的。以现阶段来说，虽然 A72、A75、A76、A77 等高端内核已经问世，但市面上普通开发平台很多还是以 A8 和 A9 为主，甚至对一些老的开发人员来说，仍然喜欢用 ARM9。所以说嵌入式系统的开发选型不是要最新，而是要最合适，其中开发人员对平台的熟悉程度也是一个相当重要的考虑因素。

嵌入式开发人员应该随时关注业界的最新动态，例如，ARM 开发人员应该经常关注 ARM 公司的官网。

2.2　嵌入式系统的常用知识点

在后续章节介绍 ARM 架构的微处理器和外围电路时，会用到很多和嵌入式系统有关的术语和知识点，为了学习方便，本书专门在这一节中集中进行介绍，可能有些内容需要学习了后面章节才能理解，不过对于初学者来说应该先知道这些概念，以后在实践中慢慢理解。

2.2.1　冯·诺依曼结构和哈佛结构

微处理器的两大基本架构是冯·诺依曼结构和哈佛结构。在这两个架构中，冯·诺依曼结构是计算机体系的基本架构，它将计算机体系分为运算器、控制器、输入设备、输出设备和存储器五大部件。它的程序和数据共用一个存储空间，程序指令存储地址和数据存储地址指向同一个存储器的不同物理位置。它采用单一的地址及数据总线，所有程序和数据均从这两条总线上传输，同时要求程序指令和数据的宽度相同。冯·诺依曼结构的微处理器框图如图 2-4 所示。

图 2-4　冯·诺依曼结构的微处理器框图

哈佛结构是区别于冯·诺依曼体系结构的新的尝试，它由哈佛大学物理学家 A.Howard 于 1930 年提出。哈佛结构的主要特点是将程序和数据存储在不同的存储空间中，即将程序存储器和数据存储器分开，作为两个相互独立的存储器单独设计，每个存储器独立编址、独立访问。系统中具有程序的数据总线与地址总线、数据的数据总线与地址总线。图 2-5 给出了哈佛结构的框图。

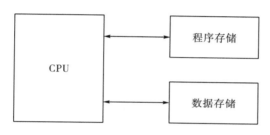

图 2-5　哈佛结构框图

简单来说，冯·诺依曼结构和哈佛结构比较如下：

(1) 冯·诺依曼结构：简洁、便宜、价格低廉，使用可靠，但是数据传输较慢。

(2) 哈佛结构：构造复杂，设计要求高，优点是数据吞吐率高。

二者的关系其实就是一个空间换时间的关系，犹如修路，如果路修得宽就费用高、占地大，但是可容车流量较大；修得窄，省钱省地，但是车流量就受限制。这种时间和空间互换的关系在嵌入式系统中的很多方面都有体现。

2.2.2　精简指令集和复杂指令集

计算机指令是人机交互的"桥梁"，是计算机技术发展过程中不可或缺的内容。不同于人们常说的编程语言，指令集是指计算机最底层的机器代码，与汇编代码相对应。

传统的计算机系统用的指令集都是采用复杂指令集计算机(complex instruction set computer，CISC)体系，它尽量设置一些指令，将尽可能多的功能都由硬件指令实现，硬件指令由于执行速度快，能够极大提升计算机运行速度。最具有代表性的是 Intel 公司的 80x86 系列，从最早的第一代计算机 8086 到 Pentium 系列，采用的都是典型的 CISC 体系结构。

但是后来随着计算机功能增加，指令也越来越多，导致 CISC 体系越来越复杂，20 世纪 80 年代，计算机科学家通过二八法则对复杂指令集进行大量精简，只保留了那些功能简单、能在一个节拍内执行完成的指令，而将复杂指令用多个简单指令构成的一小段程序代码实现。这种计算机系统就被称为精简指令集计算机（RISC）。

顾名思义，精简指令集计算机（RISC）就是采用精简指令集来设计的计算机系统体系，它不仅是指令集上的简化，还包括体系结构上的优化，使得计算机整体效率、功耗等达到一个较为理想的水平。精简指令集计算机系统主要的特点有：具有固定指令长度，可以减少指令格式和寻址方式种类，便于流水线的实现；指令之间各字段的划分比较一致，各字段的功能也比较规整；增加 CPU 中通用寄存器数量，算术逻辑运算指令的操作数都在通用寄存器中存取。

ARM 指令系统就是基于精简指令集设计的。

2.2.3　I/O 端口编址方式

在不同的系统中，I/O 端口的地址编址有两种形式：存储器统一编址和 I/O 独立编址。

存储器统一编址（也称为存储器映像编址）：将 I/O 端口和内存单元统一进行编址，换言之就是为每个 I/O 端口分配和内存单元一样的地址，对其操作读写和对内存单元指令一样，将 I/O 端口作为内存单元对待。

存储器统一编址的优点：因为内存单元地址比较多，即可以看作 CPU 地址的寻址空间，因此可以连接几乎"无限的"I/O 端口；同时，因为采用访问内存指令访问 I/O 端口，可以减少指令数量，也减少 CPU 引脚。

存储器统一编址缺点：程序中 I/O 端口操作不清晰，难以区分程序中到底是对 I/O 端口操作还是对存储器操作；同时，I/O 端口越来越多可能会占用一部分内存地址单元，使得内存空间减少。

I/O 端口独立编址：就是设定两套编址方式，将 I/O 端口编址以及存储器的编址分开，让其相互独立，互不影响。采用这种编址方式，对 I/O 端口的操作不能使用访问内存的指令，需要单独设计输入/输出指令（I/O 指令）。

I/O 端口独立编址的优点：因为采用单独的 I/O 端口指令，便于和内存访问指令区分，程序可读性变强；同时，设计的译码电路较为简单，因为 I/O 端口数量有限，所需的地址线不多。

I/O 端口独立编址缺点：采用专门的 I/O 端口指令，指令集数量增加，同时 CPU 需要能够从硬件上识别 I/O 端口号，可能增加引脚。

这里提示一下，ARM 架构采用的是统一编址方式，也就是说 ARM 的 32 位系统所有存储器和 I/O 端口都会映射到 4G 的存储空间。如果想进一步了解独立编址方式可以参考 80x86 编址方式，在"微机原理与汇编语言"课程会详细介绍 I/O 端口独立编址的访问形式和相关的访问汇编指令方式。

2.2.4　流水线技术

　　流水线技术也是计算机体系中常用的一种技术，简单来说，流水线技术就是并行执行指令，提高系统吞吐率和指令执行速度，它需要多个功能部件并行工作。具体实现方式上，流水线技术把一条指令分为多个步骤，然后分别送给不同的能够执行该步骤的执行部件去执行。ARM 各个架构采用的流水线深度不一样，例如经典的 ARM7 是冯·诺依曼结构，采用了 3 级流水线技术，分别为：预取、译码、执行。ARM9 则采用哈佛结构，采用 5 级流水线技术，即在 3 级流水线基础上增加了访问和写入。ARM10 则使用了 6 级流水线，ARM11 采用 8 级流水线，如图 2-6 所示。现在 Cortex-A 系列普遍是 8 级流水线，A9 采用了 13 级流水线技术，大大提高了整体性能，通过增加流水线级数，简化了流水线的各级逻辑，进一步提高了处理器的性能。

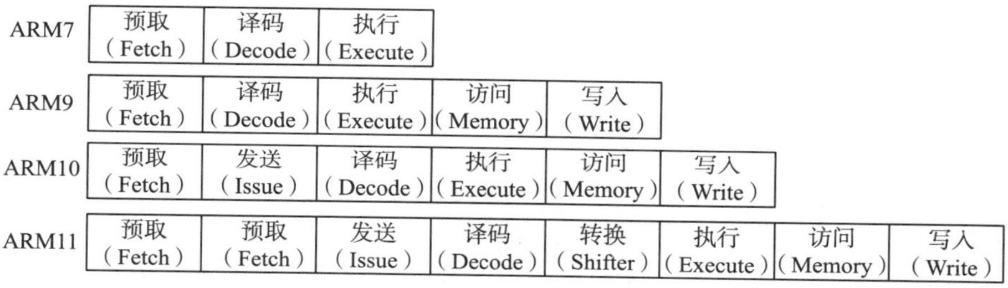

ARM7	预取 (Fetch)	译码 (Decode)	执行 (Execute)				
ARM9	预取 (Fetch)	译码 (Decode)	执行 (Execute)	访问 (Memory)	写入 (Write)		
ARM10	预取 (Fetch)	发送 (Issue)	译码 (Decode)	执行 (Execute)	访问 (Memory)	写入 (Write)	
ARM11	预取 (Fetch)	预取 (Fetch)	发送 (Issue)	译码 (Decode)	转换 (Shifter)	执行 (Execute)	访问 (Memory)	写入 (Write)

图 2-6　常用 ARM 的架构流水线结构

　　流水线技术的目的是将指令的执行分为多个步骤，这样在执行一个步骤的同时，可以先完成下一条指令的一些操作，本质上来说就是一种并行执行的机制。但是流水线是不是越多越好呢，事实证明也并非总是如此，主要体现在以下方面。

　　首先，如果流水线级数越多，意味着一条指令被拆分得越零散，这样可能导致指令执行的速度更慢，即级数分得越多，管理起来也越复杂，特别是不同指令之间的差异导致流水线分割的不确定。

　　其次，采用流水线技术的时候，系统执行指令时会遇见一些冒险机制。比较典型的有：某硬件不支持同一时钟周期一个资源被多条指令访问，发生数据依赖或逻辑关系不被满足的情况，导致跳转指令发生，等等。即只要流水线被打乱，重新建立是需要时间的，尤其是深度较高的流水线，所以在编程的时候尽量少用跳转指令，这样有利于流水线的运行。

　　所以，流水线级数根据任务的复杂度来设计较为合适，分级多的流水线(5 级以上)只在高端芯片上才使用，一般大多数单片机系统采用经典的 3 级流水线就够用了。

2.2.5　中断

　　中断在很多计算机教材上都会涉及，这里再简单回顾一下几个相关的基本概念。

中断是指微处理器运行过程中，出现突发事件，微处理器被迫暂时停止当前程序的执行转而执行处理新情况的程序和执行过程。此时，微处理器暂时中止程序的执行转而处理这个新的情况的过程就叫作中断，其流程如图 2-7 所示。

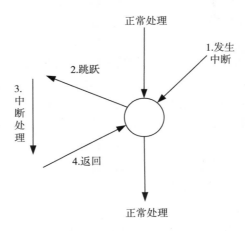

图 2-7 中断流程示意图

中断是计算机系统中一个十分重要的概念，也是嵌入式系统中必不可少的一个组成部分，可以说在现代计算机中毫无例外地都要采用中断技术。相信学习过相关课程(例如单片机开发)的学生都不会对中断陌生。对于中断，这里强调的是和中断有关的各种"术语"。

(1)中断检测：系统每次运行完一条指令就去检测是否有中断响应，如果有就启动中断处理流程。

(2)保护现场：中断处理流程中第一步是关中断，防止中断现场被破坏。

(3)中断服务：跳转到中断服务程序执行。

(4)恢复现场：执行完毕恢复现场，在恢复现场后应及时开中断。

(5)中断返回：此时 CPU 将推入到堆栈的断点地址弹回到程序计数器，从而使 CPU 继续执行刚才被中断的程序。

除了了解中断响应过程，还需要掌握和中断相关的一些概念和特点。

中断的优点：

(1)中断最早的运用是为了让 CPU 和外设速度进行匹配，因为 CPU 执行速度较快，有了中断可以使其在等待外设响应的情况下继续执行其他工作。

(2)中断在实时系统中也是必不可少的，在实时系统中，外界变量可根据要求随时向 CPU 发出中断申请，请求 CPU 及时处理中断请求。如中断条件满足，CPU 马上就会响应这些中断请求，进行相应的处理，从而实现实时处理。

(3)中断也是系统运行的保障，比如系统发生各种故障，如掉电、指令出错、系统错误等，均可通过中断系统由故障源向 CPU 发出中断请求，CPU 及时做出处理，避免更大的损失。

中断的几个术语及含义：

（1）中断向量：直接来说，中断向量就是一个地址入口，对应着中断源和中断服务程序，为 CPU 处理中断提供地址。

（2）中断优先级：如果处理器有多个中断源，当它们同时发出中断申请会产生中断冲突，因此系统根据引起中断事件的重要性和紧迫程度，采用硬件的方式将中断源分为若干个级别，称作中断优先级。

（3）中断嵌套：在系统有多个中断源的情况下，CPU 被一个中断打断处理的过程中，有可能被另一个优先级更高的中断源打断，转而处理高优先级别的中断，这种情况如图 2-8 所示。系统支持能够嵌套的级数取决于中断堆栈分配的深度。

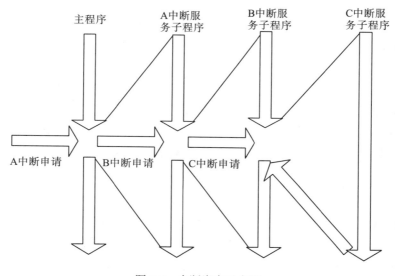

图 2-8　中断嵌套示意图

2.2.6　DMA 传输

直接存储器访问（direct memory access，DMA）技术可以看作一种"更高级"的中断，不过它仅仅应用在高速数据传输上，DMA 控制器可以在 CPU 不干预的情况下完成外部设备和存储器之间、存储器与存储器之间的直接数据传输。

从本质上来说 DMA 也是一种中断，就是当需要有数据传输的时候，设备向 CPU 发出请求，CPU 响应就开启 DMA 传输模式，当完成数据传输后，再作 DMA 返回，其基本流程和中断是很相似的，但是 DMA 传输有其自身特点。

DMA 方式传输特点：

（1）在中断方式下传输数据，CPU 需要执行多条指令，每次中断传输一个数据，这样占用比较多的时间；而 DMA 传输 1 个字节只占用 CPU 的 1 个总线周期。

（2）对于快速的 I/O 设备，传统中断方式的传输速度已无法满足要求，必须采用 DMA 方式来完成快速 I/O 设备的数据传输的操作。

DMA 传输过程一般分为 4 个阶段：申请阶段、响应阶段、数据传输阶段、传输结束阶段。DMA 控制器连接框图如图 2-9 所示。

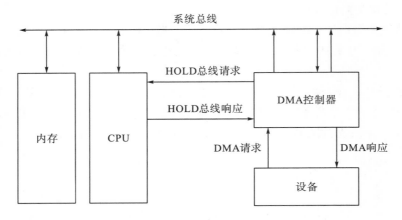

图 2-9　DMA 控制器连接方式

在有些实时系统中不允许启用 DMA 模式，因为 CPU 响应 DMA 时会让出总线控制权，在数据传输完成前不能收回。但是对于实时系统来说，有可能 DMA 模式下突发其他紧急情况，CPU 无法及时有效处理，所以 DMA 的开启有时需考虑具体情况。

2.2.7　Jazelle 加速器

Jazelle 是 ARM 处理器新增的硬件 Java 加速器，目前已经集成到 ARM 多个架构中。Jazelle 是 ARM 公司为了让 ARM 更好地支持 Java 语言而设计的。

嵌入式系统的开发多是采用面向过程的开发语言，以 C 语言和汇编语言的应用最为广泛。但是随着嵌入式操作系统使用越来越广泛，尤其是在智能手机上，现在智能终端的开发也越来越被重视。面向过程语言做应用程序开发时弊端不少，开发难度大而且难以适应各种用户需求，因此嵌入式系统也要求能够支持面向对象的开发语言。

在现有面向对象的开发语言中，Java 语言最常用，它的应用领域也越来越广泛。从网络运营商，包括移动终端开发公司和游戏公司等的角度考虑，开发出更加受大众欢迎的游戏、增值服务（包括金融、收费视频）等，可以为公司获取更多利润。但是由于嵌入式系统的特点（功耗、内存、性能等资源有限），移动智能设备上运行 Java 程序需要处理好两个问题：Java 分化和在资源有限的设备上如何保证 Java 的性能。

传统支持 Java 的智能手机，尤其是许多中低端手机中，比如使用 ARM7TDMI 系列处理器，它们的主频只有 30～50MB，可以运行一些小软件，例如字节码解释器，能够"跑"一些简单的 Java 小程序，因为对显示处理能力要求不高，因此也能胜任。但是现在应用软件发展太快，尤其体现在游戏中，因为现在游戏对渲染要求很高，尤其是对光和影的要求，极大地增加了系统的负担。因此对于需要运行强大 Java 虚拟机的系统，对 MPU 的要求也提高了。Jazelle DBX 的出现满足了相关需求，这得益于它是一种硬件架构扩展技术，为 ARM 处理器引入了第三套指令集——Java 字节码。新指令集建立了一种新的状态，处理器在此状态下处理 Java 字节码取指、译码和维护 Java 操作数栈。

Jazelle DBX 是一种很独特的设计方式，可以看作一个有限状态机，并且能够融入流水线中实现，尺寸小而且性能高。Jazelle DBX 有两个主要优点：一是可以和主处理器一样共用 Cache，极大地提高了代码效率；二是能够独立于中断控制器，这样不会影响中断性能，这一点对于实时系统十分重要，表明使用 Jazelle DBX 时 ARM 异常处理仍能正常工作，这种优点的好处是能够在中断发生时允许系统响应中断，实现系统的实时性，确保中断得到正确处理，之后重建流水线可以不影响代码的执行，以最少的代价确保系统的性能。

同时，系统工作在 Java 状态下，ARM 寄存器可以复用。这样可以使用很少的逻辑电路实现一个虚拟机，换句话说，ARM 寄存器可以保存 Jazelle DBX 扩展所需的状态，保证了各方面的兼容性。

在 ARM 架构上使用 Jazelle DBX 也十分容易，现在 ARM 公司为 Jazelle DBX 配套了 JTEK（Java technology enabling kit）软件包，不仅提高了开发效率，也包含了很多现成的源代码。越来越多的合作商使用 Jazelle DBX，将它集成到自己的软件产品中，目前很多系统，例如 WindowsCE、SymbianOS、PalmOS、Linux 等都支持 Jazelle DBX。

2.3　Cortex-M3 架构分析

前面已经对 ARM 系列做了简要分析，现在深入探讨一下它的内部结构。由于 ARM 系列比较丰富，各型号有一些具体差异，不可能一概而论，这里选择比较有代表性的 Cortex-M 的内部架构进行介绍。其实对于 Cortex-A 系列，内部架构也是基于 ARM 架构，各版本之间有一些差异，但是大体结构还是相同的。Cortex-A 系列主要移植了操作系统，后续运用是在系统上编程实现，所以初学者对内部结构反而不需要过多关注，重点是系统编程的实现。

Cortex-M3 是目前 ARM 入门的首选，虽然现在 Cortex-M 系列已经更新到 M27，但是市面上很多开发板，例如 STM32 系列大多还都基于 M3 和 M4，这不仅因为 M 系列便宜，而且因为其内核简洁明了，容易快速了解 ARM 架构，为后续学习打下基础。

2.3.1　Cortex-M3 寄存器

Cortex-M3 为 32 位处理器内核，即内核的数据位和地址位均为 32 位，因此对应的寄存器和存储器接口也是 32 位。Cortex-M3 拥有独立的指令总线和数据总线，为哈佛结构，同时支持三级流水线操作，可以同时进行取指和访问数据。Cortex-M3 支持大小端模式，而且可以使用外部的高速缓存，数据的存储和读取都十分灵活。

Cortex-M3 内部还附带了很多调试组件，用于硬件上的调试操作，例如指令断点、数据观察点等。另外，为支持更高级的调试，还有其他可选组件，包括指令跟踪和多种类型的调试接口。Cortex-M3 的基本框架如图 2-10 所示。

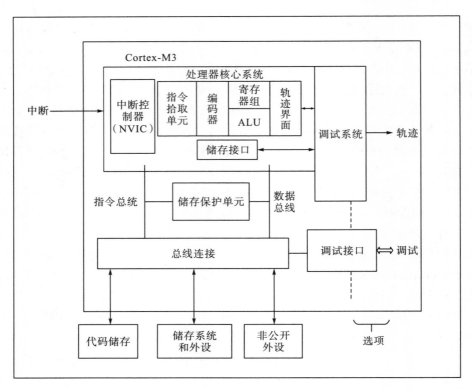

图 2-10　Cortex-M3 基本架构

Cortex-M3 处理器有 16 个通用寄存器,将其命名为 R0~R15。这 16 个寄存器分为高组和低组,还有三个特殊寄存器。Cortex-M3 的寄存器分类如图 2-11 所示,下面依次介绍每一组寄存器及其作用。

Cortex-M3 通用寄存器 R0~R7:这 8 个寄存器也被称为低组寄存器,是汇编语言中最常用的寄存器,几乎所有的汇编指令都能访问。

Cortex-M3 通用寄存器 R8~R12:这 5 个寄存器被称为 Cortex-M3 的高组寄存器。在实际编程中,它们不如低组寄存器使用频繁,这是因为只有很少的 16 位 Thumb 指令能访问它们,32 位的指令则不受限制。

上述 13 个寄存器长度都是 32 位的,复位后的初始值不可预料,因此必须先赋值再使用。

剩下的三个寄存器(R13,R14,R15)被称为特殊寄存器。其中 R13 一般为两个堆栈指针寄存器;R14 为链接寄存器,主要用于保存地址指针;R15 为程序计数器,指向当前的程序地址。因此,这三个寄存器对保证程序正确运行极为重要。

还需要指出的一点是,虽然 R0~R12 都是 32 位通用寄存器,均可用于数据操作,但是绝大多数 16 位 Thumb 指令只能访问 R0~R7,高组通常被限制(具体查看 ARM 指令说明手册),而 32 位 Thumb-2 指令可以访问所有寄存器。

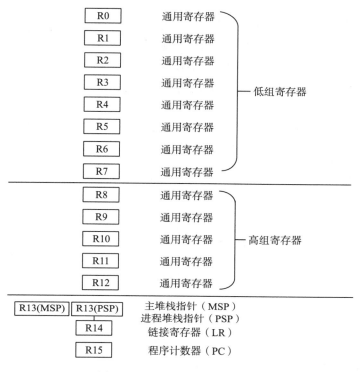

图 2-11　Cortex-M3 的寄存器组

R13 在 Cortex-M3 中作为特殊寄存器，用作指针指向堆栈，因为 Cortex-M3 有两个堆栈，分别为主堆栈指针（main stack pointer，MSP）和进程堆栈指针（process stack pointer，PSP），它们的访问需要用特殊访存指令 MRS、MSR。

主堆栈指针（MSP），或写作 SP_main。这是缺省的堆栈指针，它由 OS 内核、异常服务例程以及所有需要特权访问的应用程序代码来使用。

进程堆栈指针（PSP），或写作 SP_process，用于常规的应用程序代码（不处于异常服务例程中时）。

这两个堆栈都是按照每 4 个字节，即 32 位对齐的。在大多数程序中，只需要用到 MSP，而 PUSH 指令和 POP 指令是默认使用 SP 的特殊指令。

在 ARM 设计中，异常（exception）是指打断程序运行的行为。除了外部中断外，当有指令执行了"非法操作"，或者访问被禁的内存区间、因各种错误产生的 fault，以及不可屏蔽中断发生时，都会打断程序的执行，这些情况统称为异常。在不严格的上下文中，异常与中断也可以混用。另外，用户在程序设计中也可以主动用代码使系统进入异常。

R14 也是一个特殊寄存器，它也称为链接寄存器（link register，LR），一般是在调用子程序时用来保存 R15 的值。

R15 为程序计数器，它的作用是指向当前的程序地址。如果修改它的值，就能改变程序的执行流，所以用户最好不要触及该寄存器，否则容易出现程序混乱。

在程序跳转中，如果是向 PC 中写数据，就会引起一次程序的分支执行。Cortex-M3 中的指令至少是半字对齐的，所以 PC 的 LSB（least significant bit，最低有效位）总是读回 0。然而，在分支时，无论是直接写 PC 的值还是使用分支指令，都必须保证加载到 PC 的数值是奇数（即 LSB=1），用以表明这是在 Thumb 状态下执行。倘若写了 0，则视为企图转入 ARM 模式，Cortex-M3 将产生一个 fault 异常。程序跳转流程示意图如图 2-12 所示。

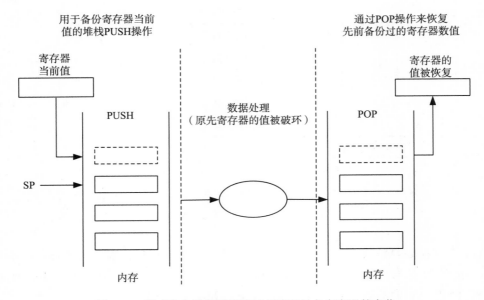

图 2-12 程序发生跳转时程序运行流程及各寄存器的变化

除了上述的通用寄存器组，Cortex-M3 还有若干其他特殊寄存器，其中最为常用的是程序状态字寄存器组（xPSR）、中断屏蔽寄存器组（PRIMASK，FAULTMASK，BASEPRI）、控制寄存器（CONTROL）。这些寄存器需要用专门的 MSR 和 MRS 指令访问。这三个寄存器如图 2-13 所示。

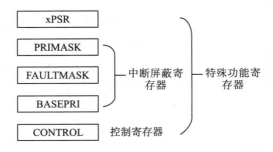

图 2-13 Cortex-M3 中的特殊功能寄存器集合

上述寄存器中重点是理解各标志位的作用，见表 2-3，后续汇编编程中将大量使用到。主要标志位意义如下。

N（负标志位）：当用两个补码表示的带符号数进行运算时，N=1 表示运算的结果为负数，N=0 表示运算的结果为正数或零。

Z（零标志位）：Z=1 表示运算的结果为零，Z=0 表示运算的结果非零。

C（进位标志位）：可以有 4 种方法设置 C 的值：①加法运算（包括 CMN）：当运算结果产生进位时（无符号数溢出），C=1，否则 C=0；②减法运算（包括 CMP）：当运算产生了借位时（无符号数溢出），C=0，否则 C=1；对于包含移位操作的非加/减运算指令，C 为移出值的最后一位；对于其他的非加/减运算指令，C 的值通常不会改变。

V（溢出标志位）：可以有 2 种方法设置 V 的值：对于加减法运算指令，当操作数和运算结果为二进制的补码表示的带符号数时，V=1 表示符号位溢出；对于其他的非加/减运算指令，V 的值通常不会改变。

表 2-3　程序状态寄存器各位置标注

	31	30	29	28	27	26-25	24	23-20	19-16	15-10	9	8	7	6	5	4-0
xPSR	N	Z	C	V	Q	ICI	T	保留	保留	ICI				例外编号		

其他重要的特殊寄存器还有 PRIMASK、FAULTMASK 和 BASEPRI，这三个寄存器用于控制异常中断的使能和屏蔽，具体说明详见表 2-4。

表 2-4　Cortex-M3 的屏蔽寄存器

名称	功能
PRIMASK	这是个只有 1 位的寄存器。当它置 1 时，就关掉所有可屏蔽的异常，只剩下 NMI 和硬 fault 可以响应。它的缺省值是 0，表示没有关中断
FAULTMASK	这是个只有 1 位的寄存器。当它置 1 时，只有 NMI 才能响应，所有其他的异常，包括中断和 fault，通通"闭嘴"。它的缺省值也是 0，表示没有关异常
BASEPRI	这个寄存器最多有 9 位（由表达优先级的位数决定）。它定义了被屏蔽优先级的阈值。当它被设成某个值后，所有优先级号大于等于此值的中断都被关（优先级号越大，优先级越低）。但若被设成 0，则不关闭任何中断，缺省值也是 0

上述寄存器中，PRIMASK 和 BASEPRI 对暂时关闭中断的设置是非常重要的，而 FAULTMASK 则可以被 OS 用于暂时关闭 fault 处理机能，这种处理尤其在某个任务崩溃时需要用到，FAULTMASK 可以说是专门留给操作系统使用的。

2.3.2　Cortex-M3 工作模式

在传统 ARM 中，工作模式比较多，例如 ARM9 就支持 7 种工作模式，而 Cortex-M3 进行了简化，可以支持 2 个模式和 2 个特权等级。其中，模式的切换由控制寄存器控制，功能见表 2-5。

表 2-5 Cortex-M3 的 CONTROL 寄存器

位	功能
CONTROL[1]	堆栈指针选择 0=选择主堆栈指针 MSP（复位后缺省值） 1=选择进程堆栈指针 PSP 在线程或基础级（没有在响应异常），可以使用 PSP。在 handler 模式下，只允许 使用 MSP，所以此时不得往该位写 1
CONTROL[2]	0=特权级的线程模式 1=用户级的线程模式 handler 模式永远都是特权级的

在 Cortex-M3 的 handler 模式中，CONTROL[1]总是 0。在线程模式中则可以为 0 或 1。仅在处于特权级的线程模式下，此位才可写，其他场合下禁止写此位。改变处理器的模式也有其他的方式：在异常返回时，通过修改 LR 的位 2，也能实现模式切换。

CONTROL[0]需要在特权级下操作时才允许改写。在用户级中，需要通过触发一个软中断才能返回特权级，然后才能更改该位。

在线程模式＋用户级下，对系统控制空间的访问将被阻止——该空间包含了配置寄存器以及调试组件的寄存器。除此之外，还禁止使用 MSR 访问刚才介绍到的特殊功能寄存器——APSR 有例外。特别指出的是，handler 模式总是特权级的。在复位后，处理器进入线程模式，并处于特权级。当处理器处在线程状态下时，既可以使用特权级，也可以使用用户级。在复位后，处理器进入线程模式＋特权级。

在特权级下的代码可以通过置位 CONTROL[0]来进入用户级。不管是何原因产生了何种异常，处理器都将以特权级来运行其服务例程，异常返回后将回到产生异常之前的特权级。用户级下的代码不能再试图修改 CONTROL[0]回到特权级，它必须通过一个异常 handler，由那个异常 handler 来修改 CONTROL[0]，才能在返回到线程模式后拿到特权级。

总的来说，特权级进入用户级比较简单，用 CONTROL[0]即可实现，而所有异常都只能在特权级中处理，用户级不能直接进入特权级，只能通过一个异常才能修改 CONTROL[0]以进入特权模式。

2.3.3 Cortex-M3 存储器映射

Cortex-M3 的存储器系统与传统 ARM 架构相比有较大变化。不同于传统 ARM 架构，Cortex-M3 的存储器映射是预先定义好的，甚至哪条总线对哪个区域都规定好了。

Cortex-M3 的存储器系统能够实现对单一比特的原子的操作，称为 bit-band 操作，该操作仅适用于一些特殊的存储器区域中。

Cortex-M3 的存储器系统支持非对齐访问和互斥访问。这两个特性是直到 v7M 架构时才提出来的。

Cortex-M3 的存储器系统同时支持小端配置和大端配置，默认是小端配置。

  Cortex-M3 的存储器映射是事先固定好的，这种设计方便软件在 Cortex-M3 单片机间的自由移植，使程序变得通用。Cortex-M3 有 32 条地址线，对应的寻址空间共有 4GB，采用哈佛结构，因此程序可以存储在代码区、内部静态随机存储器(static random access memory，SRAM)区以及外部 RAM 区中，均可执行。但是因为指令总线与数据总线是分开的，最理想的是把程序放到代码区，从而使取指和数据访问各自使用自己的总线。

  如图 2-14 所示，Cortex-M3 内部的 SRAM 区的大小有 512MB，用于让芯片制造商连接片上的 SRAM。地址空间的另一个 512MB 范围由片上外设的寄存器使用。这个区中也有一条 32MB 的 bit-band，以便于快捷地访问外设寄存器。例如，可以方便地访问各种控制位和状态位。

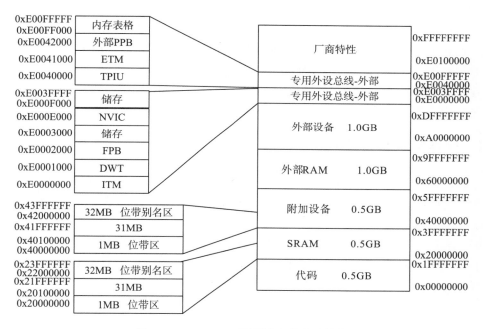

图 2-14 Cortex-M3 预置的存储器映射表

  另外，Cortex-M3 还有两个 1GB 的范围，分别用于连接外部 RAM 和外部设备，需要注意的是外部 RAM 区允许执行指令，而在外部设备区则不允许。

  最后还剩下 0.5GB 的预留地带，Cortex-M3 内核中包括了系统级组件、内部私有外设总线 s、外部私有外设总线 s，以及由提供者定义的系统外设。

  私有外设总线有两条：一条是 AHB，它只用于 Cortex-M3 内部的 AHB 外设，包括 NVIC、FPB、DWT 和 ITM；另外一条是 APB，它既可以用于 Cortex-M3 的 APB 设备，同时也用于外部设备。Cortex-M3 允许器件制造商再添加一些片上 APB 外设到 APB 私有总线上，它们通过 APB 接口来访问。

  NVIC 所处的区域叫作"系统控制空间"(SCS)，在 SCS 里的还有 SYSTICK、MPU，以及代码调试控制所用的寄存器，如图 2-15 所示。

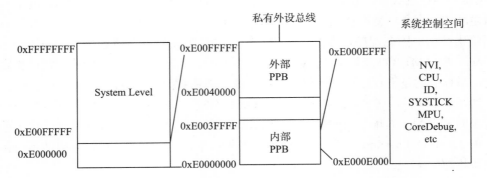

图 2-15　Cortex-M3 私有外设总线扩展

其他未使用的空间都处于保留状态，由开发商自己定义，但是不能用来执行指令。同时 Cortex-M3 中的 MPU 是可选配的，由芯片制造商决定是否配上。

存储器映射只是 Cortex-M3 的基本框架，具体的映射会由芯片生产商提供更加详细的映射图，因此要具体了解存储区域的应用，参考芯片资料十分重要。

2.3.4　操作模式和特权级别

Cortex-M3 除了前面提到过的两种工作模式，它还支持两种处理器的操作模式以及两级特权操作。这两种操作模式为：处理者模式（handler mode）和线程模式（thread mode）。

Cortex-M3 特权的分级可以分为特权级和用户级，这可以提供一种存储器访问的保护机制，使得普通的用户程序代码不能意外地甚至是恶意地执行涉及要害的操作。处理器的操作模式和特权模式见图 2-16。

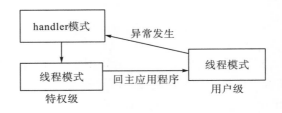

图 2-16　Cortex-M3 下的操作模式和特权级别

通过图 2-17 可以看出，在 Cortex-M3 运行主应用程序时（线程模式），既可以使用特权级，也可以使用用户级，但是异常服务例程必须在特权级下执行。复位后，处理器默认进入线程模式，特权级访问。在特权级下，程序可以访问所有范围的存储器，并且可以执行所有指令。

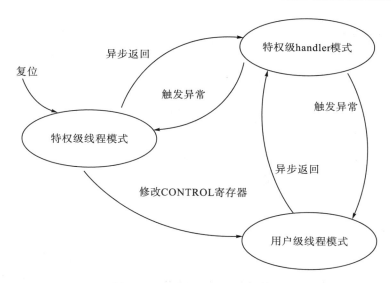

图 2-17　合法的操作模式转换图

2.3.5　Cortex-M3 中断控制器

Cortex-M3 内核中的中断控制器是 NVIC(nested vectored interrupt controller，嵌套向量中断控制器)。NVIC 是 Cortex-M3 内核中非常重要的一部分，或者说它与内核是紧耦合的，因为系统所有的中断都通过它来设置。NVIC 主要提供如下的功能：

(1)可嵌套中断支持；

(2)向量中断支持；

(3)动态优先级调整支持；

(4)中断延迟缩短设置；

(5)中断可屏蔽。

Cortex-M3 的所有中断机制都由 NVIC 实现。除了支持 240 条中断之外，NVIC 还支持 11 个内部异常源，可以实现 fault 管理机制。因此，Cortex-M3 就有了 256 个预定义的异常类型，如表 2-6 所示。

表 2-6　Cortex-M3 异常类型

编号	类型	优先级	简介
0	N/A	N/A	没有异常在运行
1	复位	−3(最高)	复位
2	NMI	−2	不可屏蔽中断(来自外部 NMI 输入脚)
3	硬(hard)fault	−1	所有被除能的 fault 都将"上访"成硬 fault
4	MemManagefault	可编程	储存器管理 fault，MPU 访问犯规以及访问非法位置
5	总线 fault	可编程	总线错误[预取流产(abort)或数据流产]
6	用法 fault	可编程	由程序错误导致的异常

编号	类型	优先级	简介
7~10	保留	N/A	N/A
11	SVCall	可编程	系统服务调用
12	调试监视器	可编程	调试监视器(断点，数据观察点，或者是外部调试请求)
13	保留	N/A	N/A
14	PendSV	可编程	为系统设备而设的"可悬挂请求"（pendable request）
15	SysTick	可编程	系统解答定时器(也就是周期性溢出的时基定时器——译注)
16	IRQ#0	可编程	外中断#0
17	IRQ#1	可编程	外中断#1
...	...	...	...
255	IRQ#239	可编程	外部中断#239

注：虽然 Cortex-M3 是支持 240 个外中断的，但具体使用了多少个是由芯片生产商决定的。Cortex-M3 还有一个 NMI(不可屏蔽中断)输入脚，当它被置为有效(assert)时，NMI 服务例程会无条件地执行。

2.3.6　Cortex-M3 总评

Cortex-M3 采用 v7 架构，相对以前的 ARM 架构有很大提升，在一些细微的地方透露出设计的巧妙和简洁性，感兴趣的读者可以去官网进一步了解其内部架构的相关细节。目前，业界对 Cortex-M3 评价很高，主要有以下几个方面。

(1)高性能：Cortex-M3 的许多指令都是单周期的，因为采用固定指令长度便于流水线的实现。Cortex-M3 使用了 Thumb-2 指令集，极大地简化了程序开发。同时，Cortex-M3 执行效率也比 ARM7 高，实现了更低的主频完成更多的工作，还节省了功耗。

(2)中断处理功能的优化：Cortex-M3 内建的嵌套向量中断控制器支持多达 240 条外部中断输入，而且可以在硬件上处理中断，提高了处理速度。

(3)低功耗：如前面所述，Cortex-M 系列主要面向低端单片机市场，因此 CM 系列结构简单，逻辑清晰，非常适合低功耗任务(功率低于 0.19mW/MHz)，同时支持节能模式(有睡眠位，可以设置睡眠模式)，能够支持不同方式唤醒。

(4)调试方便：嵌入式系统不可缺少的就是调试工具，Cortex-M3 的调试方式也很多，它可以使用 JTAG 接口进行调试，也支持方便快捷的串口调试和 SW 模式，无论设置断点还是在线跟踪都十分方便。

总的来说，Cortex-M3 作为一种面向低端市场的产品，实现了低功耗、高性价比，基于 Cortex-M3 架构的芯片售价也很低，在价格上极具竞争力。

下面介绍基于 Cortex-M3 内核的 STM32 系列，从内核架构到具体芯片系列，读者需要明确二者之间的区别。

2.3.7 STM32 系列微控制器

ARM 只是一种架构，ARM 公司只提供授权和解决方案，但它不生产芯片，一个 ARM 的体系架构要成为实实在在的芯片，还需要具体的生产厂家来进行设计生产。以 Cortex-M3 为例，介绍目前使用该架构设计较为成熟的意法半导体集团推出的 STM32 系列。

意法半导体(英文名：STMicroelectronics)集团成立于 1987 年 6 月，由意大利的 SGS 微电子公司和法国 Thomson 半导体公司合并而成。在 1998 年 5 月，SGS-THOMSON Microelectronics 将公司正式更名为意法半导体有限公司，目前已经是世界上最大的半导体公司之一。目前，意法半导体集团员工数已达 5 万，超过 16 个研发机构，配套数十个设计应用中心和制造厂商。

STM32 系列芯片就是意法半导体集团的得意之作，它是一个微控制器产品系列的总称，目前这个系列已经发展得十分庞大，包含了多个子系列和分支，从简单分类来看，具有代表性的产品有：STM32 小容量产品、STM32 中容量产品、STM32 大容量产品和 STM32 互联型产品。如果从功能上划分，大概又可分为 STM32F101xx、STM32F102xx 和 STM32F103xx 系列。

目前市面上 STM32 系列很多，如下所示。

（1）基本型：STM32F101R6、STM32F101C8、STM32F101R8、STM32F101V8、STM32F101RB、STM32F101VB；

（2）增强型：STM32F103C8、STM32F103R8、STM32F103V8、STM32F103RB、STM32F103VB、STM32F103VE、STM32F103ZE。

而且从 flash 容量来看，STM32 可以分为小容量、中容量和大容量产品，其主系统由以下部分构成。

（1）四个驱动单元：Cortex™-M3 内核 DCode 总线(D-bus)、系统总线(S-bus)、通用 DMA1 和通用 DMA2。

（2）四个被动单元：内部 SRAM、内部闪存存储器、FSMC、AHB 到 APB（AHB2APBx）。它们连接所有的 APB 设备，这些都是通过一个多级的 AHB 总线构架相互连接的，如图 2-18 所示。

从图 2-18 中可以看出，STM32 系列以 Cortex-M3 为核心，结合相关模块，构成一个完整的芯片，这是生产厂商应用 ARM 架构完成实际芯片的一个典型实例。当然，对于选用哪个型号的芯片，需要根据具体项目来设定。对于各款芯片的详细描述，可以参看《STM32 选型手册》和《STM32 中文参考手册》。

因为 STM32 系列芯片较多，为帮助工程师快速熟悉相关产品，找到最适合的解决方案，意法半导体集团开发了专门针对 STM32 系列芯片的固件库。它的主要作用是将底层寄存器进行封装，二次开发人员可以很方便地调用上层函数，可以很方便地实现对系统的绝大多数操作。对于固件库的相关介绍请参考本章后续章节。

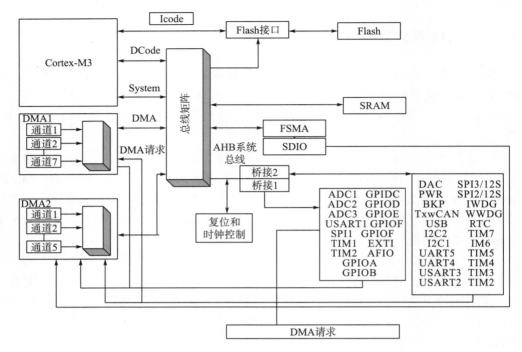

图 2-18 STM32 系统架构框图

2.4 ARM 指令集

指令系统和指令集是密不可分的，一个芯片架构必须要有相应的指令集对它进行操控，而指令集也是基于具体架构编写的能够操控这种架构的指令集合，本章开头叙述过的四大芯片架构都有各自的指令集。

ARM 的指令系统是一个庞大而完整的指令体系，它为内核提供了完整的编程方式，通过指令系统才能发挥出 ARM 的巨大潜力，让系统完成所需任务。相对于其他平台的汇编语言，ARM 指令系统有其自身的特点，下面介绍 ARM 指令系统。

2.4.1 汇编语言简介

计算机专业的同学对于汇编语言绝对不陌生，而且单片机课程也涉及汇编语言。目前，在用户级或简单的开发这个层面汇编语言使用很少了，尤其是做操作系统级的开发基本接触不到汇编语言，只有在 Uboot 里面涉及一些系统初始化的汇编，而开发基本都采用 C 语言及其他高级语言。但是作为嵌入式系统开发人员，汇编语言的优势和特点是必须要了解的，哪怕只是对所使用芯片的指令系统的大致了解。因为现在就算不需要编程人员编写高质量的汇编代码，但至少别人编写的汇编程序要能读懂，这是嵌入式系统开发人员的基本素养之一。

汇编语言之所以没有被淘汰（至少现在还无法完全被取代），是因为它可以直接同计算机底层硬件进行交互，直接操控硬件。它主要具有如下一些优点。

（1）能够直接编写物理地址，访问对应的内存单元或 I/O 端口。

（2）因为汇编语言和机器语言一一对应，所以它能够对生成的二进制代码进行完全的控制，并灵活地进行各种操作。

（3）能够对关键代码进行更准确地控制，这一点在实时系统中特别重要，可以避免因线程共同访问或者设备共享引起的死锁或停机。

（4）汇编语言的效率是所有高级语言达不到的，甚至高出高级语言十倍以上。

（5）汇编语言能够最大化地发挥出处理器的性能。

虽然有如上优点，但是汇编语言越来越少地被采用，因为汇编语言是一种底层语言，它仅仅优于直接手工编写二进制的机器指令码，因此不可避免地存在一些缺点，主要体现在：

（1）汇编语言编写的代码可读性很差，而且不利于交互和团队合作；

（2）汇编语言编程中很容易产生漏洞(bug)，而且出错很难调试；

（3）每种汇编语言只能针对特定平台，难以实现跨平台移植；

（4）开发效率很低，时间长且单调。

正是有这些缺点，汇编语言被使用得越来越少，只有在最底层驱动或者对实时性能要求特别高的系统中一些函数或子程序才会用汇编语言以提高效率，但是学习一点汇编知识对认识整个系统架构和组成还是很有帮助的。

2.4.2　ARM 指令集发展历程

ARM 指令集不同于其他平台，它在很长一段时间内同时存在两套汇编指令，这主要与它的发展历史有关。从 ARM7TDMI 开始，ARM 处理器一直支持两种形式上相对独立的指令集，它们分别是 32 位的 ARM 指令集和 16 位的 Thumb 指令集，它们各有特点。两种指令的同时存在给 ARM 开发带来不小的挑战，高水平的程序员能够游刃有余地在两种指令间切换，最大限度地发挥它们的优势，而对于一些初学者来说，理解起来就很困难。好在自从 ARM 公司推出了 Cortex 系列后，同时推出了 Thumb-2 指令集，将 16 位的 ARM 指令和 32 位的 Thumb 指令统一起来，由汇编器决定使用 16 位还是 32 位指令，大大减轻了编程者的负担，也提高了编程效率。图 2-19 给出了 ARM 指令集发展的过程。

2.4.3　ARM 指令简介

随着技术发展，ARM 的指令也发生了一些变化，例如有些指令是 32 位的 ARM 指令，有些是 16 位的 Thumb 指令，在不同架构下支持的指令也有所不同，所以 ARM 指令的概述很难一概而论。本小节介绍 ARM 指令大的框架和总体原则，采用的是 ARM 汇编器基本语法(不同于 GCC 汇编器的 AS 语法)，并不过多地涉及具体的细节，同时兼顾介绍一些 Cortex-M3 的指令或特点，但读者如果要开发某一款平台下的产品，还需要详细阅读相关的资料，尤其是对应的指令集。

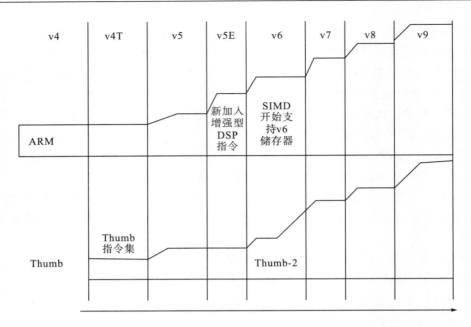

架构演示图

图 2-19   ARM 指令集发展过程

虽然现在 Cortex-M3 只支持 Thumb-2 指令集，但是从指令学习的完整度来看，还是先从 32 位的 ARM 指令开始介绍，后续章节再详细介绍 Thumb-2 指令集。通常来说，一条 32 位的 ARM 指令构成如表 2-7 所示。

表 2-7   32 位的 ARM 指令构成示意

31~28	25~27	21~24	20	16~19	12~15	0~11
Cond	00x	Opcode	S	Rn	Rd	Operand2

如表 2-7 所示，一条 ARM 指令包括<Opcode>、{<Cond>}、{S}、<Rd>、<Rn>、<Operand2>几个部分。其中<>内的项是必须有的，{}内的项是可选的，如果不写则表示默认无条件执行，指令各部分含义如下。

Cond：指令的条件码。

Opcode：指令操作码(有 16 种编码，对应于 16 条指令)。

S：操作是否影响 CPSR。

Rn：表示第 1 个操作数的寄存器编码。

Rd：目标寄存器编码。

Operand2：第 2 操作数(立即数/寄存器/寄存器移位)。

上述中操作码和条件码是一条指令中最重要的两部分，它们在指令中各占 4 位，各自对应 16 种组合，构成基本 ARM 指令集。

其中 4 位操作码占[21:24]位，共有 16 种组合，对应指令如表 2-8 所示。

表2-8　4 位代码组成的 16 种操作码组合

代码	操作码	代码	操作码	代码	操作码	代码	操作码
0000	AND	0100	ADD	1000	TST	1100	ORR
0001	EOR	0101	ADC	1001	TEQ	1101	MOV
0010	SUB	0110	SBC	1010	CMP	1110	BIC
0011	RSB	0111	RSC	1011	CMN	1111	MVN

在一条 32 位指令中，高四位为条件码。条件码也有 16 种，用 2 个英文字母表示。如果指令有条件码，在执行的时候会先判断条件是否满足，如果满足就执行，否则不执行。ARM 的条件码如表 2-9 所示。

表2-9　条件码的 16 种组合及其含义

符号	条件	符号	条件	符号	条件	符号	条件
EQ	相等	MI	负数	HI	无符号大于	GT	带符号大于
NE	不等	PL	非负	LS	无符号小于等于	LE	带符号小于
CS	进位	VS	溢出	GE	有符号大于等于	AL	总是
CC	未进位	VC	未溢出	LT	有符号小于	保留	无

2.4.4　ARM 指令书写格式

一条 ARM 指令的标准书写格式：

标号　操作码条件码 操作数 1，操作数 2，…　；注释

上述指令格式中，顶格写的是标号，一般用作语句表标注，和跳转指令联合使用，是可选的。操作码是每条指令必须有的，前面需要有空白符。条件码也是可选的，如果有，它会紧跟在操作码后面，指明指令执行的条件。接下来是若干操作数，分别称为源操作数、目的操作数和第 2 操作数。特别指出的是，ARM 指令中立即数必须以 "#" 开头，例如：

```
MOV R0, #0x12 ; R0 = 0x12
MOV R1, #'A' ; #'A'为 A 的 ASCII 码
```

注释一般在最后，必须以 ";" 开头，它并不影响汇编操作，只为增加程序的可读性，让程序更加容易理解。同时在汇编中还可以使用 EQU 等伪指令来定义替换常数，然后在代码中使用它们，例如：

```
NVIC_IRQ_SETEN1 EQU 0xE000E100
NVIC_IRQ1_ENABLE EQU 0x1
…
LDR R1, =NVIC_IRQ_SETEN1
MOV R2, #NVIC_IRQ1_ENABLE ; 把立即数传送到指令中
STR R1, [R1] ; *R1=R2，执行完此指令后 IRQ #1 被使能。
```

注意：常数定义必须顶格写。

类似地,还可以使用 DCB 来定义一串字节常数——允许以字符串的形式表达,还可以使用 DCD 来定义一串 32 位整数。它们常被用来在代码中书写表格。例如:

```
LDR R1, =MY_NUMBER ; R1= MY_NUMBER
LDR R2, [R1] ; R2= *R1
…
LDR R0, =HELLO_TEXT ; R0= HELLO_TEXT
BL PrintText ; 呼叫 PrintText 以显示字符串,R0 传递参数
…
MY_NUMBER
DCD 0x12345678
HELLO_TEXT
DCB "Hello\n",0
```

上述示例代码都是按 ARM 汇编器的语法格式写的。因为不同汇编器编译结果不同,所以如果使用其他汇编器,需要了解其汇编方式再写代码。

2.4.5　ARM 指令寻址方式

寻址方式是学习汇编语言必不可少的部分。什么是寻址方式?通俗来说就是"寻找地址的方式"。因为汇编语言是底层语言,汇编语言编程写语句的目的是对"操作数"进行操作,那么首先必须找到这些数据才能进行操作,所以寻址方式就是指明各种不同的指令如何找到需要操作的操作数的方式。

数据存储的位置不同,有的在寄存器,有的在数据存储器,或在程序存储器,所以导致寻址方式多元化。在 ARM 中,对寻址方式的归类不一导致方式数量不一,一般来说有如下几种。

1. 立即数寻址

立即数寻址指操作数直接由指令给出,但是 ARM 中立即数受到限制,必须采用合法立即数,关于立即数合法和非法问题请参考 ARM 文档,这里不再深究。

例:

```
                    ADD R0, R1, #4
```

注意:ARM 指令中立即数的表示前面必须加上"#"。

2. 寄存器寻址

操作数就存放在通用寄存器中,指令可以直接使用。寄存器寻址可以说是最常用的寻址方式,汇编语言中很多运算需要先将操作数读取到寄存器中,然后才能进行其他操作,所以说寄存器寻址是程序不可或缺的寻址方式。

例:

```
                    MOV R0, R1
```

注意:对特殊功能的寄存器使用要注意限制条件。

3. 寄存器移位寻址

在寄存器寻址的基础上加上一个移位操作就构成了寄存器移位寻址。指令中的移位主要是通过桶形移位器完成的。

常用的移位操作如下。

LSL：逻辑左移，等同于待移位的无符号数乘 2。

ASR：算术右移，等同于待移位的无符号数除 2。

LSR：逻辑右移，等同于待移位的有符号数除 2。

ROR：循环右移，等同于待移位的无符号数位轮换。

RRX：带进位标志位的循环右移，等同于待移位的无符号数加进位符号循环右移。

例：

```
          ADD   R0, R1, R2, LSL #2
```

4. 寄存器间接寻址

间接寻址指寄存器中存储的是操作数的地址，操作数本身放在存储器中；间接寻址的主要工作是将操作数从存储器中读出或者写入。

例：

```
              LDR    R0，[R1]
```

使用间接寻址方式必须用[ ]将存放地址的寄存器括起来。

5. 变址寻址

变址寻址的方式是在间接寻址基础上对操作数地址进行的一些调整，采用基址寄存器的内容与指令中的偏移量相加，得到有效操作数的地址，然后访问该地址空间，是间接寻址的一种拓展。

变址寻址的方式分为三种：

(1)前变址(先加后用，基址不变)。如：

LDR R0, [R1, #8]; R1 存的地址+8，访问新地址里面的值，放到 R0。

(2)自动索引(先加后用，基址变)。如：

LDR R0, [R1, #8]! ;在前索引的基础上，新地址回写进 R1。注：! 表示回写地址。

(3)后变址(先用后加，基址变)。如：

LDR R0 [R1], #8 ;R1 存的地址的内容写进 R0，R1 存的地址+8 再写进 R1。

6. 堆栈寻址

堆栈寻址是针对入栈和出栈操作指令的寻址方式。如：

PUSH R0 或 POP R0。

7. 相对寻址

相对寻址一般是在跳转指令中使用，而相对寻址主要指对指令的寻址。寻址方式为

PC 当前值位基址和指令中值的偏移量相加作为操作数的地址。

如：BL LOOP%，不过有范围限制 pc+-32Mbytes。

以上是比较常用的寻址方式，其他寻址方式还有多寄存器寻址和块寻址等，更加详细的介绍请参考《ARM 指令系统手册》。

2.4.6　Thumb-2 指令集

自从 AMR 诞生以来，ARM 的编程都是采用 32 位的 ARM 指令集和 16 位 Thumb 指令集混合编写，二者的切换需要程序人员自行指定（用 BX 指令切换），只有经验丰富的程序人员才能做到在两种指令集间自由切换，而对于初学者来说两种指令的切换是十分难以掌握的。

为了改善两种指令集并存的现状，从基于 v7 架构的 Cortex 系列起，ARM 推出了一种新的指令集，即 Thumb-2 指令集，并在 v8 架构中也广泛使用，很多资料中将其称为"一个突破性的指令集"。Thumb-2 指令集可以看作 16 位 Thumb 指令集的一个超集，它实现了 16 位指令首次与 32 位指令并存，也正因为如此，Thumb-2 指令集更加强大、易用和高效。

Thumb-2 指令集的引入使得处理器在 Thumb 状态下可以做的事情丰富了许多，最大的改进是同样的工作可以用更少的代码完成，极大提高了编程效率。

以 Cortex-M3 支持的指令集为例，如图 2-20 所示，它没有采用 32 位 ARM 指令集，将所有编程的指令全部托付给 Thumb-2 指令集，这样使得需要使用的指令周期数也明显下降，而且在内核水平上，可以为适应单片机和小内存器件而抉择、取舍。

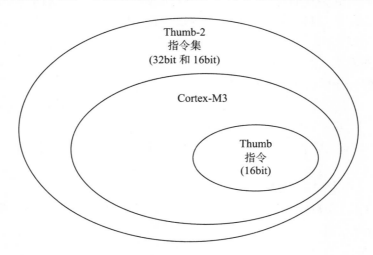

图 2-20　Cortex-M3 的指令集状态

Thumb-2 指令集集两种指令集于一身，可以说统一了 ARM 指令系统。不过，Thumb-2 指令集不支持向后兼容，因此，以前使用 ARM 系列指令编写的程序代码无法直接移植到新的平台上，需要重新编写。

2.5　ARM 指令

虽然现在基于 v7 架构的 Cortex 系列已经采用了 Thumb-2 指令集，但是 ARM 指令集仍然有值得学习的地方，有两个原因：第一，Thumb-2 指令集是其扩展，学习 ARM 汇编架构仍以 ARM 指令为基础，在掌握了 ARM 指令后再学习 Thumb-2 指令集的特点和某些特殊指令，不但入门快捷，而且事半功倍；第二，目前各种学习资料以 ARM 指令集为主，从 ARM 指令开始学习，更加容易找到相应的资料和书籍，入门以后再在编程实践中慢慢摸索 Thumb-2 指令集中的一些特殊之处。

2.5.1　ARM 指令基础

前面已经介绍过，一条 32 位的 ARM 汇编指令的典型书写格式如下：

标号　操作码　操作数 1，操作数 2，… ；注释

ARM 指令实例：

MOV　　R1，#0x8

MOV　　R1，#'B'

在 ARM 处理器中，指令也可以带有后缀，一般后缀有两种，一种是 S 标志位，凡是指令后面带有 S 标志位意味着该指令执行后需要更新 APSR 标志位，例如：

ADDS　　　R0，R1；根据加法的结果更新 APSR 中的标志

另一种是条件码，16 种条件码在上一节中介绍过，带有条件码的指令意味着需要满足相关条件才能执行。

此处特别指出，在 Cortex-M3 中，对条件后缀的使用有限制，只有转移指令（B 指令）才可随意使用。而对于其他指令，Cortex-M3 引入了 IF - THEN 指令块，在这个块中才可以加后缀，且必须加后缀。

2.5.2　常用 ARM 指令

ARM 指令的类型很多，具体功能也不同，不过按照功能大概分为六个大类。

(1) 数据处理指令：数据传输指令、算术指令、逻辑指令、比较指令、乘法指令、前导零计数。

(2) 程序状态访问指令：MRS 和 MSR。

(3) 分支指令：B、BL 和 BX。

(4) 访存指令：单数据访存指令、多数据访存指令、数据交换指令。

(5) 异常产生指令：SWI 和 BKPT。

(6) 协处理器指令：CDP、LDC、STC、MCR、MRC。

下面对常用指令做一个简单的介绍，注意现介绍的指令是基于 v4 架构的 ARM 指令集，而现在 v7 架构在这个基础上做了一些变动，增加了一些特殊的指令，本节只介绍常

用指令，对于新增指令的细节，读者可查阅《ARMv7-M 架构应用级参考手册》。

（1）数据传送指令：MOV、MVN。

作用：寄存器之间数据传送或将立即数传送到寄存器中或实现单纯的移位操作。

例子：MOV Rd，Rd，LSL，#3。

MVN 指令称为"取反传送"，功能是把源寄存器的每一位取反，将得到的结果写入结果寄存器。

（2）常用的算术运算指令：ADD、ADC、SUB、SBC、RSB、RSC。

①ADD、SUB、RSB，不带进位或借位。

②ADC、SBC、RSC，带进位或借位。

③ADC 指令用于将 Rn 和 Operand2 的值相加，再加上进位标志 C 的值。

④SBC 指令是从 Rn 的值中减去 Operand2 的值，若进位标志 C 为 0，结果再减 1。

⑤RSC 指令是从 Operand2 的值中减去 Rn 的值，若进位标志 C 为 0，结果再减 1。

以上指令执行的结果均存于 Rd 中。

S 为可选的后缀。若指定 S，则根据操作结果更新条件码标志。

注意：SPSR 寄存器的标志位是否修改，取决于指令后面有没有加后缀 S，如果加了，指令运算后才会更新标志位 N、Z、C 和 V。

如果将 R15 作为源寄存器使用，则它的值是当前指令的地址加 8。如果将其作为目的寄存器使用，则会改变程序运行顺序，程序将跳转到对应地址执行，可以用该功能完成子程序的返回。注意：在有寄存器控制移位的任何数据处理指令中，不能将 R15 作为 Rd 或任何操作数来使用。

（3）逻辑运算指令：AND、ORR、EOR、BIC。

逻辑运算主要包括逻辑与、或、异或等指令，其句法格式是：

op {cond} {S} Rd，Rn，Operand2

上述句法的符号意义与前述的相同。

AND、ORR 和 EOR 指令将 Rn 和 Operand2 的值进行"与""或"和"异或"操作等位操作，并将结果存于 Rd 中。BIC 指令用于将 Rn 中的各位与 Operand2 的相应位的反码进行"与"操作，结果存于 Rd 中。

逻辑运算指令举例：

```
ANDS   R0, R0, #0x01   ; R0＝R0&0x01 取出最低位数据
AND    R2, R1, R3       ; R2＝R1&R3
```

AND 指令可用于提取寄存器中某些位的值。

```
ORR    R0, R0, #0x0F; 将 R0 的低 4 位置 1
```

ORR 指令用于将寄存器中某些位的值设置成 1。

```
EOR    R1, R1, #0x0F   ; 将 R1 的低 4 位取反
EORS   R0, R5, #0x01   ; 将 R0←R5 异或 0x01，并影响标志位
```

EOR 指令可用于将寄存器中某些位的值取反。将某一位与 0 异或，该位值不变；与 1 异或，该位值被求反。

```
BIC    R1, R1, #0x0F           ; 将 R1 的低 4 位清 0，其他位不变
```

BIC 指令可用于将寄存器中某些位的值设置成 0。

(4) 比较指令：CMP，CMN。

比较和比较反值指令，其句法如下：

```
op  {cond}  Rn，Operand2
```

上述句法的符号意义与前述的相同。

CMP 指令的功能是将 Operand2 的值从 Rn 的值中减去，不保留运算结果，其他功能与 SUBS 一样；CMN 指令将 Operand2 的值和 Rn 的值相加，不保留运算结果，其他与 ADDS 指令一样。注意：CMP 和 CMN 指令执行后也会更新对应的标志 N、Z、C 和 V。

(5) 测试指令：TST，TEQ。

测试和测试相等指令，其句法如下：

```
op  {cond}  Rn，Operand2
```

其中所用到的符号意义与上述比较指令相同。

(6) 乘法指令(两类，如表 2-10 所示)。

32 位的乘法指令，即乘法操作的结果为 32 位；64 位的乘法指令，即乘法操作的结果为 64 位(只有带增强型乘法器的 ARM 系列支持)。

表 2-10　ARM 指令集中常用的几种乘法指令

助记符	说　明	操　作
MUL Rd，Rm，Rs	32 位乘法指令	Rd←Rm*Rs(Rd≠Rm)
MUA Rd，Rm，Rs，Rn	32 位乘加指令	Rd←Rm*Rs+Rn (Rd≠Rm)
UMULL RdL，RdH，Rm，Rs	64 位无符号乘法	(RdL，RdH)←Rm*Rs
UMAL RdL，RdH，Rm，Rs	64 位无符号乘加	(RdL，RdH)←Rm*Rs
SMULL RdL，RdH，Rm，Rs	64 位有符号乘法	
SMLAL RdL，RdH，Rm，Rs	64 位有符号乘加	

乘法指令的加入使得处理器对信号的处理能力大幅提高，尤其是在卷积、滤波、FFT 运算领域中作用明显。

(7) 程序状态访存指令。

当需要修改 CPSR/SPSR 的内容时，首先要将它的值读取到一个通用寄存器，然后修改某些位，最后将数据写回到状态寄存器(即修改状态寄存器一般是通过"读取—修改—写回"三个步骤来实现的)。

CPSR/SPSR 不是通用寄存器，不能使用 MOV 指令来读写。在 ARM 处理器中，只有 MRS 指令可以读取 CPSR/SPSR，只有 MSR 可以写 CPSR/SPSR。

MRS 指令举例：

```
MRS     R1，CPSR         ;R1← CPSR
MRS     R2，SPSR         ;R2 ← SPSR
MSR{cond}    psr_fields，#immed
MSR{cond}    psr_fields，Rm
```

在 ARM 处理器中，只有 MSR 指令可以直接设置状态寄存器 CPSR 或 SPSR。

(8)访存指令。

访存指令也称为数据加载指令，常用于将存储器的数据加载到寄存器中。

读写字: ldr / str。

读写无符号字节: ldrb / strb。

(9)跳转指令：B。

跳转指令也称为转移指令，用作程序跳转，一般有三种形式：B、BL、BX。

最基本的跳转指令格式：

```
B{cond}    label
```

B 指令跳转到指定的地址执行程序。

指令举例：

```
B    WAITA     ; 跳转到 WAITA 标号处
B    0x1234    ; 跳转到绝对地址 0x1234 处
```

转移指令 B 限制在当前指令的 ±32 MB 的范围内。

BL 为带链接的转移指令。

指令格式如下：

```
BL{cond}    label
```

BL 指令先将下一条指令的地址拷贝到 LR 链接寄存器中，然后跳转到指定地址运行程序。

跳转指令在汇编语言中有重要的作用，通常用来构成循环和分支结构，在汇编语言中，采用跳转语句的循环结构如下：

```
MOV R0, #10    ;设定循环次数
SUB1    …                          ;循环体
        SUB  R0, #1               ;循环次数减一
        CMP  R0, #0
BNE    SUB1              ; 不为 0 则转至子程序 SUB1 处
```

分支结构如下：

```
        CMP        R1, #6
        BLLT       MIN          ; 有符号数 <
        BLGE       BIG          ; 有符号数 ≧
                   …
MIN
                   …
BIG
                   …
```

跳转指令还有一个状态切换指令 BX，其作用是对程序中的 AMR 指令集和 Thumb 指令进行切换，但是在 v7 架构中随着 Thumb-2 指令集的推出，该指令已不再需要，读者仅知道有此指令即可。

其他汇编指令还包括多数据访存指令、数据交换指令、堆栈指令等，限于篇幅此处不再详述，这些指令可在需要时查阅相关文档。

读者要进一步了解对比 Thumb-2 指令的特点，可以参考 *The Definitive Guide to the ARM Cortex-M3*，它对 Cortex-M3 的 16 位和 32 位的 Thumb-2 指令集进行了更加详细的介绍。

2.5.3　伪指令

伪指令是构成汇编语言不可或缺的部分，因为有了伪指令，才使得代码变成了完整的程序。伪指令是一类特殊的助记符，在有些资料中，ARM 常用的伪指令也被分为三类。

（1）伪指令：在 ARM 汇编语言里作为特殊指令的助记符，在汇编时将被合适的机器指令替代。

（2）伪操作：为 ARM 汇编程序所用，在代码进入汇编环节时由汇编程序进行预处理，但它只在汇编过程中起作用，并不参与程序运行。

（3）宏指令：和 C 语言有一定类似之处，它是通过伪操作定义的一段独立的代码，调用它时将宏体定义的代码或指令插入到源程序中，也就是常说的宏。

有时这三类指令的界限不是很明显，这里统称伪指令，下面简要介绍一些常用的伪指令。

1. 空指令

NOP 是空指令，程序什么都不做，就等待一个指令周期，常用于延时程序中。

2. 符号定义伪指令

符号定义(symbol definition)伪指令用于定义 ARM 汇编程序中的变量、对变量赋值以及定义寄存器的别名等操作。例如：GBLA、GBLL 和 GBLS 可以定义全局变量；LCLA、LCLL 和 LCLS 可以定义局部变量；SETA、SETL、SETS 可以赋值变量；RLIST 为通用寄存器列表定义名称。

3. 数据定义伪指令

数据定义伪指令一般用于为特定的数据分配存储单元，同时可完成已分配的存储单元的初始化。常见的数据定义伪指令有 DCB、DCW、DCD、DCFD、DCFS 等。

4. 汇编控制伪指令

汇编控制伪指令用于控制汇编程序的执行流程，常用的汇编控制伪指令包括以下几条：IF、ELSE、ENDIF，WHILE、WEND，MACRO、MEND，MEXIT。

5. 其他常用伪指令

1) AREA

写法：AREA 段名 属性 1，属性 2，……。

AREA 伪指令可被用于定义一个代码段或数据段。

属性字段表示该代码段（或数据段）的相关属性，多个属性用逗号分隔。AREA 常用的属性如下：

CODE 属性：用于定义代码段，默认为 READONLY。

DATA 属性：用于定义数据段，默认为 READWRITE。

READONLY 属性：指定本段为只读，代码段默认为 READONLY。

READWRITE 属性：指定本段为可读可写，数据段的默认属性为 READWRITE。

2）ALIGN

语法格式：ALIGN {表达式{，偏移量}}。

ALIGN 伪指令可通过添加填充字节的方式，使当前位置满足一定的对齐方式。其中，表达式的值用于指定对齐方式，可能的取值为 2 的幂，如 1、2、4、8、16 等。

3）CODE16、CODE32

语法格式：CODE16（或 CODE32）。

CODE16 伪指令通知编译器，其后的指令序列为 16 位的 Thumb 指令。

CODE32 伪指令通知编译器，其后的指令序列为 32 位的 ARM 指令。

CODE32 和 CODE16 可以用作 32 位的 ARM 指令和 16 位的 Thumb 指令切换，不过值得注意的是，Thumb-2 指令集出现后，这两条伪指令基本不需要了，读者了解即可。

4）ENTRY

语法格式：ENTRY。

ENTRY 伪指令在代码中也是必不可少的部分，它如同 C 语言中的 main 函数，是程序的入口地址。在一个完整的汇编程序中至少要有一个 ENTRY（也可以有多个，当有多个 ENTRY 时，程序的真正入口点由链接器指定），但在一个源文件里最多只能有一个 ENTRY 或 main（）。

5）END

语法格式：END。

END 伪指令表明程序结束，一般写汇编语言容易忘记，需要加在结尾处。

6）EXPORT（或 GLOBAL）

语法格式：EXPORT 标号 {[WEAK]}。

EXPORT 伪指令用于在程序中声明一个全局的标号，该标号可在其他的文件中引用。

7）IMPORT

语法格式：IMPORT 标号 {[WEAK]}。

IMPORT 伪指令用于通知编译器要使用的标号在其他的源文件中定义，但要在当前源文件中引用，而且无论当前源文件是否引用该标号，该标号均会被加入到当前源文件的符号表中。

8) EXTERN

语法格式：EXTERN 标号 {[WEAK]}。

EXTERN 伪指令用于通知编译器要使用的标号在其他的源文件中定义，但要在当前源文件中引用，如果当前源文件实际并未引用该标号，该标号就不会被加入到当前源文件的符号表中。

9) GET(或 INCLUDE)

语法格式：GET 文件名。

GET 伪指令用于将一个源文件包含到当前的源文件中，并将被包含的源文件在当前位置进行汇编处理。可以使用 INCLUDE 代替 GET。注意：使用方法与 C 语言中的 "include" 相似。

10) INCBIN

语法格式：INCBIN 文件名。

INCBIN 伪指令用于将一个目标文件或数据文件包含到当前的源文件中，将被包含的文件不作任何变动存放在当前文件中。

2.5.4　ARM 汇编语言程序架构

在 ARM 编程中，基本语句的书写一般遵循几个基本要求。ARM 汇编程序中每一行的通用格式为：{标号} {指令|指示符|伪指令} {；注解}。

在 ARM 汇编语言源程序中，除了标号和注释外，指令、伪指令和指示符都必须有前导空格，而不能顶格书写。如果每一行的代码太长，可以使用字符 "\" 将其分行书写，并允许有空行。指令助记符、指示符和寄存器名既可以用大写字母，也可以用小写字母，但不能混用。注释从 "；" 开始，到该行结束为止。

ARM 体系的汇编语言编程中，程序也分为数据段和代码段，数据段存储程序运行需要用到的数据，而代码段存储代码。一般来说，一个程序至少有一个代码段，而数据段不是必需的，数据也可以存储在代码段中，但是会影响执行效率，因此建议编程时还是将两个段分开，尤其是大型程序代码。可执行映象文件通常由以下几部分构成：

(1) 一个或多个代码段，代码段的属性为只读；

(2) 零个或多个包含初始化数据的数据段，数据段的属性为可读写；

(3) 零个或多个不包含初始化数据的数据段，数据段的属性为可读写。

链接器根据用户定义的段，将相关代码或数据放在不同的段中。因此源程序中段之间的相对位置与可执行的映象文件中段的相对位置一般不会相同。

以下是一个汇编语言源程序的基本结构例子：

```
AREA Beg, CODE, READONLY
ENTRY
```

```
Start
LDR R0, =0x4
LDR R1, 0xFFFF
STR R1, [R0]
LDR R0, =0x5FF
LDR R1, 0x02
STR R1, [R0]
...
END
```

在上面的汇编语言程序中，开头用 AREA 伪指令定义一个代码段，后续说明了定义段的相关属性(名称，代码段，只读)，本例定义了一个名为 Beg 的代码段，属性为只读。ENTRY 伪指令标识程序的入口点，Start 为开始标记，程序的末尾为 END 伪指令，指明该程序段结束。

Thumb-2 指令集中，汇编架构和 ARM 指令集基本一致，只是所用指令必须是 Thumb-2 指令集支持的，下面给出一个官方文档的 Thumb-2 指令集编写的纯汇编指令集实现循环加的例子。

```
STACK_TOP EQU 0x20002000 ; SP 初始值，常数
AREA |Header Code|, CODE
DCD STACK_TOP ; 栈顶(MSP 的)
DCD Start                          ; 复位向量
ENTRY                              ; 指示程序从这里开始执行
Start                              ; 主程序开始
; 初始化寄存器
MOV r0, #10                        ; 加载循环变量的初值
MOV r1, #0                         ; 初始化运算结果的值
; 计算 10+9+8+...+1
loop
ADD r1, r0 ; R1 += R0
SUBS r0, #1                        ; R0 自减，并且根据结果更新标志(有"S"后缀)
BNE loop                           ; 如果 (R0!=0) 跳转到 loop 标号
; 现在，运算结果在 R1 中
deadloop
B deadloop                         ; 工作完成后，进入无穷循环
END                                ; 标记文件结束
```

这个例子很简单，它只初始化了 SP、PC，以及需要使用的寄存器，然后就执行连加循环。

从上述完整的汇编语言例子可以看出，结合伪指令，采用汇编语言可以构成完整的程序架构，只要掌握了基本程序框架和指令条件，就可以编写实现不同功能的程序。

2.5.5　汇编语言和 C 语言的混合编程

现在在嵌入式系统开发中直接使用汇编语言完成整个程序编写的情况越来越少了，一是全部采用汇编语言工作量太大，二是汇编程序难以移植且后续维护困难，所以以 C 或 C++为主，在需要用汇编程序的部分采用汇编语言编写，这样可以充分发挥两种语言的优势和特点，提高程序的整体效率。

一般情况下，C 程序模块与汇编程序模块互相交互主要有以下三种情况：

(1) 在 C 代码中使用了嵌入式汇编(或者是在 GNU 工具下，使用了内联汇编)；

(2) C 程序调用了汇编程序，这些汇编程序是在独立的汇编源文件中实现的；

(3) 汇编程序调用了 C 程序。

因为两种语言的混合编程比较繁杂，主要难点涉及参数的传递，但是在大部分编程中，汇编语言和 C 语言很少用到，程序员也会尽量避免参数传递，因为程序的可靠性和健壮性是很重要的。一般来说，程序的初始化部分用汇编语言完成，然后用 C/C++完成主要的编程任务，程序在执行时首先完成初始化过程，然后跳转到 C/C++程序代码中，汇编程序和 C/C++程序之间一般没有参数的传递，也没有频繁地相互调用。

在 C 语言中嵌入汇编语言一般采用两种方式：内嵌汇编和子程序调用方式。

C 语言内嵌汇编格式：

_asm("指令[；指令]") 或 asm("指令[；指令]")

例子：

```
Main()
{
Int i;
_asm("NOP")
}
```

相对于内嵌汇编方式，采用汇编子程序调用的方式更加常见，因为采用汇编子程序方式可以将汇编语言和 C 语言分开，所以对提高代码的可阅读性很有帮助。首先介绍一下 C 语言调用汇编语言子程序的交互规则。

(1) 寄存器规则：v1～v8(R4～R11)用来保存局部变量。

(2) 堆栈规则：FD 类型(满递减堆栈)。

(3) 参数传递规则：如果参数个数小于等于 4，用 R0～R3 保存参数；参数个数多于 4 的情况下，剩余的参数传入堆栈。

(4) 子程序结果返回规则：结果为一个 32 位整数，通过 R0 返回；结果为一个 64 位整数，通过 R0、R1 返回。

对于位数更多的结果，可以使用地址方式，用数组存储，将数组首地址进行传递，对 C 语言也就是指针的方式传递。

下面看一个简单的 C 语言调用汇编子程序的例子。

C 语言主程序：

```
#include    <stdio.h>
```

```
extern void  test_example2(char * s1, const char *s2);
int  main(void)
{
        const  char  *string1 = "test example";
        char    *string2="xxxxxxxx";
        printf("first string:\n");
        printf("%s\n %s\n", string1, string2);
        test_example2(string2, string1);
        printf("second string:\n");
        printf("%s\n %s\n", string1, string2);
        return  0;
}
```

汇编子程序:

```
AREA example2, CODE, READONLY
  EXPORT test_example2
test_example2
        LDRB  R2, [R1], #1        ;字节加载并更新地址
        STRB  R2, [R0], #1        ;字节存储并更新地址
        CMP R2, #0                ;判断 R2 是否为 0
        BNE test_example2         ;若条件不成立则继续执行
        MOV PC, LR                ;从子程序返回
        END
```

上述例子是一个简单的 C 语言调用汇编程序的例子,该程序完成的是一个字符串的拷贝。主函数采用 C 语言编写,字符串拷贝功能采用汇编语言实现。

思考:如果将上述程序改为一个数组的拷贝应该怎么改动?

用户真正开发一个程序代码时,多是采用 C 和汇编语言同时编程的方式,而且会用到很多别人写好的库。如何将这些文件汇总编译最后生成可执行文件呢?我们需要各种编译器和连接器,将各种文件整合,目前有许多成熟的开发工具,如 RVDS 或 RealView 编译器工具(RVCT),其开发流程如图 2-21 所示,最后生成二进制文件,可以直接下载运行。

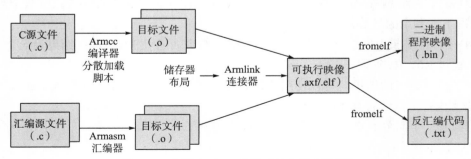

图 2-21 使用 ARM 工具链时的典型开发流程

2.5.6　Cortex-M3 开发工具

掌握指令代码后就可以尝试实现运行一个程序，而程序的编写、编译运行等步骤离不开开发工具的支持，和 Cortex-M3 配套的开发工具有很多，本节结合简单例程介绍开发工具的使用以及程序代码的调试和运行。

1. 调试工具(JTAG 和 SW)

调试工具是嵌入式系统调试必不可少的，在 Cortex-M3 的产品中，一般使用串行线JTAG 调试端口(SWJ-DP)，它把 SW-DP 和 JTAG-DP 的功能合二为一，并且支持自动协议检测。使用这个组件，Cortex-M3 设备可以同时支持 SW 和 JTAG 接口。JTAG 调试连接图如图 2-22 所示。

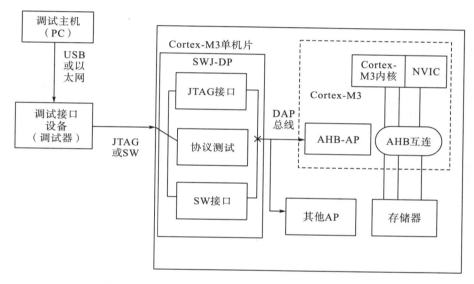

图 2-22　合并了 JTAG-DP 和 SW-DP 功能的 SWJ-DP

2. 开发主要工具

Cortex-M3 的开发还需要一些开发工具，主要有：编译器/汇编器、指令系统模拟器、在线仿真器(in-circuit emulator，ICE)或者调试探测器(probe)、跟踪捕捉仪等。

3. RVMDK 工具

目前有许多商业的开发平台集成了 Cortex-M3 开发所需要的各种工具并搭建了友好的开发界面，其中最流行的就是 KEIL 的 realview microcontroller development kit(简称RealView MDK 或 RVMDK)。RVMDK 包含的主要工具有：uVision、集成开发环境、调试器、模拟器、由 ARM 提供的 RealView 工具链、C/C++编译器、汇编器、连接器、RTX 实时内核、为各单片机而设的详细启动代码(包含源代码)、各种 Flash 的编程算法、程序示例。

对于熟悉 51 单片机的读者来说，使用 RVMDK 开发 Cortex-M3 基本没有障碍，只需要稍稍熟悉一下开发环境中的相关选项就行。对于其他初学者，可以从 KEIL 官网 https://www.keil.com/处下载软件和相关资源学习。

2.5.7　STM32 固件库简介

使用 STM32 系列开发平台学习 Cortex-M3 架构是快捷了解和掌握 ARM 的一个途径，为了便于广大设计人员设计，意法半导体集团针对该系列芯片开发出了固件库，使得开发工作大大简化。本节简单介绍一下固件库。

STM32 标准外设库一般简称为固件库，其实它就是一个函数包，将一些底层代码进行封装。固件库由程序、数据结构和宏组成，包括了微控制器所有外设的性能特征。固件库还包括一些驱动接口，即 API，通过调用这些接口，开发人员可以较为容易地控制每一个外设，而无需深入相关细节，因此固件库的使用能极大地提高开发者的开发效率，节省开发时间，降低开发成本。

固件库由若干函数组成，每个外设对应一组函数，函数控制外设各种功能。虽然一开始不熟悉函数，可能操作困难，但是由于固件库对这些函数都进行了标准化命名，一旦熟练掌握，编程效率会大大提升。

固件库十分庞大，内含成百上千的函数，对于固件库的进一步学习可参考《STM32固件库使用手册》等相关资料。固件库文件体系如图 2-23 所示。对于每一个外设，例如各种接口、中断、定时器等，固件库手册里面都有相应的例程，读者可以先在例程上修改学习，待熟练之后再慢慢编写自己的程序代码。当然，嵌入式系统学习最重要的还是自己在开发板上多实践，熟能生巧。

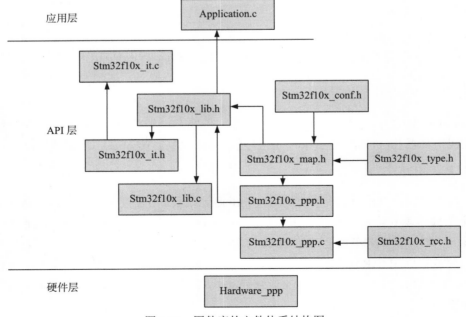

图 2-23　固件库的文件体系结构图

2.6　本　章　小　结

本章主要介绍了 ARM 的相关背景及发展历程，最主要的内容是 ARM 架构及 ARM 指令体系。本章内容比较繁杂，尤其是指令部分内容极多且杂，因此初学者学习时会感觉有一定困难，但本章是后续章节的基础，需要认真学习。

汇编编程虽然对于应用级别的开发者来说使用不多，但是对于底层开发人员是十分重要的内容，尤其是从事 SoC 或芯片级的开发者，学习汇编对于了解整个芯片架构有着不可或缺的作用，也是需要花大量时间深入学习才能掌握的。

同时，ARM 的相关文档比较多，在学习本章过程中也应该注意结合有关文档，尤其是 ARM 官网上公布了大量最新文档，这些文档对于实际开发有很大的帮助，通过阅读文档并结合相关的开发工具能够较快掌握相关知识。

第3章　嵌入式系统外围电路

3.1　嵌入式系统外围电路概述

嵌入式系统的外围电路泛指除了微处理器外其他构成系统所必不可少的电路系统，目前业界对外围电路没有明确的定义，但是外围电路却是任何一个嵌入式系统都不可或缺的部分。

3.1.1　外围电路构成

在电路分析的相关课程中，电路被大致划分为模拟电路和数字电路。在单片机开发中，由于系统规模比较小，模拟和数字部分常在一块 PCB 上完成。但是对于规模比较大的嵌入式系统，在模拟电路和数字电路设计上是需要特别注意的，一般模拟板和数字板是分开设计的，相关电路分析的书籍会深入探讨这个问题。

整个系统的模拟部分和 AD 采样电路也是嵌入式系统的外围电路，但这里介绍的外围电路以包含微处理器的数字电路部分为主。

对于数字电路来说，一般常用的外围电路包括电源电路、时钟发生器电路、各类存储器电路、各种片外总线、接口电路、人机交互接口电路、无线网络接口电路，等等。外围电路种类极其丰富，而且是根据具体应用需求进行裁剪或选取，所以对于嵌入式系统来说，各个系统外围电路千差万别，既和应用需求有关，也和芯片选取有关，外围电路的设计也是很有趣的一件事情。

3.1.2　外围电路种类

从大的方面来说，外围电路可以简单分为两个大类。

一是存储器电路。嵌入式的存储器种类很多，也有各自不同的用途，传统最主流的存储器有 ROM 和 RAM，还有目前不可或缺的 Flash 和 EMMC 等，存储芯片和芯片相关的电路构成了存储器电路，这是嵌入式系统外围电路中的一个重要组成部分。

二是接口电路。嵌入式系统结构极其丰富，接口也是根据系统的具体应用需求来决定，目前最主要的接口电路包括总线电路和总线接口。总线主要有 IIC、IIS、SPI 等。接口电路分为：串口，例如 RS232、USB 等；网络接口，例如 Wi-Fi/蓝牙/ZigBee 等；人机交互接口，例如按键、液晶、触摸屏、数码显示管等。接口电路是外围电路中最丰富的一种电路，其每一种接口都有相应的芯片和典型电路可供参考。

除了上述两大类，其他外围电路根据需求还分为电源电路、定时电路、AD 采样电路等，或者根据不同需求对系统做的一些扩展电路。

3.1.3　底板和核心板

这里针对读者需求简要介绍一下底板和核心板。现代嵌入式系统越来越复杂，微处理器功能也越来越强大，性能直逼通用计算机的 MPC（multimedia personal computer，多媒体个人计算机），但 MPU 功能强大带来一个问题，即微处理器芯片管脚数不断增加，导致 PCB 的布线更加复杂，也给制板带来了一些电磁电气兼容性问题。为了简化 PCB 布线问题，在系统设计允许的前提下，将 MPC 及其必需的电路设计在一块小板上，称为核心板，其他外围电路设计在底板上，核心板和底板通过定义好的接口或引线连接，这样既可以减少整个电路的布局布线复杂性，也可以根据需要更改底板上的外围电路而不影响核心板。

核心板的一般结构：微处理器+电源晶振电路+存储器+接口。

底板的结构：其他所有需要用到的外围接口电路。

采用底板+核心板的设计模式还有助于保护知识产权，如果厂商不希望底板及外设电路相关技术泄露，可以只购买厂商设计出售的核心板，自行设计底板，既减小了设计难度，也保护了各自的机密技术，这种硬件平台厂商提出的核心板+嵌入式产品厂家底板的合作模式，在很多行业的嵌入式产品中非常流行。

3.2　时钟和定时器

对于微处理器来说，它们的工作都离不开时钟信号，所以在嵌入式系统中，时钟电路是其重要的组成部分。但微处理器的时钟供给是有不同方式的，需要根据需求进行选择。

3.2.1　ARM 时钟分类

以 ARM 架构的系统为例，其时钟的结构图如图 3-1 所示。

从图 3-1 可以看出，系统时钟结构是很复杂的，总的来说，ARM 体系支持外部时钟和内部时钟两种模式。输入的时钟都经过一系列的寄存器进行调整，变换出不同的频率，供给内核、片内总线和其他外设接口使用。

对于一个嵌入式系统来说，通常为系统提供时钟的模式有两种，即内部时钟和外部时钟，很多系统是两种方式同时使用，因为它们各有特点。

内部时钟：在引脚 XTIPll 和 XTOPll 外接晶振振荡器或陶瓷谐振器，可以构成嵌入式系统的内部振荡。内部时钟指时钟信号由芯片内部产生，但是需要外接晶振。

外部时钟：外部时钟是由一个专门的时钟电路构成，时钟电路由专用芯片产生时钟信号，直接为微处理器提供时钟。采用时钟电路提供的时钟称为外部时钟。

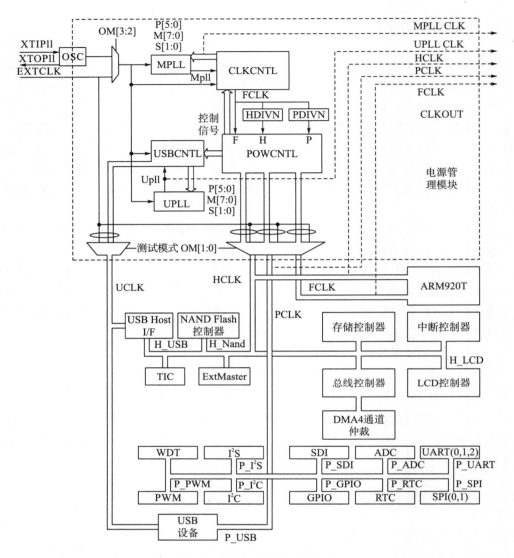

图 3-1　ARM 架构的时钟体系

内部时钟和外部时钟连接示意图如图 3-2 所示。

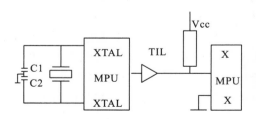

图 3-2　内部时钟和外部时钟连接示意图

一般来说，内部时钟是在系统上电时临时使用一下，因为微处理器芯片内部受尺寸限制，内部时钟精度不高，甚至有的芯片误差极大。上电完成后一般是自动或手动转为外部时钟模式。

不过每一种架构或芯片对于时钟的输入有一定限制，例如这里以基于 Cortex-M3 架构的 STM32 系列芯片时钟进行简单介绍。

根据相关的芯片手册，STM32 中有 5 个时钟源，分别标记为 HSI、HSE、LSI、LSE、PLL。

（1）HSI 为高速内部时钟，RC 振荡器，频率为 8MHz。

（2）HSE 为高速外部时钟，可接石英/陶瓷谐振器，或者接外部时钟源，频率范围为 4MHz～16MHz。

（3）LSI 为低速内部时钟，RC 振荡器，频率为 40kHz。

（4）LSE 为低速外部时钟，接频率为 32.768kHz 的石英晶体。

（5）PLL 为锁相环倍频输出，其时钟输入源可选择为 HSI/2、HSE 或者 HSE/2。倍频可选择为 2～16 倍，但是其输出频率最大不得超过 72MHz。

具体时钟的配置需要通过时钟寄存器完成，配置方法请参考相关固件库手册，此处不再详述。

3.2.2　"看门狗"和 RTC 实时时钟

学过数字电路的同学对定时器不会陌生，数字电路中定时器和计数器是构成数字电路的基本组成之一。在嵌入式系统中，对于定时器和计数器的应用，最主要的就是"看门狗"和实时时钟。

1. "看门狗"简介

"看门狗"，英文名称是 WATCHDOG，它的本质是一个定时器，但是对系统的作用不可或缺，所以很多书籍将其称为"系统警察"，因为它是系统安全的保障。它的作用在于当系统发生一些严重错误，比如程序进入死循环或者死机、不能复位导致突发情况，"看门狗"能够让系统重启。所以 WATCHDOG 的应用主要是保证嵌入式操作系统正常运行，避免系统在长时间无人干预时出现死机状况。业界把"看门狗"计时器的重新置位的情况称为"看门狗复位"。"看门狗"主要有以下工作。

（1）提供 WATCHDOG 控制寄存器和配置寄存器，供软件开发人员根据系统需要进行灵活配置。

（2）为系统提供"看门"服务，即当系统出现不可恢复的错误时，"看门狗"会产生一个不可屏蔽中断来重启系统，而且这个重启会强制执行（一般设为系统中断）。

目前市场上提供给嵌入式系统的"看门狗"分为以下两种类型。

（1）内部"看门狗"。这类"看门狗"使用比较简单，只需要用程序对它进行初始化，设定相关参数，并保证在程序运行的时候开启就能使其正常工作，而且可以随时禁用。因为该"看门狗"使用系统内部时钟和定时器，所以只要停止定时器就可以了。大部分微处理器都自带"看门狗"，具体设置需要查询对应的芯片手册。

内部"看门狗"的主要优点：软件设置、操作方便，并且可以随时禁用。

内部"看门狗"的主要缺点：需要初始化；如果程序在初始化或启动完成前跑飞或在禁用后跑飞，"看门狗"就无法复位系统，这样"看门狗"就无法起作用了，不过这是小概率事件，只有要求较高的系统才会考虑。

(2)独立的"看门狗"。这种"看门狗"主要有一个用于控制的引脚(一般与 MPC 的 GPIO 相连)和一个复位引脚(与系统的 RESET 引脚相连)，如果没有在一定时间内改变提供时钟引脚的电平，复位引脚就会改变状态复位 MPC。此类"看门狗"一上电就开始工作，无法禁用。不同的"看门狗"芯片硬件工作原理不同，具体需要查询对应芯片手册。

独立"看门狗"的主要优点：不用初始化、上电即可用；系统必须按时提供时钟信号；系统恢复能力强。

独立"看门狗"的主要缺点：微处理器对其操控性不强；配置不灵活；有时被锁定，微处理器无法禁用。

对于 ARM 系统来说，"看门狗"多用内部自带的，一般它的启动是在 BootLoader 加载了内核之后，由 Linux 内核接管，这时"看门狗"的管理工作自然也开始由内核来承担。在 BootLoader 将控制权转给内核之后，时间上可以分为以下几个阶段：

(1)内核启动到"看门狗"驱动加载之前；

(2)"看门狗"驱动加载后到根文件系统启动前；

(3)根文件系统启动后到"看门狗"守护进程启动前；

(4)"看门狗"的进程启动后进入正常工作。

对于使用 MPC 内置的"看门狗"，在上述最后一个阶段前，"看门狗"一般没有启动，无需复位"看门狗"；只有在"看门狗"守护进程启动后，由守护进程打开"看门狗"，并根据配置文件监控其他进程的状态从而开始复位。

第 1 阶段，内核自解压会设置"看门狗"，这时不运行"看门狗"复位代码。一旦在这过程中程序跑飞，"看门狗"就不会复位。

第 2 阶段，这段时间一般不会很长，可以不用"看门狗"复位。在"看门狗"驱动加载时，一般会在模块初始化代码中复位一次看门狗。

第 3 阶段，如果在这个阶段正好有比较耗时的模块启动的话，用户可以在这个模块的初始化函数或者比较耗时的循环和等待中添加"看门狗"复位代码，以保证系统不会被复位。

第 4 阶段，该阶段是一个比较耗时的阶段，一般会在系统启动脚本中添加一些简单的"看门狗"复位的 Shell 命令。

第 5 阶段，由程序自主决定"看门狗"的运行而无需人为干预。

"看门狗"的出现也有很长时间了，具体各家公司的平台实现方式也千差万别，因此应根据不同的硬件设计和系统要求，选用内部或外部的"看门狗"，但它们的任务都相同，那就是保证系统在出现不可恢复的错误时，能够自动让系统重启。

2. 实时时钟

实时时钟(real time clock，RTC)是通过被称为时钟芯片的集成电路来实现的。

实时时钟芯片也是嵌入式系统中最常用的芯片之一，尤其是在消费类电子中。它为人们的生活提供精确的实时时间。当然，为了保证在主电源掉电时时钟不间断，需要提供外接电源。

RTC 的晶振：时钟需要晶振，RTC 的晶振频率一般设为 32768 Hz。它为分频计数器提供精确、低功耗的实基信号。它可以用于产生秒、分、时、日等信息。为了确保时钟长期的准确性，晶振必须正常工作，不能够受到干扰。RTC 的晶振又分为外部晶振和内置晶振。

RTC 的晶振频率定为 32768Hz，RTC 时间是以振荡频率来计算的，故它不是一个时间器而是一个计数器。一般的计数器都是 16 位的。由于时间的准确性很重要，震荡次数越少，时间的准确性越低。$32768=2^{15}$，即 32768Hz 分频 15 次后为 1Hz，周期为 1s。所以最后采用 32768 Hz 的晶振频率作为实时时钟效果最好。

3.2.3　工作模式与时钟

如今很多微处理器中都提供了多种工作模式，例如第 2 章中介绍了传统的 ARM 系列有 9 种工作模式，这里主要介绍一下低功耗模式或睡眠模式。

嵌入式系统对功耗有限制，尤其是在一些特殊的环境中，采用电池供电情况下对功耗更是有着严格的要求。当然，系统的功耗与很多因素有关，在嵌入式系统中考虑低功耗设计需要从处理器能耗、驱动电路能耗、电源系统等多个方面考虑。

这里简要介绍一下电源管理，它要求系统能够支持不同的工作模式在不同情况下使用以节省能耗。

微处理器的功耗可以说基本由时钟频率决定，时钟越快，功耗越大，要节省功耗我们首先想到的是降低时钟频率，但是时钟频率的降低，导致系统很多功能不能用，因此用不同工作模式进行区分。常见的几种低功耗模式主要有低速模式、休眠模式、睡眠模式等，这些模式的主要目的就是降低功耗，有些是降低主频，例如低功耗或省电模式，有些甚至直接使主时钟停止，只保持外部低速时钟，例如休眠模式和睡眠模式。

微处理器的时钟调整大多是通过锁相环完成的，于是，是否可以通过内部寄存器设置各种工作频率的高低成为控制功耗的一个关键因素。

3.3　存　储　器

存储器对于嵌入式系统的重要性已无需多言，在核心板的设计上一般就只包括微处理器和存储器，而在底板上还会根据需求对系统的存储容量进行扩充，所以存储器对于嵌入式系统来说基本是不可或缺的，除非是特别简单的控制电路。

3.3.1 存储器概述

嵌入式系统存储器种类繁多，分类原则也不一样，不过总的来说按存取速度和在计算机系统中的地位，存储器分为两大类。

(1) 主存储器：速度较快，容量较小，价格较高，用于存储当前计算机运行所需要的程序和数据，可与 MPC 直接交换信息，习惯上称为主存，又称内存(内部存储器)。

(2) 辅存储器：速度较慢，容量较大，价格较低，用于存放计算机当前暂时不用的程序、数据或需要永久保持的信息。辅存又称外存(外部存储器)或海量存储器。

主存储器有如表 3-1 所示的几个大类。

表 3-1　主存储器的几大分类

主存储器	Rom	掩膜型 ROM
		可编程 ROM(PROM)
		电可擦除可编程 ROM(EEPROM)
		紫外线可擦除可编程 ROM(EPROM)
		闪速存储器(Flash Memory)
	Ram	静态 RAM(SRAM)
		动态 RAM(DRAM)

辅存储器种类很多，简单说就是除了主存储器的其他带有存储功能的器件都可以归为辅存储器，例如：硬盘、U 盘、各类存储卡、Flash、光盘，等等。

对于各类不同的存储器，从存储容量、读取速度等因素来看呈现一个金字塔形状，如图 3-3 所示。

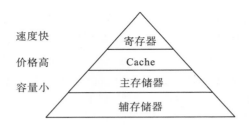

图 3-3　嵌入式系统存储器体系的金字塔结构

(1) 寄存器在微处理器内部，它的数量可以用"屈指可数"来形容，例如 ARM 的通用寄存器只有 16 个，其中主要使用未分组的前八个寄存器，它的访问和存取速度是最快的，通常直接在汇编指令中做运算和使用。

(2) Cache 也称为高速缓存，它的主要任务是匹配高速 CPU 和低速存储设备之间的矛盾。高速缓存的速度比普通存储器快得多，因为它是由 SRAM 构成，但是成本较高(一个存储单元需要 6 只管子），因此无法做得太大。高速缓存的出现大大提高了 CPU 的运行效率。

　　命中率是高速缓存的一个最重要指标。如果微处理器在缓存中找到期望的数据称为命中，而当 Cache 中没有 MPC 所需的数据时（这时称为未命中），MPC 才访问内存。一般技术指标要求 MPU 从一级缓存 L1 中找到需要的数据应该占 80%以上，而剩下的数据应该在 L2 中能够读取到 15%以上，最后剩下不足 5%的数据才从内存中调用。在一些高端领域的 MPC 中，甚至有 L3 的 Cache，它是为读取 L2 的 Cache 后未命中的数据设计的一种 Cache，在拥有 L3 的 Cache 的 MPC 中，需要从内存中调用的数据更少，进一步提高了 MPC 的效率。当然，高速缓存级数越多，价格也越高。

　　（3）先纠正一个错误，主存储并不是硬盘，硬盘属于辅助存储设备，而主存储器是通俗意义下的“内存”，计算机的内存一般由 RAM 芯片组成，多使用 DDR 技术，现在已经用到 DDR3 技术了。主存的存储容量受到 MPU 的地址线限制，例如 32 位系统寻址空间是 4G，64 位系统寻址空间是 128G。主存储器的主要组成有以下几个部分。

　　①内存主要由 RAM 构成，因为一个存储单元只需要一个管子，所以成本比 Cache 低得多，其内容可以根据需要随时按地址读出或写入，断电后信息无法保存，用于暂存数据，内存用的 RAM 又可分为 DRAM 和 SRAM 两种。为了提高 MPC 读写速度，在 RA 和 MPC 之间增加了高速缓存（Cache）部件，它是由 SRAM 工艺制作，能够极大提高读取效率。

　　②ROM 是只读存储器，只可读出，但无法改写。信息已固化在存储器中，一般用于存放系统程序 BIOS 和用于微程序控制。当然现在 ROM 很少使用了，因为大部分被 Flash 替代了。

　　③EEPROM 是电可擦除 PROM，与 EPROM 相似，可以读出也可写入，而且在写操作之前，不需要把以前内容先擦去，可直接对寻址的字节或块进行修改。

　　④闪速存储器，现在大量用在嵌入式系统上替代 ROM，它的特性介于 EPROM 与 EEPROM 之间。

　　辅存储器泛指除了主存以外的一切片外存储器，最具代表性的就是硬盘。当然在嵌入式系统中因为给硬件留出的空间有限，一般不配备大容量的外部存储器，不过 TF 卡和 U 盘在很多嵌入式系统中还是会使用到。

3.3.2　存储器扩展

　　存储器的扩展一般用在内存芯片和微处理器的连接上，由于存储芯片的容量有限，往往需要多片存储芯片一起构成主存储器，这涉及存储器的扩展问题。存储器扩展主要分为位扩展和字扩展。位扩展是指只在位数方面扩展（加大字长），它的连接方式是将各存储芯片的地址线、片选线和读写线相应地并联起来，而将各芯片的数据线单独列出来。

　　存储器位扩展如图 3-4 所示。

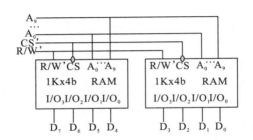

图 3-4　存储芯片的位扩展连接示意图

字扩展指在存储器字数方面扩展，它需要用到译码器，将多余的地址线译码后控制各芯片的选通信号（使能）。字扩展需要将地址线、数据线、读写控制线并联，它的连接方式见图 3-5。

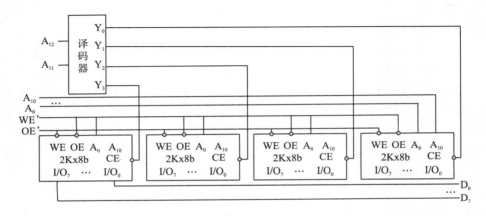

图 3-5　4 块存储芯片的字扩展连接方式图

当多块存储芯片构成一个容量较大的存储器时，经常会同时涉及字扩展和位扩展，这个时候应将这两种方式结合起来。字扩展和位扩展的一个典型应用是在内存条设计中，采用 SPI 总线模型对存储芯片进行扩展，达到 CPU 寻址需求。

3.3.3　Flash

闪存（flash memory）是一种重要的存储器方式，目前替代 ROM 在嵌入式系统中大量使用。闪存目前被用作嵌入式系统的程序固化，和硬盘的功能有些类似。

目前市场上最主要的两种 Flash 类型是 NOR 和 NAND。NOR Flash 出现最早，由 Intel 在 1988 年提出。NOR Flash 性能出色，尤其是擦除便捷，打破了 EPROM 和 EEPROM 统治市场的局面。1999 年，东芝公司发布了 NAND Flash，着重于降低成本，同时具有更加可靠的接口和性能。

NOR Flash 和 NAND Flash 出现时间差不多，至今已经约三十年的历史，算不上新技术，但是由于它们的优势，现在仍然在嵌入式系统上大量使用，不过两种 Flash 很容易混淆，因此下面简要说明一下它们的区别。

NAND Flash 采用串行结构存储，存储单元的读写以页和块为单位来进行。它一页包含若干字节，若干页则组成储存块，NAND 的存储块大小为 8～32KB，因此很容易超过 512MB，低成本和大容量是它的主要特点。

NOR Flash 和 NAND Flash 各有特点，很难简单概括，不过总的来说，对于小规模的代码存储，NOR Flash 闪存更合适一些，而对于大型高密度的数据存储，NAND Flash 更加合适一些。NOR Flash 的读取和常见的 SDRAM 的读取是一样，用户可以直接运行装载在 NOR Flash 里面的代码，这样可以减少 SDRAM 的容量从而节约成本。所以，具体如何选择，还需要用户根据实际情况确定。

3.3.4　eMMC

随着技术的进步，对于闪存来说，也有替代的方案，eMMC（embedded multi media card）就是其中之一。eMMC 为 MMC 协会所订立的一种存储卡，从名字上来看就知道它是针对多媒体设备的嵌入式存储卡，例如手机、电脑等产品。eMMC 的一个明显优势是在封装中集成了一个控制器，它提供标准接口并管理闪存，使得手机厂商能专注于产品开发的其他部分，并缩短向市场推出产品的时间。

eMMC 和 NAND Flash 的关系密切，不过需要注意区分二者的不同：eMMC 由 MMC 协会所订立，采用统一的 MMC 标准接口，它本身集成有 MMC Controller，而存储单元与 NAND Flash 相同。eMMC 吸取了 Flash 的优点，其产品内部已经包含了 Flash 管理技术，包括错误探测和纠正、Flash 平均擦写、坏块管理、掉电保护等技术。因此可以说 eMMC=NAND Flash+ Controller。

3.3.5　Ramdisk 技术

虚拟内存盘技术也称为 Ramdisk 技术，它通过软件的方式将部分内存（RAM）模拟成硬盘来使用。这种模拟硬盘由于在内存中，访问速度大大高于真实的硬盘，因此能够提高系统的运行速度，但是由于数据是存储在内存中，因此如果掉电数据就会丢失，所以在使用的时候需要配置拷贝备份。

Ramdisk 技术在 DOS/Windows 下由相应的软件利用系统分配给它的内存空间来实现这种模拟，而在 Linux 系统可以使用其内核支持的机制来实现。

虚拟内存盘还可以使用带有压缩机制的文件系统，例如 cramfs。由于一般的 RAM 盘的容量比较小，且 RAM 的存储空间比硬盘的要宝贵得多，相应的价格也比硬盘要高，因此需要尽量采用压缩技术压缩文件。

Ramdisk 也应用在嵌入式 Linux 系统中，而且相关应用是很丰富的，本书后续 Linux 系统移植涉及 Ramdisk 的烧写，这里先做简要介绍。嵌入式需要 Ramdisk 技术是因为嵌入式系统一般不从硬盘启动，而是从 Flash 启动，而一个简单的方法是将 rootfs load 拷贝到 RAM 中的 Ramdisk，直接运行，节约启动时间。

3.4   总 线 接 口

接口是计算机系统的重要组成部分，嵌入式系统也一样，几乎没有不带接口的系统，与通用计算机系统不同的是，嵌入式系统由于受到尺寸的限制，一般在设计的时候只保留需要使用到的接口。

接口的种类非常多，各有不同的用处，从大的方面来说，接口分为串行通信接口和并行通信接口（并口）。并口传输效率高，但是占的引脚太多，随着现在串行信号传输速率的提升，串行传输方式的接口逐渐取代了并口，目前只有 LCD 接口会涉及并行传输，而大多信号通信方式都采用串行传输。图 3-6 展示了 iTOP4412 开发板对应的总线接口。

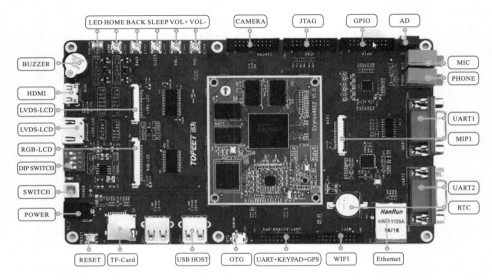

图 3-6　iTOP4412 开发板上对应的各种总线接口

有些接口也称为总线，注意这里指的总线是片外总线。严格来说，总线能够挂载多个设备，通过接口和总线协议与外设交互信息，而且分为数据总线、地址总线和控制总线。但目前部分总线和接口有时不明确区分，可以混用，只是总线一般具有整体性，而接口更加强调和外设连接的端口，例如 RS232 既可叫作串行接口，也可称为串行总线，其实二者是一个意思，这一点读者只要不产生疑义即可。

3.4.1   串行接口

串行接口简称串口。串口在嵌入式系统上的作用很大，在计算机系统还没有出现前，串口就在打字机等系统上应用了。时至今日串口仍然是计算机系统中一种重要的通信接口。

串行接口是相对于并行接口而言的，一般一个方向只有一根数据传输线，数据是一位一位传的。其优点是线路简单、硬件成本低，尤其对于远距离通信能够大大降低成本。缺点是数据传输率较低，因为只有一根数据线传输数据。串口通信可以根据信息传输方向进一步分为单工、半双工和全双工三种。

串口通信的两种最基本的方式：同步串行通信方式和异步串行通信方式。

(1) 同步串行(serial peripheral interface，SPI)，也称为串行外设接口，它主要用于和外部设备通信，支持一主多从的方式，是一种常用的外部总线。

(2) 异步串行(universal asynchronous receiver/transmitter，UART)，也称通用异步接收发送设备。它是以数据帧的方式发送数据，无需同步信号。

RS-232 一般使用 DB-9 针连接头，不过最少可以仅连接三根线就可以构成双向串口通信接口，正是因为这种结构简单易用，所以串口能够沿用至今。

除了地线，RS-232 有两个针脚的功能。

(1) TXD(pin 3)：串口数据输出(transmit data)。

(2) RXD(pin 2)：串口数据输入(receive data)。

RS-232 的 TXD 和 RXD 必须交叉互联，采取不平衡传输方式，即所谓单端通信。

RS-232 异步通信对每一帧数据的封装形式如图 3-7 所示，它由起始位、数据位、校验位和停止位几部分构成，其中数据位有 n 位，其他位均为一位。

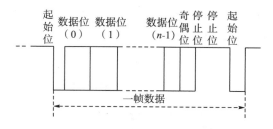

图 3-7　一帧串口数据的构成

与 RS-232 相关的概念还有波特率，它常用来衡量串口的传输速率。波特率就是传送数据位的速率，用位/秒(bit/s)表示。

例如，数据传送的速率为 120 字符/秒，每帧包括 10 个数据位，则传送波特率为：10 位/字符×120 字符/秒=1200 位/秒=1200 波特。

在 RS-232 的基础上，发展了 RS-422，全称是"平衡电压数字接口电路的电气特性"。典型的 RS-422 是四线接口，实际上还有一根信号地线，共 5 根线，也是采用 DB9 连接。RS-422 相比 RS-232 传输距离和速率方面都有改进，例如，它的最大传输距离为 1219m，最大传输速率为 10Mbit/s，均高于 RS-232。

RS-485 是 RS-422 的发展型，它在很多设定上都和 RS-422 一致，如都需要选用均衡的传输方式，都必须在传输线里接电阻器等。RS-485 也做了一些改进，比如它采用二线和四线方式传输，其中二线可以实现多点双向通信，这是 RS-422 所不具备的，而四线模式还是只有点对多的通信模式。在挂载设备上，RS-485 也有很大提升，能够挂载 32 个设备节点。二者的主要不同在于，RS-485 输出电压为−7～+12V，而 RS-422 输出电压为−7～7V；RS-485 接收器最小输入阻抗为 12kΩ，RS-422 是 4kΩ。由于 RS-485 满足所有

RS-422 的规范,因此 RS-485 可以兼容 RS-422,尤其在网络驱动中。

3.4.2　IIC 总线

I2C/IIC(inter-integrated circuit)总线是一种重要的片外总线,它因结构简单和性能高效得到了广泛的应用。它最早是由 PHILIPS 公司提出的,只需要两线就能完成传输,主要用在 MCU 链接外围电路和设备。

由于 IIC 接口直接在组件之上,因此 I2C 总线占用的空间非常小,减少了电路板的空间和芯片管脚的数量,降低了互联成本。总线的长度可达 25 英尺(约 7.6m),并且能够以 100kbps 的最大传输速率支持 40 个组件。

I2C 总线是由串行数据线(serial data line,SDA)和串行时钟线(serial clock line,SCL)构成的串行总线,可发送和接收数据。

I2C 总线是多主系统,系统可以由多个 I2C 节点设备组成,并且可以是多主系统,任何一个设备都可以为主 I2C,但是任一时刻只能有一个主 I2C 设备。I2C 具有总线仲裁功能,保证系统正确运行。主 I2C 设备发出时钟信号、地址信号和控制信号,选择通信的从 IIC 设备并控制收发。

系统要求:①各个节点设备必须具有 IIC 接口功能;②各个节点设备必须共地;③两根信号线必须接上拉电阻,如图 3-8 所示。

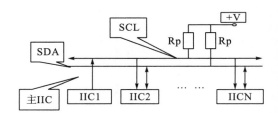

图 3-8　IIC 总线结构

IIC 总线的传输波形如图 3-9 所示,其总线的状态信号解释如下。

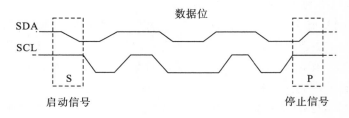

图 3-9　IIC 总线传输波形图

(1)空闲状态。SCL 和 SDA 均处于高电平状态,即为总线空闲状态(空闲状态为何是高电平呢,因为它们都接上拉电阻)。

(2)占有总线和释放总线。器件若想使用总线应当先占有它,占有总线的主控器向 SCL 线发出时钟信号。数据传送完成后应当及时释放总线,即解除对总线的控制(或占有），使其恢复成空闲状态。

（3）开始/启动信号（S）。启动信号由主控器产生。在 SCL 信号为高时，SDA 产生一个由高变低的电平变化，产生启动信号。

（4）结束/停止信号（P）。当 SCL 线为高电平时，主控器在 SDA 线上产生一个由低电平向高电平的跳变，产生停止信号。启动信号和停止信号的产生如图 3-9 所示。

（5）应答/响应信号（A/ACK）。应答信号是对字节数据传输的确认，占 1 位。数据接收者接收 1 字节数据后，应向数据发出者发送一个应答信号。对应于 SCL 第 9 个应答时钟脉冲，若 SDA 线仍保持高电平，则为非应答信号（ACK/NA）。低电平为应答，继续发送；高电平为非应答，结束发送。

（6）控制位信号。控制位信号占 1 位，I2C 主机发出的读写控制信号，高为读、低为写（对 I2C 主机而言）。控制位（方向位）在寻址字节中。

3.4.3　IIS 总线

IIS（inter-IC sound bus，集成电路内置音频总线）又称 I2S，是飞利浦公司提出的串行数字音频总线协议。目前很多音频芯片和 MCU 都提供了对 IIS 的支持，是工业领域或嵌入式系统领域常采用的音频总线之一。

IIS 总线相对于一般的串行总线多了一根左右声道切换线，一共有 4 根信号线，它们是：IISDI，串行数据输入线；IISDO，串行数据输出线；IISLRCK，左/右声道选择线；IISCLK，串行数据位时钟线。

IIS 总线接口的连接示意图如图 3-10 所示，它是典型的主从模式，主设备产生时钟，这样控制数据总是在时钟的触发下从发送端流向接收端。

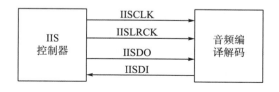

图 3-10　IIS 总线接口连接示意图

3.4.4　SPI 总线

SPI 也是一种常用的片外总线，它是同步串行传输的，可以使 MCU 与各种外围设备以串行方式进行通信以交换信息，常用在微处理器和存储设备的连接上，完成一主多从的设备连接。它主要有以下连接线。

（1）MOSI：主器件数据输出，从器件数据输入。

（2）MISO：主器件数据输入，从器件数据输出。

（3）SCLK：时钟信号，由主器件产生，最大为 fPCLK/2，从模式频率最大为 fMPC/2。

（4）NSS：从器件使能信号，由主器件控制，有的 IC 会标注为 CS（chip select）。

在点对点的通信中，SPI 接口不需要进行寻址操作，且为全双工通信，显得简单高效。在多个从器件的系统中，每个从器件需要独立的使能信号，硬件上比 I2C 系统要稍微复杂一些。

SPI 的连接并不是很复杂，它的本质是移位寄存器，因为是串行按位传输，高位在前，低位在后，只需要有使能信号和移位信号就可以工作了。SPI 接口在 SCLK 的上升沿上数据改变，同时一位数据被存入移位寄存器。SPI 总线的连接示意图如图 3-11 所示。

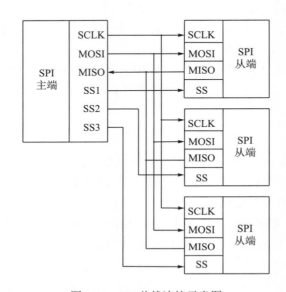

图 3-11　SPI 总线连接示意图

SPI 接口应用十分广泛，作为一种常用片外总线，它主要实现 MPC 和外围低速器件之间进行同步串行数据传输，可以连接内存芯片，例如 EEPROM、FLASH 等，还可以连接一些常用设备，尤其是实时时钟、AD 转换器和一些编解码器，适合多路信号采集和处理。

3.4.5　现场总线

现场总线(field bus)是一类总线的统称，和片外总线不同，它算一种工业数据总线，主要用在工业现场，例如车间、厂房等一个相对集中的区域。它要求总线能够实现现场设备间的数字通信以及这些现场控制设备与高级控制系统之间的信息传递。

现场总线要求具有简单、可靠、经济实用、全数字、双向、多站的通信系统等特点，因此，现场总线种类繁多，不同集团公司都推出过自己的标准，下面介绍几种常用的现场总线标准。

1. LonWorks 总线

LonWorks 诞生于 1990 年，由摩托罗拉、东芝公司共同倡导，美国 Echelon 公司推出发布，其特点是支持 ISO/OSI 的全部 7 层模型。它的通信速率为 300bit/s～1.5Mbit/s，直接通信距离可达 2700m（78kbit/s，双绞线），可支持多种传输模式，方便地应用在各种通信线路上，不受传输媒介限制。

2. Profibus 总线

Profibus 是德国国家标准 DIN9245 和欧洲标准 EN50170 的现场总线标准。目前的 Profibus 有三种系列：Profibus-DP、Profibus-FMS 和 Profibus-PA。Profibus-DP 应用于现场级，是一种高速低成本通信，适用于设备级控制系统与分散式 I/O 的实时通信；Profibus-FMS 用于车间级监控网络，是一个令牌结构、实时多主网络；Profibus-PA 专为过程自动化设计，它采用了 IEC1158-2 传输技术，可实现总线供电。

3. 基金会现场总线

基金会现场总线（foundation fieldbus，FF）是在过程自动化领域得到了广泛支持和具有良好发展前景的技术。以 Fisher-Rosement 公司为首，联合 Foxboro、横河、ABB、西门子等 80 家公司制定的 ISP 协议和以美国 Honeywell 公司为首，联合欧洲等地的 150 家公司制定的 WorldFIP 协议，于 1994 年合并统一而形成现场总线技术。

基金会现场总线是以 ISO/OSI 开放系统互联模型为基础，取其物理层、应用层为 FF 通信模型的相应层次，并在应用层上增加了用户层。用户层主要针对自动化测控应用的需要，定义了信息存取的统一规则，采用设备描述语言规定了通用的功能块集。基金会现场总线分低速 H1 和高速 H2 两种通信速率，H1 的传输速率为 31.25kbit/s，通信距离可达 1900m（可加中继器延长），可支持总线供电，支持本质安全防爆环境；H2 的传输速率可为 1Mbit/s 和 2.5Mbit/s 两种，其通信距离分别为 750m 和 500m。

3.4.6　CAN 总线

CAN（controller area network，控制器局域网）总线是 ISO 国际标准化的串行通信协议。CAN 总线也可以看作一种现场总线，但是它的应用更加广泛。CAN 总线最早是根据汽车工业的需求提出的。在 20 世纪 80 年代，计算机系统和汽车工业蓬勃发展，各种电子控制设备被用到汽车中。这些电子设备要求千差万别，尤其是数据通信的标准不统一，使得系统的集成十分困难。基于这个需求，1986 年德国电气商罗伯特·博世有限公司开发出面向汽车的 CAN 通信协议。此后，CAN 通过 ISO11898 及 ISO11519 进行了标准化，在欧洲已是汽车网络的标准协议。

CAN 总线之所以被普及是因为它的优点很多，简要总结 CAN 总线特点有：设备之间是平等关系，任意节点可以向任何其他（一个或多个）节点发起数据通信，靠各个节点信息优先级先后顺序来决定通信次序，高优先级节点信息在 134μs 通信；可以支持多个节点同时发起通信时，优先级低的避让优先级高的，不会对通信线路造成拥塞；通信距离最远可达 10km，速率可达到 1Mbit/s（通信距离小于 40m）；CAN 总线传输介质可以是双绞线、同轴电缆。CAN 总线适用于大数据量、短距离通信或者长距离、小数据量通信，在实时性要求比较高、多主多从或者各个节点平等的现场中使用。

因为上述各种原因，CAN 总线越来越受到工业界的重视，并被公认为最有前途的现场总线之一。

CAN 总线的基本连接结构和扩展方式如图 3-12 所示。

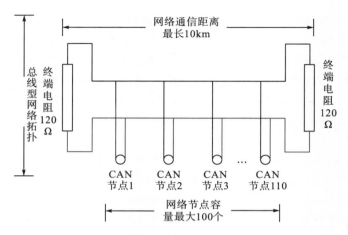

图 3-12　CAN 总线的基本连接结构

3.4.7　支持热插拔总线

在不关闭电源的情况下对某些部件进行插入（连接）或拔出（断开）的操作称为热插拔。一般电脑配件因为插入或拔出时会在瞬间产生一个较大的电流，会烧毁硬件设备，因此不支持热插拔。

目前常用的普通电脑支持热插拔的只有 USB（通用串行总线）接口设备和 IEEE 1394接口设备。服务器里可实现热插拔的部件多一些，主要有硬盘、CPU、内存、电源、风扇、PCI 适配器、网卡等。

1. 1394 总线

1394 总线协议是由美国 IEEE 在 1986 年制定的 IEEE1394 标准，它是一个串行接口，但它能像并联 SCSI 接口一样提供同样的服务，且成本低廉。

1394 总线在不同公司称呼不同，例如苹果公司称为火线（firewire）并注册为其商标，而 Sony 公司称为 i.Link，德州仪器公司则称为 Lynx。实际上，上述商标名称都是指同一种技术，即 IEEE 1394。IEEE 1394 协议定义的 1394 接口有 6 针和 4 针两种类型。1394接口连接如图 3-13 所示。6 针的是六角形的接口，4 针的是四角形接口。苹果公司开发的是 6 针，后来 Sony 公司进行了改进，重新设计为 4 针，目前常见笔记本电脑上用的是4 针，也称为 i.Link。4 针和 6 针通过转换头可以互换，两种接口的区别在于能否通过连线向所连接的设备供电，它们都支持热插拔。

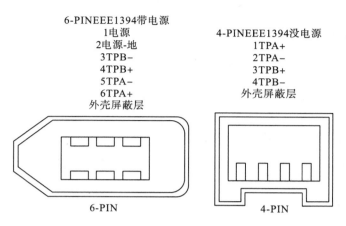

图 3-13　1394 接口示意图

2. USB

USB（universal serial bus）即通用串行总线，USB 接口位于 PS/2 接口和串并口之间，允许外设在开机状态下热插拔，最多可串接 127 个外设，传输速率可达 480Mbit/s，它可以向低压设备提供 5V 电源，同时可以减少 PC 机 I/O 接口数量。

通用串行总线（USB）是由 Intel、Compaq、Digital、IBM、Microsoft、NEC、Northern Telecom 7 家世界著名的计算机和通信公司共同推出的一种新型接口标准。它基于通用连接技术，实现外设的简单快速连接，达到方便用户、降低成本、扩展 PC 连接外设范围的目的。它可以为外设提供电源，而不像普通的使用串、并口的设备需要单独的供电系统。另外，快速是 USB 技术的突出特点之一，其最高传输率可达 12Mbit/s，比串口快 100 倍，比并口快近 10 倍，而且还能支持多媒体。

USB 的层级结构如图 3-14 所示。

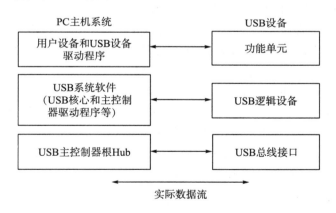

图 3-14　USB 的层级结构

值得一提的是，USB 接口现在做得比较小巧，相对于 DB9 串口，现代计算机和嵌入式系统多数只有 USB 接口了。现在使用的串口多数都是采用 USB 转串口的方式，不过使用前需要在宿主机上安装 USB 转串口驱动程序。

3.4.8　并行接口

并行接口在计算机体系中也发挥着重要的作用，指采用并行传输方式来传输数据的接口标准。并口种类也很多，从最简单的一个并行数据寄存器或专用接口集成电路芯片（如8255、6820 等），到较复杂的 SCSI 或 IDE 并行接口，种类有数十种。

在计算机技术发展历史中，并行数据传输技术向来是提高数据传输率的重要手段，但目前并口的进一步发展却遇到了障碍，主要是受到时序、电磁干扰、成本等因素制约。目前还在使用的并口主要有以下两种。

1. PCI 总线

PCI 即 peripheral component interconnect，中文意思是"外围器件互联"，是由 PCI SIG（PCI special interest group）推出的一种局部并行总线标准。PCI 总线是由 ISA（industry standard architecture）总线发展而来的，ISA 并行总线有 8 位和 16 位两种模式，时钟频率为 8MHz，工作频率为 33MHz/66MHz。

PCI 总线的主要性能：

（1）总线时钟频率为 33.3MHz/66.6MHz；

（2）总线宽度为 32 位/64 位；

（3）最大数据传输率为 132MB/s（264MB/s）；

（4）支持 64 位寻址；

（5）适应 5V 和 3.3V 电源环境。

2. 显示器接口

显示器接口也是一种典型的并口，它决定了图像传输的质量，常见的显示器接口类型有 VGA、DVI、HDMI 等，主要特点是速度快、质量高。数字视频/音频传输标准普遍认为是在 2002 年的 4 月制定的，它是由日立、松下、飞利浦、Silicon Image、索尼、汤姆逊、东芝 7 家公司为 HDMI 制定的专用标准。以下介绍两种最常用的显示器接口标准。

DVI（digital visual interface，数字视频接口）：于 1999 年由 DDWG（digital display working group，数字显示工作组）推出的一种接口标准，以 TMDS（transition minimized differential signaling，最小化传输差分信号）电子协议作为基本电气连接。它有两种形式，一是 DVI-D 接口，只能接收数字信号，接口上只有 3 排 8 列共 24 个针脚，其中右上角的一个针脚为空，不兼容模拟信号；另外一种是 DVI-I 接口，可同时兼容模拟信号和数字信号，不过接收模拟信号需要转接头。

HDMI（high definition multimedia interface，高清晰度多媒体接口）：于 2002 年颁布，主要变化在于进一步加大了带宽，以便传输更高的分辨率和色深。HDMI 在针脚上和DVI 兼容，只是采用了不同的封装。与 DVI 相比，HDMI 可以传输数字音频信号，并增加了对 HDCP 的支持，同时提供了更好的 DDC 可选功能。HDMI 支持 5Gb/s 的数据传输率，最远可传输 15m，足以应付一个 1080p 的视频和一个 8 声道的音频信号。

3.5　网　络　接　口

利用 I2C、CAN、RS-232、RS-485 等总线将 MCU 组网，但这种网络的有效半径有限，有关的通信协议也不适合远距离通信，并且一般是孤立于 Internet 以外。如果嵌入式系统能够连接到 Internet 上，则信息传递的范围将扩大。

连接网络，网络协议必不可少，否则设备间根本无法交换数据。在 Internet 的众多协议中，以太网和 TCP/IP 协议族已经成为使用最广泛的协议，它的高速、可靠、分层，以及可扩充性使得它在各个领域的应用越来越灵活。

3.5.1　网络协议

网络接口离不开网络协议，如果说接口侧重于硬件的电气特性，那么协议就是软件，它定义了接口在计算机网络中进行数据交换需要的相关规则、标准或约定，是一个综合的集合。有些网络协议非常复杂和庞大。

网络协议是由三个要素组成。

(1)语义：解释控制信息每个部分的意义，规定了需要发出何种控制信息，以及完成的动作与做出什么样的响应。

(2)语法：用户数据与控制信息的结构与格式，以及数据出现的顺序。

(3)时序：对事件发生顺序的详细说明(也可称为"同步")。

人们形象地把网络这三个要素描述为：语义表示要做什么，语法表示要怎么做，时序表示做的顺序。网络通信要求：硬件上，要有一个以太网接口电路；软件上，要能够提供相应的通信协议。

3.5.2　无线网与有线网

现在嵌入式系统已经向网络终端发展，越来越多的嵌入式系统接入互联网，可以说，物联网就是互联网和嵌入式终端系统的融合，因此有必要了解嵌入式系统入网方式。

嵌入式系统入网可以使用有线和无线两种方式，有线网中主要基于以太网的 LAN 技术，根据 IEEE802.3 标准的定义，以太网是一个不断发展、高速、应用广泛且具备互操作特性的网络标准。这一标准还在继续发展，以跟上现代 LAN 在数据传输速率和吞吐量方面的要求。目前，以太网的传输能力已经从 10Mbit/s 提高到 100Mbit/s。

尽管有线网发展很快，但是其自由性和灵活性还是不如无线网，尤其是在公共场所，嵌入式系统终端通过无线网可以很灵活地接入互联网，例如医院、学校等场所。无线网标准出现也很早，1997 年 6 月，IEEE 发布了用于无线局域网的 802.11 标准。

与有线局域网相比较，无线局域网具有开发运营成本低、时间短，投资回报快，易扩展，受自然环境、地形及灾害影响小，组网灵活快捷等优点，极大地弥补了有线网的不足，因此十分受大众和开发人员喜爱。总的来说，无线网有两个优点，一是无线网络组网更加灵活，二是无线网络规模升级更加方便。

对于网络的标准有很多，相关书籍资料也不少，感兴趣的同学可以参看相关标准，这里主要介绍几种嵌入式系统常用的无线网标准。

3.5.3　蓝牙

蓝牙（Bluetooth）是一种应用很广的无线技术标准，可实现固定设备、移动设备和个人局域网之间的短距离数据交换（使用 2.4～2.485GHz 的 ISM 波段的 UHF 无线电波）。1994 年，电信巨头爱立信公司创制蓝牙技术，当时考虑是作为 RS232 数据线的替代方案。

现在，蓝牙由蓝牙技术联盟（bluetooth special interest group，简称 SIG）管理。IEEE 将蓝牙技术列为 IEEE 802.15.1 标准，但如今已不再维持该标准。蓝牙技术联盟负责监督蓝牙规范的开发、管理认证项目，并维护商标权益。制造商的设备必须符合蓝牙技术联盟的标准才能以"蓝牙设备"的名义进入市场。蓝牙技术拥有一套专利网络，可发放给符合标准的设备。

3.5.4　ZigBee

ZigBee 出现虽然不算早，但是发展很快，是目前应用最广泛的无线协议之一，根据国际标准相关规定，ZigBee 是基于 IEEE 802.15.4 标准的低功耗局域网协议。ZigBee 又称紫蜂协议，来源于蜜蜂声音，也就是说蜜蜂依靠飞翔和"嗡嗡"（zig）地抖动翅膀的"舞蹈"构成了群体中的通信网络。

ZigBee 主要有如下特点：低功耗、低成本、低速率、近距离、短时延、高容量和高安全。它免专利费，工作速率为 20～250kbit/s，传输范围一般为 10～100m，唤醒只需要 15ms，一个主节点最多可管理 254 个子节点，ZigBee 提供了三级安全模式，这些都十分具有吸引力。

在发射功率为 0 的情况下，蓝牙通常能有 10m 的作用范围，而 ZigBee 在室内一般能达到 30～50m 的作用距离，在室外空旷地带约可以达到 400m（TI CC2530 不加功率放大）。

综上所述，ZigBee 可归为低速率的短距离无线通信技术，目前在各种物联网小型组网中应用十分广泛。

3.5.5　Wi-Fi

Wi-Fi 是一种允许电子设备连接到一个无线局域网（wireless LAN，WLAN）的技术，通常使用 2.4G UHF 或 5G SHF ISM 射频频段。Wi-Fi 连接到无线局域网通常是有密码保护的，但也可以是开放的。Wi-Fi 基于 IEEE 802.11 标准，它由 Wi-Fi 联盟所持有。Wi-Fi 在改善无线网络产品之间的互通性方面有很大贡献。

一般无线网络和 3G 技术的主要区别就是 3G 在高速移动时传输质量较好，而静态的时候主要用 Wi-Fi 上网就足够了。表 3-2 给出了 Wi-Fi 和 ZigBee 的主要特点对比项，便于直观地对比两种网络接入方式的特点。

表 3-2　Wi-Fi 和 Zigbee 的主要特点对比

对比项	Wi-Fi	ZigBee
工作频段	2.4G	2.4G，868MHz、928MHz
传输速度	11Mbit/s	250kbit/s
功耗	高	低
应用场合	覆盖数十米范围	无线组网
应用程度	应用广泛	高速发展中

无线网络接口的几种方式各有特点，都能针对一定的需求提供解决方案。在嵌入式系统设计中，一定要明确具体的用户需求和实际环境，综合考虑各种因素，选择最合适的网络接口方式，达到设计目的。图 3-15 总结了几种常用的无线网络方式的传输速率和覆盖范围的对比。

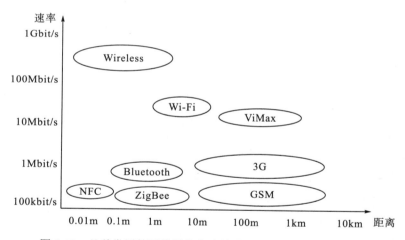

图 3-15　几种常用的无线网络方式传输速率和覆盖范围对比图

3.6　人 机 交 互

人机交互(human computer interaction，HCI；human machine interaction，HMI)是计算机科学的一门分支。它是在计算机系统出现之后慢慢发展起来的，主要是完成人与计算机之间的交流。其实冯·诺依曼设备中的输入设备和输出设备就是人机交互设备。当然人机交互还包括系统的软件部分，可以说，计算机系统不可能没有人机交互，否则，计算机的发展就失去了意义。

　　早期计算机发展中，人机交互并没有被重视，但现在随着用户对计算机的易用性和舒适性的要求越来越高，计算机开发人员开始注重界面友好、方便易操作等方面的设计，因此，人机交互慢慢成为一门分支科学。

　　人机交互面临的重要问题是：人机交互的设计不仅仅是一个技术问题，还要符合不同人群的使用情况，它更像一个跨学科领域（图 3-16），因此它的发展需要考虑文化、习俗、特定人群等一系列非技术因素。

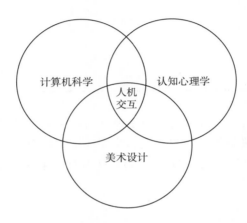

图 3-16　人机交互涉及的科学领域

3.6.1　常见的交互接口

　　从传统嵌入式系统设计来看（主要是单片机），人机交互主要涉及一些简单的接口，例如数码管、指示灯、键盘、按键等，它们多数是通过 I/O 接口连接，以中断或者扫描的方式来检测输入，然后做出相应的动作，控制的逻辑和流程都很简单。下面简要介绍几种常用的交互接口。

　　数码管是最常用的一种显示接口，一般也称 LED 数码管，其基本单元是发光二极管。数码管是嵌入式系统中应用最广的指示性工具之一，它按段数可以分为七段数码管和八段数码管，一般八段数码管比七段数码管多一个发光二极管单元，也就是多一个小数点，而如果按能显示多少个(8)可分为 1 位、2 位、3 位、4 位、5 位、6 位、7 位等数码管。

　　键盘、开关、按键是嵌入式系统最基本的输入器件，其种类繁多，但是功能单一，设计和操作都很简单，此处不再赘述，只简单介绍一下键盘阵列。

　　由于系统的 I/O 接口有限，若多个按键输入需要直接使用同样数目的 I/O 接口，为了减少 I/O 接口的使用数量，目前键盘多采用键盘阵列的方式来接入，如图 3-17 所示。

　　触摸屏（touch screen）现在广泛应用于手机，它主要是通过检测用户接触屏幕上的图形按钮，根据触摸点反馈相关信息。它可用于取代机械式的按钮面板，并借助液晶显示画面制造出生动的影音效果。相比传统按键，触摸屏使用简单方便而且界面友好，更加受大众欢迎。

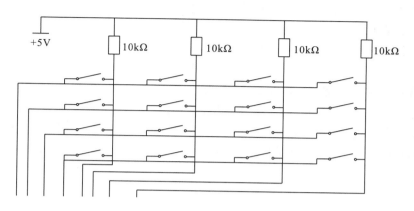

图 3-17　键盘阵列的连接方式示意(4×4 阵列)

　　触摸屏可以分为 5 个基本种类：矢量压力传感技术触摸屏、电阻技术触摸屏、电容技术触摸屏、红外线技术触摸屏、表面声波技术触摸屏。目前，矢量压力传感技术触摸屏已经基本淘汰。电容屏有图像失真问题，电阻屏的定位准确，但价格高。表面声波触摸屏清晰、不容易损坏，但是容易被水滴和尘土干扰，应用环境要求高。红外线技术触摸屏价格低廉，但容易碎裂和失真。因此如何选择触摸屏，需要根据具体要求来定。

　　触摸屏技术发展得越来越专业，功能越来越多样化，渐渐演变成为一个专业分支，尤其在智能手机的硬件设计中，触摸屏的作用尤为突出，其往往决定了手机外观和尺寸。

3.6.2　可穿戴设备

　　穿戴式智能设备是近年来兴起的一项研究热点，它是人机交互发展的一个新高度。可穿戴设备是指应用穿戴式技术对日常穿戴进行智能化设计、开发出的可以穿戴的设备的总称，现在常见的穿戴式智能设备有手环、眼镜、头盔、衣服等。

　　穿戴式智能设备越来越受到重视，像手机一样，未来人们可能离不开可穿戴设备，而这些设备可能会完全取代手机的功能，也可能只是专注于某一类应用功能，更加满足人们的需求。穿戴式智能设备还有一大特点，即可以向人体植入芯片，或采用基因方式使其成为人体的一部分，参与人为活动，甚至进行繁衍和进化。但是，穿戴式智能设备的发展也受到伦理学的一些争议和约束，此处不再赘述。

3.7　本 章 小 结

　　嵌入式外围电路应用十分丰富，而且随着技术的发展，新的产品、技术、思想不断涌现，一些老的技术和标准会不断被淘汰，而有的新技术发展成行业新的技术标准被大规模使用，也有很多技术是昙花一现。总的来说，对于技术的发展，市场是最好的检验者，只有被用户认可和接受，才是成功的。

学习嵌入式外围电路，一定要在实践中摸索，一方面需要结合系统设计的需求、可靠性、成本、功耗等因素综合分析，另一方面要不断关注业界最新的技术和产品，有些新产品性能提升很高，价格却更低，如果能合理使用，可以为产品的设计研发带来很大的优势。

嵌入式系统现在面临着物联网、人工智能、云计算、大数据等新技术和新思想的冲击，外围电路相关的新模块、芯片的设计层出不穷，不断发展，功能日益强大，未来肯定会结合更多的云计算、大数据、人工智能相关技术衍生出更多的新产品，在方方面面影响人们的日常生活，提升人们的生活品质。

第4章 Linux 基础

嵌入式系统的前导课程是单片机开发设计，单片机的程序开发是在设计好的硬件平台上，采用汇编语言或者 C 语言编程实现具体应用。例如以 C 语言开发单片机系统，就是编写一个由 main 函数开始的程序，这个程序一般是一个"无限循环"，系统永远循环运行某一些语句，或等待中断执行相应的服务程序，这种编程方式业界一般称为"裸机程序"，适合于简单的控制或者中断情况不多的应用程序。

既然直接采用单片机就可以开发系统，那么加载了操作系统的开发方式与单片机开发相比具有什么优势呢？其实嵌入式系统开发目的是将开发工作变得简单，而不是使其更复杂。操作系统对嵌入式开发有如下好处。

(1) 操作系统为开发人员提供很多接口函数，开发人员调用各种函数完成寄存器的配置，而不用关心底层结构。

(2) 有了操作系统，对硬件设备也是一种保护，因为上层软件不能直接对硬件进行操作，保证了系统的安全性和稳定性。

(3) 对于较大的项目，需要团队配合工作，有了操作系统，可以对项目开发人员进行分类，例如硬件开发、驱动开发、业务流程开发、应用软件开发等，各人只管自己开发的模块，这便于操作人员的分工配合，也便于项目经理管理。

为了深入学习嵌入式系统，嵌入式操作系统知识及系统编程的学习是必不可少的。首先，谈谈本书为什么选择 Linux 进行介绍。目前市场上使用的嵌入式操作系统有一百多种，在很多教学中采用μC/OS 系统，其小巧简单，易学易用，移植也方便，STM32 平台上也能移植。但目前市场上占主流的操作系统是 Linux，在我国有一半以上的嵌入式操作系统使用 Linux。换句话说，对于开发者来说，今后用到 Linux 的概率远大于其他操作系统，与其学习了其他操作系统再学习 Linux，不如一开始就直接学习 Linux。其次，Linux 经过全球无数程序员的完善，功能强大，如果有 Linux 基础，学习其他系统相对也会容易一些。本书重点围绕 Linux 操作系统进行介绍。对于其他操作系统，读者可以等需要的时候再选择学习。

4.1 Linux 概述

Linux 虽然不像 Windows 一样在个人电脑中流行，但是在嵌入式系统和服务器中，它的市场占有率远超 Windows。按照官网介绍，Linux 作为一种类 Unix 的操作系统，最大的特点就是开源免费，因此它被广泛应用。1991 年 10 月 5 日，Linux 发布了第一个公开版本 Linux0.02，后面不断进行完善，衍生出多个发行版。其实，不同发行版只使用了 Linux 内核，并且使用了 GNU 工程各种工具和数据库的操作系统，但是在烧写系统的时候还是要注意区分内核(kernel)和文件系统，这在后续章节会详细介绍。

4.1.1　Linux 简史

最初，Linux 由芬兰一个名叫 Linus Torvalds(林纳斯·托瓦兹，现在称为 Linux 之父)的大学生编写而成。他希望该系统能够有 BSD 和 System V 的优点，同时摒弃它们的缺点。最早的 Linux 操作系统很简单，只能运行 gcc、bash 和很少的一些特定应用程序。后来，Linus Torvalds 将 Linux 源码发到网上，并在网上寻求世界各国工程师的帮助，得到了全世界众多程序员的支持，于是，Linux 走上了自由化发展的道路，直到如今我们见到的各种 Linux 版本。

Linux 从诞生之初就备受关注，虽然 1991 年才面世，但后续发展迅猛，并衍生出多个发行版。Linux 操作系统是一个类 Unix 操作系统，但是二者后续的发展有了越来越多的差异，尤其是 Linux 开源后众多工程师加入进行了大量的完善和修改。Linux 采用 C 语言编写，因此它对 C 语言的支持十分友好。

4.1.2　Linux 的读法

Linux 自从诞生以来读法五花八门，读法颇多，据不完全统计，目前网络上各种读法不下 10 种，所以这里简要总结一下 Linux 的读音。根据 Linux 之父——Linus Torvalds 的说法，Linux 的读音和"Minix"是一致的。"Li"中"i"的读音类似于"Minix"中"i"的读音，而"nux"中"u"的读音类似于英文单词"profess"中"o"的读音。

无论什么读音，只要别人听得懂，不产生歧义即可，如果一定要追求最早的读法，应该是 Linux 的原音。事实上，现在各个读音都比较流行，所以对于 Linux 的读音不必太深究。

4.1.3　Linux 的特点

Linux 能够在众多的操作系统中尤其是在嵌入式系统中占据半壁江山，是因为其有独特之处，下面简要介绍一下 Linux 的特点。

(1)Linux 操作系统有一个基本设定，即一切皆文件。这个特点简单说就是系统中的所有东西都归结(或者看作)为一个文件，不仅仅是各种传统文件格式，还包括常用的 Linux 命令、驱动文件、I/O 接口等，从 Linux 操作系统角度来看，它们都是类型不同的文件。注意，Linux 在这一点上和 Unix 十分相似，因为 Linux 基础就是参照 Unix 编写的。

(2)Linux 作为开源系统，免费就是它的最大特点，任何人都可以获得它的源码并进行修改完善，这点尤其重要，吸引了全世界工程师对其进行优化。

(3)Linux 完全兼容 POSIX1.0 标准，因此常见的 DOS、Windows 命令在 Linux 上基本都可以运行。这为用户从 Windows 转到 Linux 打下了基础，使得 Linux 的潜在用户群扩大了许多。

(4)Linux 支持多用户和多任务，和大多数操作系统支持多用户模式不同，Linux 对用户权限的管理更加严格，保证了各用户之间互不影响。这一点对于服务器和嵌入式系统的权限要求是十分重要的。

(5)Linux 对硬件平台更加友好，十分适合嵌入式系统，例如常见主要平台 ARM、X86、MIPS、SPARC、Alpha 等。它在服务器和嵌入式系统上都十分适合，应用广泛。

除了上述的优点之外，Linux 的内核最小可以裁剪编译到 MB 的大小，小巧精干且能包括主要功能，本书后续章节会介绍内核的裁剪方法。正因为如此，Linux 特别适合嵌入式系统使用。

当然，任何事物都要客观看待，Linux 虽然有上述优点，但是也有其不足。首先，因为开源免费，所以在维护上不像专业的商用操作系统那么稳定。另外，由于参与的程序员太多，Linux 发行版很多，让非专业人士很难选择，而且对于部分不稳定的发行版本，升级维护比较困难。其次，有些专业软件没有 Linux 版本，使得 Linux 环境下很多软件无法运行。最后，Linux 学习涉及大量常用指令，几乎绕不开 Shell 命令，这对于习惯 Windows 平台的人员来说转变极为困难，Linux 入门大都需要一年左右的时间，成为成熟的开发者一般都得三年以上，因此在桌面机系统上 Linux 远没有 Windows 那么普及。

4.1.4　Linux 内核简介

Linux 内核其实就是 Linux 系统最核心的组成部分，由三万多个文件组成，其代码是由 90% 的 C 语言和 10% 的汇编语言组成，因此只需稍加修改，就能移植到其他硬件上。但是单有 Linux 内核，用户是很难使用的，需要构建一个完整的系统，因此还需要一些辅助工具，例如各种驱动、命令程序或者系统界面等外围工具。如果将 Linux 内核比作人的大脑，那么这些工具就如同人的躯干，要构成一个完整的人，所有部分都是必需的。外设文件也通过编译工具进行编译，一般通过编译可生成 System.img 文件系统，内核启动完后会挂载文件系统。Linux 的发行版都使用同样的 Linux 内核，但由于文件系统的不同，最后呈现在我们面前的是千差万别的发行版本。

如果想查看当前运行环境下 Linux 内核的版本号，采用 Shell 指令"uname -r"，会得到类似于"3.2.0-23"的文字，该数字对应的格式为：主版本.次版本.释放版本-修改版本。

4.1.5　Linux 系统架构简述

Linux 系统基本架构图如图 4-1 所示。从大的方面讲，Linux 体系结构可以分为两大部分。

(1)用户空间：包含用户的应用程序、标准 C 语言库。

(2)内核空间：包括系统调用接口、内核，以及与平台架构相关的代码。

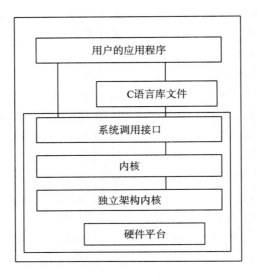

图 4-1　Linux 系统架构图

现代 MPC (multimedia personal computer，多媒体个人计算机) 通常都实现了不同的工作模式。如：

(1) 用户模式 usr；

(2) 系统模式 sys；

(3) 管理模式 svc；

(4) 快速中断 fiq；

(5) 外部中断 irq；

(6) 数据访问终止 abt；

(7) 未定义指令异常 und。

所以，从 MPC 的角度出发，为了保护 Linux 内核的安全，它把系统分成了两大部分：用户空间和内核空间。它们是程序执行的两种不同状态，可以通过"系统调用"和"硬件中断"完成用户空间到内核空间的转移。

将 Linux 内核展开还可以分为更多的模块，本书将在后面作进一步介绍。

4.1.6　Linux 学习及建议

Linux 不像 Windows 那样普及，所以一般初学者学习 Linux 的目标很明确，就是找一份和 Linux 相关的编程或设计的工作。那下面简要介绍学习 Linux 时可在哪些方面深入发展。

Linux 是一个庞大的体系，包含的内容很多，可学习的知识更是数不胜数，简要来说，和 Linux 相关的工作大概可以分为以下五类。

(1) 服务器维护。很多服务器上"跑"的都是 Linux 操作系统，这是由于 Linux 操作系统以命令行操作为主，相对 Windows 系统更可靠、更简洁。首先与服务器维护相关的工作要求熟练掌握和应用 Linux 的 Shell 命令和相关编程，其次是对 Linux 的网络配置较为精通，因为服务器作为网络的终端，基本上是离不开网络操作的。

（2）服务器开发。服务器开发包括网页编程和数据库相关知识，这和 Windows 上层开发内容大同小异，只不过是在 Linux 操作系统上实现相关的功能。

（3）嵌入式 Linux 应用程序。这主要涉及 Linux 系统编程，针对的平台不同，编程方式不一样，例如在最小系统上编程可能使用 C 语言较多，但是如果在安卓上开发应用 App，可能使用 Java 等面向对象的语言更加方便。

（4）嵌入式 Linux 驱动。这是驱动工程师的工作，它要求对 Linux 内核有一定了解，而且有一定的电路知识，用 C 语言编写硬件的驱动。

（5）Linux 可视化应用。在内核上实现内核的可视化，直接点说，就是 QTE 和安卓系统的开发，这是现今嵌入式可视化中最常用的两个可视化应用。QTE 要求对 C++比较熟悉，而安卓开发对 Java 要求较高。

上述内容有很多地方也是重合的，其中系统编程和 Shell 命令、C 语言编程几乎贯穿 Linux 的整个学习过程，只是它们的侧重点不同。上述（1）（2）项是属于上位机开发，本书不作过多讨论，后续章节将重点介绍 Linux 系统编程、驱动开发、QTE 与安卓系统的移植。

Linux 学习除了上述主要内容之外，还有一些对嵌入式系统开发人员的基本要求（也称基本素养），主要有以下四点。

（1）英文文档的阅读能力。学习嵌入式系统需要阅读芯片手册，这是重要的内容之一，尤其对于一些新的芯片的应用，只有相关的英文原版手册。

（2）良好的编程习惯。对于一些大的应用，代码肯定少不了。编写几十行代码和几万行代码的程序难度有天壤之别。所以开发人员要有良好的编程习惯，例如做好版本维护、写好注释是十分重要的。

（3）规范的文档整理能力。对开发测试的相关文档进行编写整理和后续维护。

（4）对软硬件都有一定了解。例如，硬件方面至少应该熟悉原理图和 PCB 图，会查询对应芯片的手册；软件部分熟练掌握 C 语言，对各种编程语言有一定了解，还应该熟悉网络协议、上层应用开发和底层驱动的关系等。

学习 Linux 时重点应该放在带操作系统编程的开发上，这一点和单片机的开发方法差异很大，所以从单片机入门学习嵌入式很难领会操作系统的工作方式。快速掌握 Linux 的最佳方法是直接从系统编程入门，不需过多地纠结底层代码。

下面简要介绍学习 Linux 系统的核心理念和编程框架。

Linux 系统的核心理念：万物皆文件，或者一切皆文件。这是本书反复强调的，对于 Linux 上层应用来说，所有的设备、节点、硬件等都可以看作一个文件，针对这些文件的操作就是针对设备的操作，这一思想将贯穿 Linux 的整个学习过程。

Linux 系统的编程框架：主要有文件、进程、进程通信和网络通信等，这些内容将在本书第 5 章介绍。

4.2　Linux 入门

相对于 Windows 系统，Linux 系统最大的特点就是它主要使用命令进行操作，学习 Linux 最烦琐的就是各类命令，这是 Linux 学习道路上的一个难点。

Linux 命令也称为 Shell 命令，它几乎可以完成与操作系统有关的全部任务，例如文件拷贝、磁盘操作、进程管理、权限设定等。采用命令方式固然对初学者上手比较困难，但是它能极大地提升系统运行效率。

Shell 命令很多，一本不是专门介绍 Shell 命令的书无论如何也不可能把所有的命令讲完，而且大多数命令对于普通使用者来说也不需要。本节简要介绍一些主要的命令，尤其是后续系统编程中涉及的主要命令，以及一些学习新命令的方法。更多详细的介绍，读者可以参考 Shell 命令相关的书籍。

4.2.1　Shell 简介

Shell 是 Linux 中一个重要的概念，它是用户和 Linux 操作系统之间的接口。Shell 作为交互工具，是 Linux 操作系统开发中不可缺少的配件。Shell 的种类繁多，一般系统缺省使用的是 bash。其他常见的还包括 Bourne Shell（sh）、C Shell（csh）和 Korn Shell（ksh）等，各种 Shell 有自己的优缺点，但是对于一般用户来说区别不大，使用缺省的就足够了。

请注意，本书使用的 Ubuntu 系统默认的 Shell 也是 bash，在 Ubuntu 启动后，桌面系统上，按下 Ctrl+Alt+t，打开 Shell 终端，如图 4-2 所示。

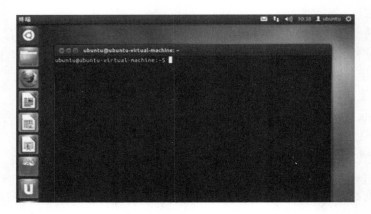

图 4-2　在 Ubuntu 下打开 Shell 操作界面

在 Shell 终端中，可以输入各种不同的命令让系统完成不同的工作，每个命令结合的参数不同，执行的效果也不同，下面以最常用的 ls 命令来简要介绍系统参数的作用。

在 Linux 中，ls 是最常用的命令之一，其命令格式为：　ls [选项][目录名]。

命令功能：列出目标目录中所有的子目录和文件。

选项功能的常用参数如下。

-a，-all 列出当前目录下的所有文件，包括以 . 开头的各类隐含文件和文件夹。

-d，-directory 将目录像文件一样显示，而不是仅显示其下的文件。

-f，对输出的文件不进行排序。

-h，-human-readable 以容易理解的格式列出文件大小（例如 1KB、234MB、2GB）。

-i，-inode 印出每个文件的 inode 号。

-l，除了文件名之外，还将文件的权限、所有者、文件大小等信息详细列出来。

-o，类似 -l，显示文件除组信息外的详细信息。

-s，-size 以块大小为单位列出所有文件的大小。

-S，根据文件大小排序。

ls 命令还有很多其他选项，此处不再详述，感兴趣的读者可以结合-help 命令查看或者参阅有关 Linux 命令书籍。由此可见，一个命令配上不同的选项实现的功能是不一样的，很多命令选项丰富，不过大部分不常用，所以学习 Shell 命令先知道最基本的命令含义，至于命令配什么选项实现具体的功能，可以在需要时再慢慢学习。

4.2.2　Linux 用户及权限

Linux 操作系统对用户权限管理十分严格，这有利于保护不同权限的用户的隐私和系统安全。Linux 中一般有两种账号：超级用户账号和普通用户账号。

系统的超级用户只有一个，在 Linux 系统中是根（root）用户，它具有最高权限，系统启动成功后屏幕下面显示"localhost login:"，这时输入超级用户名"root"，然后键入回车键，此时用户会在屏幕上看到要求输入口令的提示符"Password："。输入正确的密码，系统就会进入 root 用户，享有最高的系统权限。

其他和用户有关的操作命令还包括以下八个。

1. useradd

useradd 命令可以创建一个新的用户账号，其最基本用法为：useradd 用户名。如输入命令：useradd newuser。

注：创建用户后可以使用下列语句查看用户：

cat/etc/passwd

more/etc/passwd

2. userdel

userdel 命令用于删除一个已存在的账号，其用法为：userdel 用户名。

注：加-r 或-f 可以强行删除。

3. groupadd

groupadd 命令可以创建一个新的用户组，其基本用法为：groupadd 组名。

4. groupdel

groupdel 命令用于删除一个已存在的用户组，其用法为：groupdel 组名。

5. passwd

密码是用户最重要的保障工具，因此 Linux 系统中的每一个用户除了有其用户名外还要求有对应的用户口令，用户可以随时用 passwd 命令改变自己的口令，该命令的一般格式为：passwd。

6. su

su 命令是用户切换的一个常用命令，例如可以从普通用户切换到超级用户，当然进入超级用户是需要密码的，还可以在不同用户间切换。如要离开当前用户的身份，可以键入 exit 命令。su 命令的一般形式为：su-用户名。

7. chmod

chmod 用于改变文件或目录的访问权限，尤其是在编程时，如果权限不够不能执行，那么就要使用该命令更改文件权限，该命令有两种用法：一种是包含字母和操作符表达式的文字设定法，另一种是包含数字的数字设定法。在本书中，使用最常用的一种，用下面的命令可以更改文件的执行权限：chmod 777 文件名。

对于更多的 chmod 命令使用规则，请使用 man 命令查看。

8. chown

chown 用于更改某个文件或目录的属主和属组，这个命令也很常用。例如 root 用户把自己的一个文件拷贝给用户 oracle，为了让用户 oracle 能够存取这个文件，root 用户应该把这个文件的属主设为 oracle，否则用户 oracle 无法存取这个文件。

chown 的基本用法为：chown[用户:组]文件。

4.2.3 Shell 常用命令

Shell 命令很多，限于篇幅，这里只介绍一些与本书后续内容相关且最常用的 Shell 命令以及相关选项。本书对 Shell 命令学习的建议是先大概了解，后面边学边用，读者可自行使用帮助命令或者上网查询所需要的命令进行学习。

（1）cd：用于切换用户当前的工作目录。

cd aaa：进入下一级 aaa 目录，如果后面加"/"表示绝对路径，注意相对路径和绝对路径的区分。

cd～cd：不指定目录，将切换到 home 目录。

cd-：退回到切换前的目录。

cd..：返回到当前目录的上一级目录。

（2）pwd：用于显示用户当前工作目录。

（3）mkdir:创建目录；rmdir:删除目录。

　　这两个命令都支持-p 参数，对于 mkdir 命令，若指定路径的父目录不存在则一并创建，对于 rmdir 命令则删除指定路径的所有层次目录，如果文件夹里有内容，则不能用 rmdir 命令。实例如下：

　　mkdir -p 1/2/path

　　rmdir -p 1/2/path

　　(4) cp：复制命令。例如：

　　复制一个文件到另一目录：cp 1.txt ../test2。

　　复制一个文件到本目录并改名：cp 1.txt 2.txt。

　　复制一个文件夹 a 并改名为 b：cp -r a b。

　　(5) mv：移动命令。例如：

　　将一个文件移动到另一个目录：mv my1.txt ../my1。

　　将一个文件在本目录改名：mv my1.txt my2.txt。

　　将一个文件移动到另一个目录并改名：mv my1.txt ../test1/my2.txt。

　　(6) rm 命令。

　　rm 命令用于删除文件，需要谨慎使用，不要删除系统文件，它与 dos 下的 del/erase 命令相似。rm 命令常用的参数有三个：-i、-r、-f。

　　－i：系统在删除文件之前会先询问确认。

　　－r：递归删除目录中所有内容。

　　－f：和-i 参数相反，表示强制删除。

　　(7) du、df 命令。

　　du 命令可以显示目前的目录所占用的磁盘空间，df 命令可以显示目前磁盘剩余的空间。

　　如果 du 命令不加任何参数，那么返回的是整个磁盘的使用情况，如果后面加了目录，返回的就是这个目录在磁盘上的使用情况。

　　du -hs：指定目录查看指定目录的总大小。

　　du -hs ./*：查看当前目录下的所有文件夹和文件的大小。

　　这两个命令都支持-k、-m 和-h 参数。-k 和-m 类似，都表示显示单位，一个是千字节，一个是兆字节；-h 则表示 human-readable，即友好可读的显示方式。

　　(8) cat 命令。

　　cat 命令的功能是显示或连结一般的 ascii 文本文件。cat 是 concatenate 的简写，类似于 dos 下面的 type 命令。用法如下：

　　①　cat file1：显示 file1 的内容；

　　②　cat file1 file2：依次显示 file1、file2 的内容；

　　③　cat file1 file2 > file3：把 file1、file2 的内容结合起来，再"重定向(>)"到 file3 中。

　　(9) echo 命令。

　　echo 命令的使用频率不低于 ls 和 cat，尤其是在 Shell 脚本编写中。语法：echo [字符串]。

(10) more、less 命令。

more、less 主要用在 cat 或者 vi 等文件中查看,实现文件的分页查看。举个例子,如果文件内容太长,cat 命令只能看到最后的内容,如果想一页一页地查看文件,可以在命令后面加上 more,这样每显示一页就停止了,用户按键后才继续显示下一页。而 less 除了有 more 的功能以外,还可以用方向键往上或往下滚动文件,更方便浏览阅读。

(11)man 命令。

man 是一个十分有用的 Shell 命令,相当于 Unix/Linux 的联机 help,它是 manual 的缩写。如 man ls 即是查看 ls 命令的使用说明。一般还有另一种方法用来查看帮助,如 ls help,这种方式支持绝大多数命令。该命令在 Linux 系统编程中非常常用,尤其用于查看一些函数或者头文件的使用和功能。

对于其他网络和文件夹操作的常用命令,这里不做详细介绍。

(12)ifconfig 命令:和 ip 命令类似,用于查看系统的网络情况(注:该命令常用于查看系统的 IP 地址)。与网络相关的常用命令还有:netstat 命令——显示网络连接、路由表和网络接口信息;nslookup 命令——查询一台机器的 IP 地址和其对应的域名;ping 命令——用于查看网络上的主机是否在工作。

(13)chmod 命令。

u:拥有文件的用户(所有者)。

g:所有者所在的群组。

o:其他人(不是所有者或所有者的组群)。

a:每个人或全部(u、g 和 o)。

r:读取权。

w:写入权。

x:执行权。

+:添加权限。

−:删除权限。

=:使它成为唯一权限。

(14)clear 命令。

clear 命令主要功能是清除显示器,这个命令很简单,直接输入 clear 就行了。

(15)shutdown 命令和 reboot 命令。

用 shutdown 命令关闭系统必须保证是根用户,否则使用 su 命令改变为根用户。

格式:shutdown -(选项)。

-k:不是真正实现关机,仅仅发出关机警告而已;

-r:关机后重启;

-t:在规定的时间后关机。

reboot 命令为重启,只要输入,系统会以最快的速度关机,而且无须任何参数,注意,reboot 后内存数据会丢失。

(16)其他常用命令。

ps 命令:进程查看命令。

top 命令：动态进程查看命令。

kill 命令：进程终止命令。

df 命令：显示目前剩余的硬盘空间。

tar 命名：压缩或解压命令(注：压缩用 tar –vcf，解压用 tar -vxf)。

finger 命令：查询用户的信息。

4.2.4 U 盘和 TF 卡的挂载

U 盘和 TF 卡可以用于本机和目标系统间文件的传递，特别是对一些经过本机编译生成的 ARM 嵌入式可执行文件，采用 U 盘将文件拷贝到目标板上运行十分方便，后面系统编程部分很多实验会使用到这种方法。这里简要介绍一下 U 盘挂载到 Linux 嵌入式开发平台下的步骤和相关命令。

和 Windows 能够自动识别和使用 U 盘不同，Linux 系统下插入 U 盘，系统能够识别到该设备，但是不经挂载是不能使用该设备的(现在也有开发板的 Linux 系统可以不需要挂载就能使用，读者根据说明操作即可)，下面简要介绍挂载流程。

第一步，将 U 盘插入嵌入式 Linux 平台中，通过串口输出信息可以查看 U 盘是否被识别，识别的 U 盘盘符一般是 sda1，注意有时盘符会不同，如图 4-3 所示。

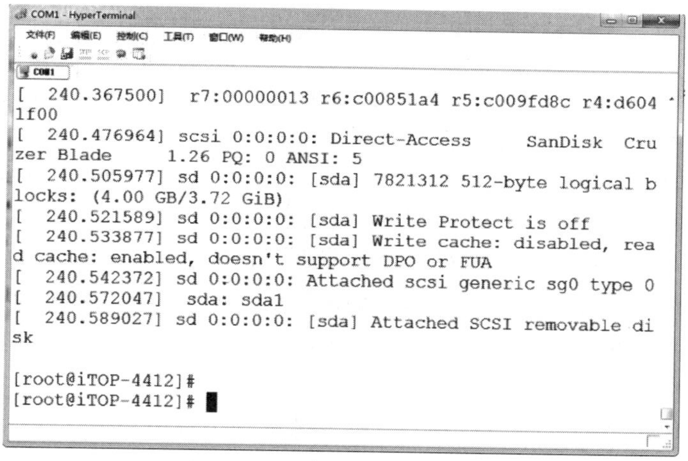

图 4-3 插入 U 盘后串口终端显示的信息

第二步，在 mnt 目录下新建一个文件夹 usb 用于加载 U 盘，命令： mkdir /mnt/usb。

第三步：将 U 盘加载到/mnt/usb 目录下，采用标准加载命令：Mount /dev/sda1 /mnt/usb。

这样就完成了加载，挂载的 U 盘就在/mnt/usb 路径下，可以使用 Shell 命令对其进行正常操作。

第四步：U 盘卸载，采用如下命令可以卸载 U 盘：umount /mnt/usb。

第五步：安全拔出。

TF 卡的挂载和上述流程基本一致，如果插上 U 盘或 TF 卡不知道系统是否识别或不清楚设备的名称，可以采用 fdisk -l 命令进行查看。

嵌入式 Linux 系统下 U 盘和 TF 卡一般要加载了才能使用，如果使用了加载命令，那么使用完毕后一定要用 umount 命令卸载后再拔出。

4.3 Shell 编程

Shell 可以看作内核外面的一个壳，它提供了一个用户和内核之间的交互窗口。现在业界对 Shell 的称呼很多，有的说它是一个终端，有的说它是一个保护内核的"壳"。其实从程序员的角度看，Shell 就是一个 C 语言编写的软件，每一个 Shell 命令就是一个小程序，它能够完成一些相关的操作。但是由于每个命令包含的内容太少，如果希望用 Shell 命令处理一些更加复杂的任务，一是不方便，二是容易出错。为了让 Shell 实现更加复杂的功能，Linux 也提供了 Shell 编程，编程用的语言也称为 Shell 脚本语言。

Shell 像其他脚本语言一样，严格来说只是一种程序运行的工具或者平台，需要其他程序的支持。它的优势主要是使用方便快捷，而且不需要编译。

在学习 Shell 编程前，先介绍一下程序设计语言的两个大类(编译型语言和解释型语言)及其特点。

4.3.1 编译型语言和解释型语言

计算机编程语言很多，但这些语言是可以进行分类的，其中以是否需要编译为基准，计算机语言可以分为编译型语言和解释型语言。很多传统的编程语言，例如汇编、C、C++、Java、Pascal 等，运行前需要预先将写好的源代码(source code)转换成目标代码(object code)才能运行，它们都是属于编译型语言。

编译型语言在运行程序时，可以直接读取目标代码。由于编译后的目标代码非常接近计算机底层，因此执行效率很高，这是编译型语言的优点。但是编译型语言适合针对底层和数据对象进行操作，不适合系统级操作，例如，在 C++ 里就很难进行"将一个目录里所有的文件复制到另一个目录中"之类的简单操作。

解释型语言也被称为"脚本语言"。解释型语言每一句其实可以看作一个编译好的"小程序"，可以直接运行。它的效率很低，但是从用户角度看，由于可以逐句运行，所以感觉十分方便。它的优势在于可以对系统进行方便的操作，例如移动文件夹、设置系统状态等。Linux 的 Shell 就是一个典型的解释型语言，其他如 Perl、Python、Matlab 也是常用的解释型语言。

Shell 是解释型语言，也是一种脚本语言，它经过了 POSIX 的标准化，因此，Shell 编程移植性很强，在 Linux 系统中是很重要的一项工具。

总的来说，Shell 编程优势很明显，主要包括使用简洁、可移植性好、功能强大且简单易学。只要掌握了 Shell 命令，Shell 编程上手是很容易的事。

4.3.2　一个简单的 Shell 例程

那么怎么样编写 Shell 呢？最简单的办法是用 Linux 的 vi 编辑器写代码。Shell 编程的文件后缀名一般是.sh，Shell 程序是一行一行进行解释执行的，开头都是以固定格式 #!/bin/sh 来写，基本结构如下：

```
#!/bin/sh
#comments
User's commands
```

上述就是 Shell 编程的基本架构了，第一行必须使用#!，表示后面路径所指定的程序即是解释此脚本文件的 Shell 程序，一定注意，这一行是必不可少的，否则程序会报错。第二行一般是注释和说明，建议对程序进行简要说明。再后面就是程序主体了，用户可以自由发挥。

下面以一个简单的 Hello world 程序来说明 Shell 是如何编写和运行的。

用 vim 命令（vi 也可以）新建一个.sh 的文件，例如 Helloworld.sh，输入如下内容：

```
#!/bin/sh
#print hello world in the console window
a = "Hello world"
echo $a
```

输入完成后保存退出，采用下面的语句更改权限：

```
Chmod 777 Shellscript.sh
```

采用./ Helloworld 运行脚本，看到输出 Hello world。

或者使用 sh Helloworld.sh 命令运行该脚本文件，运行输出：

```
Hello world
```

下面解释一下上述程序：

第一句#!/bin/sh 是声明 Shell 路径，也是 Shell 编程必不可少的固定格式；

第二句是注释，Shell 编程中除了第一句以外，其他凡是以#开头的都是注释；

第三句是定义一个变量 a 并将其赋初值；

第四句输入 a 的值，注意$variable_name 可以在引号中使用，这一点和其他高级语言是明显不同的。如果出现混淆的情况，可以使用花括号来区分。

上述程序也可以直接写为

```
#!/bin/bash
echo "Hello world "
```

执行效果是一样的。

4.3.3　Shell 变量

Shell 也是可以定义变量的，不过它的使用有其特殊性。

定义变量时，变量名不加美元符号（$），如：variableName="value"。

注意，变量名和等号之间不能有空格，这可能和其他所有编程语言都不一样。同时，变量名的命名须遵循如下规则：

(1) 首个字符必须为字母(a~z，A~Z)；

(2) 中间不能有空格，可以使用下划线 "('_')"；

(3) 不能使用标点符号；

(4) 不能使用 bash 里的关键字(可用 help 命令查看保留关键字)。

变量定义举例：

```
myUrl="http://see.xidian.edu.cn/cpp/Linux/"
myNum=100
```

使用一个定义过的变量，只要在变量名前面加美元符号($)即可，如纯文本复制：

```
your_name="mozhiyan"
echo $your_name
echo ${your_name}
```

变量名外面的花括号是可选的，加不加都行，加花括号是为了帮助解释器识别变量的边界，比如下面这种纯文本复制情况：

```
do
    echo "I like ${skill}Script"
done
```

4.3.4　Shell 算术运算

在 Shell 编程中，运算符也是不可或缺的部分，它们主要包括算数运算符、布尔运算符、字符串运算符、关系运算符和文件测试运算符等。以 expr 为例，它是一个表达式运算，可以完成表达式的求值操作。

```
#!/bin/bash
val=`expr 1 + 2`
echo "Total value : $val"
```

运行脚本输出：

```
Total value : 3
```

注意以下两点：

(1) 表达式和运算符之间要有空格，例如 "1+2" 是不对的，必须写成 "1 + 2"。

(2) 完整的表达式要被 "`  `" 包含，注意这个字符不是常用的单引号，通常是在 Esc 键下边的第一个键。常用的 Shell 运算符见表 4-1。

表 4-1　常用 Shell 算术运算符列表

运算符	说明	举例
+	加法	`expr $a + $b` 结果为 30
−	减法	`expr $a − $b` 结果为 10

续表

运算符	说明	举例
*	乘法	`expr $a \* $b` 结果为 200
/	除法	`expr $a / $b` 结果为 2
%	取余	`expr $a % $b` 结果为 0
=	赋值	a = $b 将把变量 b 的值赋给 a
==	相等。比较两个数字，相同则返回 true	[$a == $b] 返回 false
!=	不相等。比较两个数字，不相同则返回 true	[$a != $b] 返回 true

注：表中变量 a、b 默认分别为 20、10。

注意：条件表达式要放在方括号之间，并且要有空格，例如[$a==$b]的写法是错误的，必须写成 [$a == $b]。类似的问题还有很多，需要慢慢摸索。

4.3.5　Shell 循环

Shell 中能构成循环的方式很多，它支持 for 循环、while 循环、until 循环这三种基本循环方式。下面给出两个简单的循环例子，只要掌握循环的基本方法后，复杂的循环就可由简单循环嵌套而成。

（1）for 循环一般格式为：

```
for 变量 in 列表
do
    command1
    command2
    ...
    commandN
done
```

上述例程中 in 的列表是可选的，例如一组数值。for 循环还可以使用命令行的位置参数。例如，顺序输出当前列表中的数字：

```
for loop in 1 2 3 4
do
    echo "The value is: $loop"
done
```

运行结果：

```
The value is: 1
The value is: 2
The value is: 3
The value is: 4
```

为进一步了解 for 循环，再通过一个例子来展示其用法。

例：对 100 以内的所有正整数相加求和(1+2+3+4+…+100)。

源代码 add.sh 如下：

```bash
#!/bin/bash
# 对 100 以内的所有正整数相加求和(1+2+3+4+…+100)
#seq 100 可以快速自动生成 100 个整数
sum=0
for i in `seq 100`
do
    sum=$((sum+i))
done
echo "总和是:$sum"
```

使用 sh add.sh 运行该脚本文件，得到的输出结果为"总和是：5050"。

（2）除了 for 循环外，while 循环也比较常用，它用于不断执行一系列命令，也用于从输入文件中读取数据，命令通常为测试条件。其格式为：

```
while command
do
    Statement(s) to be executed if command is true
done
```

（3）until 循环执行一系列命令直至条件为 true 时停止。until 循环与 while 循环在处理方式上刚好相反，until 循环先测试条件再运行循环体。一般情况下 while 循环优于 until 循环，但在某些时候，可能 until 循环更加有用，需要根据具体问题来判断。

until 循环格式为：

```
until command
do
    Statement(s) to be executed until command is true
done
```

command 一般为条件表达式，如果返回值为 false，则继续执行循环体内的语句，否则跳出循环。

4.3.6　Shell 分支语句

if 语句通过关系运算符判断表达式的真假来决定执行哪个分支。Shell 有三种 if-else 形式的语句：

（1）if-fi 语句；

（2）if-else-fi 语句；

（3）if-elif-else-fi 语句。

1. if-fi 语句

if-fi 语句的语法：

```
if [ expression ]
then
    Statement(s) to be executed if expression is true
fi
```

注意 if 语句最后必须以 fi 来结尾,以闭合 if,fi 就是 if 倒过来拼写,后面也会遇见。

再看一个例子:

```
#!/bin/sh
a=10
b=20
if [ $a == $b ]
then
    echo "a is equal to b"
else
    echo "a is not equal to b"
fi
```

运行结果:

```
a is not equal to b
```

注意:中括号和判断符号前后都需要有空格。

2. if-else-fi 语句

if-else-fi 语句的语法:

```
if [ expression ]
then
    Statement(s) to be executed if expression is true
else
    Statement(s) to be executed if expression is not true
fi
```

如果 expression 返回 true,那么 then 后边的语句将会被执行;否则,执行 else 后边的语句。

3. if-elif-else-fi 语句

if-elif-else-fi 语句可以对多个条件进行判断,语法为:

```
if [ expression 1 ]
then
    Statement(s) to be executed if expression 1 is true
elif [ expression 2 ]
then
    Statement(s) to be executed if expression 2 is true
```

```
elif [ expression 3 ]
then
    Statement(s) to be executed if expression 3 is true
else
    Statement(s) to be executed if no expression is true
fi
```

哪一个 expression 的值为 true，就执行哪个 expression 后面的语句；如果都为 false，那么不执行任何语句。

例：输入三个数并进行升序排序，源代码 arrange.sh 如下：

```
#!/bin/bash
# 依次提示用户输入 3 个整数,脚本根据数字大小依次排序输出 3 个数字
read -p "请输入一个整数:" num1
read -p "请输入一个整数:" num2
read -p "请输入一个整数:" num3
# 不管谁大谁小,最后都打印 echo "$num1,$num2,$num3"
# num1 中永远存最小的值,num2 中永远存中间值,num3 永远存最大值
# 如果输入的不是这样的顺序,则改变数的存储顺序,如:可以将 num1 和 num2
的值对调
tmp=0
# 如果 num1 大于 num2,就把 num1 和 num2 的值对调,确保 num1 变量中
存的是最小值
if [ $num1 -gt $num2 ];then
 tmp=$num1
 num1=$num2
 num2=$tmp
fi
# 如果 num1 大于 num3,就把 num1 和 num3 对调,确保 num1 变量中存的
是最小值
if [ $num1 -gt $num3 ];then
    tmp=$num1
    num1=$num3
    num3=$tmp
fi
# 如果 num2 大于 num3,就把 num2 和 num3 对调,确保 num2 变量中存的
是小一点的值
if [ $num2 -gt $num3 ];then
    tmp=$num2
    num2=$num3
```

```
    num3=$tmp
fi
echo "排序后数据(从小到大)为:$num1,$num2,$num3"
```

例如，使用 sh arrange.sh 运行该脚本文件，运行效果输出：

请输入一个整数：56

请输入一个整数：78

请输入一个整数：23

排序后数据(从小到大)为：23，56，78

以上就是 Shell 脚本语言编程的基本方式，通过判断循环语句可以构成各种复杂的程序。Shell 编程和 C 语言有一些类似的地方，如可以定义变量、赋值、有循环和判断等，但是由于其主要是一种解释性语言，所以具体编写方法和 C 语言还是有一些不同，特别是在空格的应用上，很多初学者都会犯错误，需要多摸索，感兴趣的读者可以进一步查阅相关资料深入了解 Shell 编程。

4.4　Linux 编译环境搭建

4.4.1　Linux 的发行版本

很多情况下，使用者会安装或者使用 Linux 系统，但是 Linux 系统是一种笼统的表述，它就是一个自由和开放源码的类 Unix 操作系统。细心的读者会发现，真正在电脑上安装使用的 Linux 都会有一个"别名"，例如常见的 Ubuntu，那这二者到底有什么区别呢？其实严格来讲，Linux 这个词本身只表示 Linux 内核，内核集成了系统中最为重要的功能，例如内存分配、任务管理等，但是，仅仅有内核系统是无法独自运行的，这就类似于一个人，大脑很重要，但是大脑并不是这个人的全部，要构成一个完整的整体，除了大脑，四肢躯干这些部分也必须健全。对于完整的 Linux 系统来说，除了 Linux 内核，还需要有文件系统，补全内核不具备的功能，才能独立运行。因此，业界将基于 Linux 内核开发、加上文件系统后能够独立运行的系统称为 Linux 的发行版，而 Ubuntu 就是 Linux 系统的一个发行版。

Linux 发行版的种类很多，各版本间还有分支，初学者会眼花缭乱。Zegenie Studios 提供了 Linux 发行版选择器，用户只需要完成一份问卷测试，系统就会根据用户的需求为用户推荐最合适的 Linux 发行版。

这里需要再次强调，Linux 发行版都是基于 Linux 内核开发的，而发行版是由公司或团队，在内核的基础上增加一些 GNU 程序库和工具、Shell、图形界面的 X Window 系统和相应的桌面环境来构成一个完整的操作系统。

在众多的 Linux 的发行版中，本书选择 Ubuntu(中文名简称：乌邦图)进行介绍。Ubuntu 最早由马克·舍特尔沃斯创立，2004 年 10 月 20 日第一次发布。Ubuntu 的开发基础是 Debian，但是它采用快速升级模式，每六个月就会发布一个新版本。在众多 Linux 发行版中，Ubuntu 在界面和对用户友好方面做得较为出色，因此在个人桌面电脑方面使用较多,当然它也有服务器版本。而 Ubuntu 的快速发展也得益于其基本理念,即使用自由、开源,而不像其他有些发行版会附带很多闭源的软件。

Ubuntu 官网为 http://cn.ubuntu.com。截至 2024 年 10 月,Ubuntu 更新到 Ubuntu 24.04.1 LTS。

4.4.2 虚拟机与 Ubuntu 的安装

在嵌入式系统交互式编译环境搭建中,虚拟机(virtual machine)是一个常用的工具。顾名思义,虚拟机可以在一个计算机系统中通过软件模拟出一个具有完整硬件系统功能的、运行在一个和当前系统完全隔离的环境中的完整计算机系统,很多情况下它常用于模拟一个新的操作系统供初学者使用,而不用担心操作不当造成损害。

虚拟机软件也比较多,本书使用的是 VMware(VMware ACE),其他常用的虚拟机,例如 Virtual Box 和 Virtual PC 等,读者可自行了解。

一般来说,由于资源限制,国内很多嵌入式开发人员在使用 Linux 时都是在电脑上安装一个虚拟机软件,在需要的时候运行虚拟机,模拟 Liunx 操作环境,可以有效地降低硬件资源的配置要求以节约成本。所以本书后续介绍的嵌入式系统开发都是在虚拟搭建的 Linux 环境下进行的,也请读者在初学时最好采用并掌握这一方法。

4.4.3 Linux 交叉编译环境搭建

交叉编译对嵌入式系统的学习是十分重要的概念,简单来说,所谓交叉编译就是在一种平台下编程并生成可以在另一种平台下执行的二进制代码文件,这个过程通常需要借助交叉编译器来完成。

一般嵌入式系统的编程,开发人员首先在 PC 机下进行编程(开发用的这台电脑一般称为"宿主机"),然后使用交叉编译器(cross compiler)生成对应的二进制代码,再下载到目标板上执行,这个过程就称为交叉编译,所有相关的软件就构成了交叉编译平台。

嵌入式系统的开发首先就是要搭建交叉编译平台,搭建流程基本分为安装 C 语言开发环境、下载交叉编译器、解压并安装。由于交叉编译器种类繁多,此处不做深入介绍,本书使用的交叉编译器是 arm-Linux-gcc-3.4.1。

注意:交叉编译器安装后需要修改环境变量,否则可能会导致无法使用。

4.4.4 开发常用软件

在搭建嵌入式交叉编译环境时需要用到一些小软件,这些小软件大多数也可以用其他软件替代,它们的使用可以提高开发效率或解决一些小问题,这里简要介绍几种常用小软件。

1. 串口超级终端

串口超级终端是大多数嵌入式系统调试的必备工具,通过串口可以很方便地观察嵌入式系统内部运行情况或使用串口命令对系统进行操作。

现在的台式计算机或者宿主机上一般都没有九线串口，只有 USB 接口，所以使用串口终端需要先装 USB 转串口驱动，然后再查找对应的 com 端口号。注意在终端需要设置好对应的波特率、校验位等信息，以免无法收发数据。

串口终端类型很多，一般使用设计开发板公司推荐或者开发板自带的软件即可。本书后续开发使用的是 HyperTerminal 串口终端。

2. ADB 驱动

ADB(Android Debug Bridge)驱动是 Android 系统连接电脑的重要驱动软件，它在调试中起到桥接的作用。通过 ADB 可以方便地在 Eclipse 中通过 DDMS 来调试 Android 程序，也可以把它看作 Debug 工具。

在嵌入式系统中移植 Android 系统，ADB 驱动是工具之一，通过它可以运行烧写命令，例如将镜像文件烧写到开发板中。

ADB 驱动的安装有时是一个比较麻烦的问题，因为常有软件会自动连接手机，这样就占用了端口，所以先要找到对应占用端口的软件将其关闭。

ADB 驱动官网：https://adbdriver.com/。

3. Source Insight

Source Insight 是一个小巧的代码查看编辑工具，它可以查看 C/C++、C#和 Java 等代码并高亮显示，而且提供导航栏，便于大型项目代码的查看。

Source Insight 现在运用十分广泛，尤其是一线工程师，他们对这款软件情有独钟，因为它支持几乎所有的计算机语言编写，如汇编、C、C++、Java、ASM、ASP、HTML等，还支持自己定义关键字等功能，能够快速访问源代码和源信息。

Source Insight 还有一些其他的优点，包括数据库创建，以及各种函数、变量、类的自由定义等。总而言之，它十分友好，使用过的工程师几乎都对它持正面评价。

Source Insight 官网：https://www.sourceinsight.com/。

4. SSH

SSH 为 Secure Shell 的缩写，是一种专门支持远程登录的小软件，特别适合于小型网络的传输。

SSH 软件可以将虚拟机和目标机连接起来，这样便于文件的传输，在嵌入式系统开发中采用这种连接方式能够方便地进行文件传输，当然，它还有很多其他应用，感兴趣的读者可以进一步深入了解。

SSH 软件官网：https://www.ssh.com/。

4.5　本　章　小　结

本章介绍了 Linux 系统的相关背景和基础知识，重点是掌握常用的 Shell 命令和一些基础操作，对于 Shell 编程大概了解即可，因为很多时候脚本语言编程只要求能够读懂代码，并掌握对相关环境变量进行配置的方法。

　　本章内容是后续 Linux 系统移植的基础，学习过 Linux 课程的同学可以略读或者跳过本章，直接阅读后续关于系统移植的内容。

第 5 章　嵌入式 Linux 内核移植

　　嵌入式系统的学习，最核心的内容之一是学习嵌入式操作系统，但是在学习之前首先需要了解带操作系统的嵌入式系统的整体架构，了解了整体架构之后，再分块掌握各模块或者各部件的功能及用法。

　　嵌入式操作系统连接嵌入式的软件和硬件，它相当于一个桥梁，让上层编程设计不再困难。但是操作系统移植并不是一个简单的过程，本章以 Linux 最小系统移植为例，介绍 Linux 系统在 ARM 架构上的移植。

5.1　深入嵌入式 Linux 系统架构

　　带操作系统的嵌入式系统的架构和单片机不太一样，主要是硬件平台和应用程序之间多了一个操作系统，由此产生了嵌入式系统和单片机编程的本质区别，图 5-1 是一个带有 Linux 操作系统的嵌入式系统架构图。

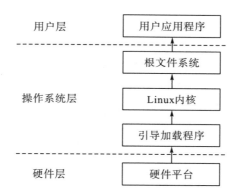

图 5-1　带操作系统的嵌入式系统架构图

　　从图 5-1 中可以看出，Linux 系统移植到开发平台后使得嵌入式系统从硬件平台到应用程序之间多了一个操作系统层，这个层就是嵌入式系统的核心，它包括 BootLoader、Linux 内核和根文件系统三部分。从开发者的角度来看，嵌入式 Linux 系统除了硬件层，在软件上它通常可以分为 4 个部分：

　　（1）引导加载程序，主要是 BootLoader；

　　（2）Linux 内核，即操作系统的定制内核以及内核的启动参数；

　　（3）根文件系统，包括根文件系统和建立于 Flash 内存设备之上的文件系统；

　　（4）用户应用程序，特定于用户的应用程序。大多嵌入式系统还有嵌入式 GUI，例如 MicroWindows 和 MiniGUI 等。

用户应用程序是软件层，上述(1)～(3)部分就是嵌入式 Linux 操作系统移植所必需的，也是本章要介绍的核心内容之一。

为了让读者快速掌握嵌入式操作系统的架构，本章通过 Linux 最小系统架构来介绍。Linux 最小系统是指构成 Linux 系统最精简的模块，只涉及必需的模块，但是"麻雀虽小五脏俱全"，这对于学习 Linux 来说很有帮助。但是由于最小系统不带操作界面，所以观察它的一些程序执行结果一般只能通过串口超级终端，因此可以说串口是嵌入式学习中的一项必备技能。

要完成 Linux 最小系统裁剪、编译到 BootLoader 移植、最小系统烧写等流程，首先要明白与最小系统编译移植有关的各个模块的含义和作用。

5.1.1　BootLoader 简介

BootLoader 也称为引导加载器，可以看作系统上电后运行的第一段代码，其功能类似于个人电脑的 BIOS，但是略有不同。嵌入式系统的 BootLoader 主要完成 MPC 和相关硬件的初始化，再将操作系统映像或固化的嵌入式应用程序装载到内存中，然后跳转到操作系统所在的空间，之后就会启动运行操作系统。

嵌入式系统硬件平台十分丰富，因此 BootLoader 难以编写成通用模式。在 BootLoader 的发展中一般是将共性部分提取出来，设计一个相对通用的版本，用户再根据需求进行小的改动，形成能够使用的最终版。

BootLoader 的操作模式一般有自启动模式和交互模式，第一种是系统自行查找 BootLoader 代码，第二种需要用户干预，目前一般使用自启动模式。

BootLoader 的启动也可以分为两个阶段。第一阶段主要是初始化硬件设备，第二阶段完成一些更加复杂的设置，比如内存映射、读取镜像文件、调用内核等工作。

由于嵌入式平台的多样化，BootLoader 的类型也很多，比较常见的包括 REDBOOT、Uboot、Blob、ARMboot 等，本书仅选择 Uboot 进行介绍，其他类型的 BootLoader 读者可查阅相关资料。

5.1.2　Uboot 简介

Uboot 为 BootLoader 中的一种，它的全称为 Universal BootLoader，是一个遵循 GPL (general public license)条款的开放源码项目。

Uboot 的运用很广泛，ARM 是其支持的主要平台之一，除此之外，它还支持 NetBSD、VxWorks、QNX、RTEMS、ARTOS、LynxOS、Android 等嵌入式操作系统。目前 Uboot 的发展思路是尽可能多地支持各种嵌入式平台，因此 MIPS、x86、ARM、NIOS、XScale 等平台也是 Uboot 项目的开发目标。

Uboot 官网为 http://www.denx.de/wiki/Uboot/SourceCode/，官网中介绍了选择 Uboot 的几点优势：

(1)Uboot 开放源码；

(2)几乎包括所有嵌入式操作系统平台，如 Linux、NetBSD、VxWorks、QNX、RTEMS、ARTOS、LynxOS、Android；

(3)支持多处理器架构，典型的如 x86、PowerPC、ARM、MIPS；

(4)较高的可靠性和稳定性；

(5)高度灵活的功能设置，适合 Uboot 调试、操作系统引导要求、产品发布等；

(6)丰富的设备驱动源码，如串口、以太网、SDRAM、FLASH、LCD、NVRAM、EEPROM、RTC、键盘等；

(7)有相关技术文档和网络平台支持，提供良好的解决方案。

Uboot 作为 BootLoader 中最为常用的引导加载器之一，目前被很多嵌入式系统采用。要详细分析 Uboot，首先要明确在 BootLoader 中，代码一般都分为 Stage1 和 Stage2 两大部分。

Stage1(start.s 代码结构)：基本的硬件初始。Uboot 的 Stage1 代码通常放在 start.s 文件中，它用汇编语言写成，其主要实现的功能如下：

(1)定义入口；

(2)设置异常向量；

(3)设置 CPU 的速度、时钟频率及中断控制寄存器；

(4)屏蔽所有的中断；

(5)初始化内存控制器；

(6)将 ROM 中的程序复制到 RAM 中；

(7)初始化堆栈；

(8)将程序转到 RAM 中执行，该工作可使用指令 ldrpc 来完成。

Stage2 通常是采用 C 语言编写的，它主要包括 libarm/board.c 中的 start armboot，是 C 语言开始的函数，也是整个启动代码中 C 语言的主函数，同时还是整个 Uboot(armboot) 的主函数，该函数主要完成如下操作：

(1)调用一系列的初始化函数；

(2)初始化 Flash 设备；

(3)初始化系统内存分配函数；

(4)如果目标系统有 NAND 设备，则初始化 NAND 设备；

(5)如果目标系统有显示设备，则初始化该类设备；

(6)初始化相关网络设备，填写 IP、MAC 地址等；

(7)进入命令循环(即整个 boot 的工作循环)，接受用户从串口输入的命令，然后进行相应的工作。

图 5-2 给出了 Stage1 和 Stage2 的运行流程以及二者的调用关系。

Uboot 中 Stage1 的源码 start.s 在整个系统中是以汇编语言为主编写的，后面 Linux 系统中虽然也涉及少部分汇编语言，但基本都是以 C 语言为主，所以学习汇编语言编程主要是为了学习 Uboot。

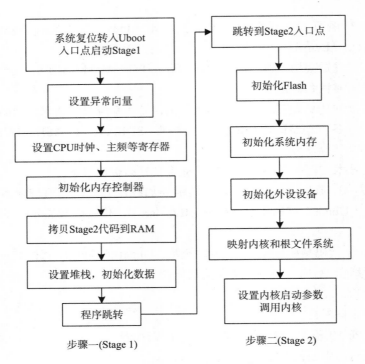

步骤一(Stage 1)   步骤二(Stage 2)

图 5-2　Uboot 的两部分及其作用

5.1.3　Linux 系统层次

　　一个完整的 Linux 系统(图 5-3)应该有 4 个主要部分，分别为内核、Shell、文件系统和用户应用程序。其中内核、Shell 和文件系统形成了基本的操作系统结构，在这个平台上用户才能运行应用软件。

图 5-3　Linux 系统结构

上述 4 个部分中，关于 Shell 已经在上一章进行过较为详细的介绍，用户应用程序是后续用户根据需求而编写的，下面主要介绍 Linux 内核和文件系统。

5.1.4　Linux 内核

嵌入式操作系统中，最为重要的是内核，它如同人的大脑一样。Linux 严格来说只是一个内核，它负责处理系统中最重要的工作，例如进程分配和驱动、内存调用以及文件系统配置等。Linux 内核体系结构及其框图如图 5-4 所示。

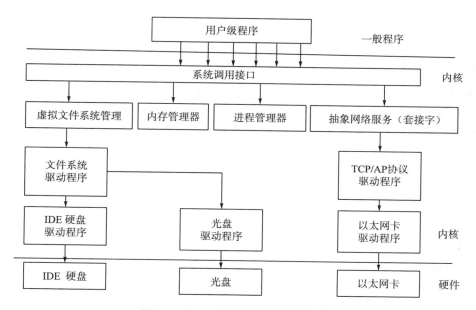

图 5-4　Linux 内核体系结构及其框图

图 5-4 中给出了内核的架构和各组成模块，从大的方面看，Linux 体系分为两个大的模块：内核空间和用户空间。这样做的好处是便于开发人员分工协作，也就是开发应用的人员不必关心底层代码，做底层的人员专注于驱动开发，以提高效率。

如果对内核空间再进行细分，它又由几个大的模块组成，分别如下。

(1) 系统调用接口(system call interface，SCI)。SCI 层主要提供函数的调用功能，为用户使用内核资源提供良好的服务和支持。它可以看作内核对外提供的一个接口。

(2) 内存管理。内存是计算机系统的宝贵资源，而且是有限的。为了让有限的内存资源更好地为系统以及各种应用程序服务，Linux 采用了被称为"虚拟内存"的内存管理方式。虚拟内存可以动态调整物理内存的使用情况，使内存资源得到更加合理有效的分配。

(3) 进程管理。进程管理是实现多任务的重要保障，内核会将 MPU 的工作时间划分为很小的时间段，在不同时间段中执行不同的进程任务，最终实现系统的"多任务"。

(4) 文件系统。文件系统是内核的外部结构，也是最重要的存储部件。Linux 将新的文件系统通过一个称为"挂装"或"挂上"的操作将其挂装到某个目录上，从而让不同的文件系统结合成为一个整体。

(5) 设备驱动程序。设备驱动程序是 Linux 内核的重要部分。系统要操控硬件设备，必须通过驱动程序，但是由于硬件的千变万化，驱动程序各不相同。为了保障系统安全，Linux 将设备和驱动进行分离，驱动程序和设备可以独立存在，这样不会因为某个硬件设备或者驱动匹配错误导致整个系统错误。

(6) 网络接口。网络接口如今也是嵌入式系统必不可少的一个部分，它支持各种网络协议和各种网络硬件。

5.1.5 Linux 文件

要了解 Linux 文件，首先要知道虚拟文件系统，虚拟文件系统(virtual file system，VFS)是 Linux 中常用的一个文件系统，它将文件系统操作和不同文件系统的具体实现细节分离，为所有的设备提供了统一的接口，这样极大地方便了用户的操作。

VFS 在用户和文件系统之间提供了一个交换层，如图 5-5 所示。

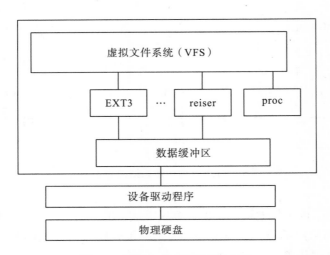

图 5-5　虚拟文件系统的基本架构

通过图 5-5 可以看出，在 VFS 上面，用户可以通过使用 open、close、read 和 write 等函数对文件进行操作，而在 VFS 下方，是各种不同的文件系统类型，如 EXT2、EXT3、FAT、FAT32、VFAT 和 ISO9660 等。VFS 将不同文件系统类型进行了整合，定义了上层函数的调用和实现方式。因此，通过 VFS，Linux 系统能支持多种文件系统。

在 Linux 系统中，完整的目录树几乎可无限划分为更小的部分，这些小部分又可以单独存放在自己的磁盘或分区上。一个典型的 Linux 目录树除了根目录外主要部分还有root、/usr、/var、/home 等，如图 5-6 所示。

Linux 文件系统采用的是树形结构。最上层是根目录，其他的所有目录都是从根目录出发而生成的，因此无论操作系统管理几个磁盘分区，这样的目录树只有一个。

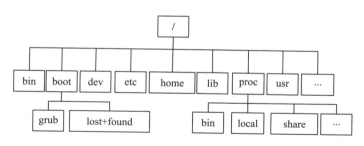

图 5-6　Linux 文件架构

5.1.6　Linux 内核源码

　　Linux 作为一个操作系统内核，其本质就是一个大的软件。既然是软件，作为程序员，关心的肯定就是源代码了。Linux 的内核源码是开源的，网上很多地方都能轻松找到，而且也有很多书籍专门介绍。对于初学者，在这里建议不要一开始就花太多精力专研源码，因为对于几万个文件组成的 Linux 内核源码，没有 Linux 基础的读者一时是很难深入理解的。但是我们对源代码应该有一个大致的了解，包括它的基本架构和有用的文件，这样对后续学习内核编译、系统编程以及驱动开发是很有帮助的。

　　Linux 内核源码可以从官网上下载，地址为：https://www.kernel.org/。但是如果购买开发平台的读者建议直接使用开发板公司提供的源码，各开发公司可能针对各自设计的开发板对源码做了一些调整，入门更加容易。

　　首先提醒一下，源码下载下来一般是 Linux 系统下的压缩文件，需要在 Linux 系统下解压，如果在 Windows 下解压可能会导致文件不能正常运行，所以下载下来的压缩包应该直接拷贝到 Linux 系统下，用 tar 命令解压(如果你用的是虚拟机建议用 SSH 软件拷贝)。当然，如果你只想在 Windows 下查看源码学习下就可以直接解压，用 SourceInsight软件查看源码会很方便。

　　Linux 源码采用的是树形结构，它将功能相关的程序文件放在同一目录下，便于查找和阅读。

　　下面介绍几个基础的、与后续内容相关的目录及代码。

　　arch 目录：存储了 Linux 内核支持的所有 CPU 架构，因此也称为平台目录。在该目录下都有对应的子目录。每个 CPU 的子目录又包含 boot、mm、kernel 等子目录，分别控制系统引导、内存管理、系统调用等。

　　Binary 目录：存放二进制文件。

　　Block 目录：部分块设备驱动。

　　Crypto 目录：加密压缩 CRC 校验。

　　Documentation 目录：内核使用说明文档。

　　Drivers 目录：设备驱动。

　　Firmware 目录：固件接口。

　　Fs 目录：文件系统的实现代码。

Include 目录：通用头文件。

Init 目录：内核初始化代码。

Ipc 目录：进程通信源码。

Virt 目录：内核虚拟机。

Kernel 目录：Linux 核心功能源码、程序调度、进程控制等。

Lib 目录：库文件代码。

Mm 目录：内存管理源码。

Net 目录：网络协议。

Samples 目录：内核编程例程。

Scripts 目录：配置裁剪工具目录。

Security 目录：安全模型。

Sound 目录：音频驱动目录。

tools 目录：编译和连接工具。

usr 目录：打包和压缩。

Linux 的内核源码虽然庞大，让不少初学者觉得"高不可攀"，但是其实了解源码是学习 Linux 最有效的途径。建议初学者不要一开始就阅读源码，因为几万个文件可能一辈子也看不完。但当学习 Linux 到一定深度后，例如完成本书的学习后如果还想继续深入，那应该从整体上接触一下 Linux 源码。

操作系统源码真正能体现编程语言的魅力，Linux 源码可以说是全球成千上万工程师智慧的结晶，它将 C 语言、数据结构和编程技巧完美融合，让读者真正感受到曾经学习的枯燥的课程在一起发生聚变，最终形成的一个庞大有序、杂而不乱的操作系统内核，它们的相互配合能完成很多复杂的工作，这就是计算机编程的奇妙之处。

5.2　内核编译基础

要搭建一个最小 Linux 系统需要使用和涉及的工具、命令比较多，为了让读者对后续课程中 Linux 交叉编译环境中的工具和命令不陌生，本节集中介绍在内核裁剪及编译中常用的工具和命令。本节知识点有点杂，但是都是后续搭建最小系统不可或缺的，初学者应该先把脉络理清，再进行实操。

5.2.1　内核裁剪

嵌入式系统必须经过裁剪才能使用，那么为什么不能直接使用下载的系统内核而非要进行裁剪呢？这是由嵌入式系统的特性决定的。例如，Linux 内核编译后生成的镜像文件有 70～80MB（具体取决于用户裁剪），这个大小对于 PC 来说没有任何问题，但是对于资源有限的嵌入式系统来说就很大了。嵌入式系统一般内存扩展就是在数十兆到数百兆之间，而系统运行时内核很大一部分要求常驻，因此极耗内存资源。

嵌入式系统由于其专用性，内核中很多功能用不上，例如不需要的硬件驱动、arch 目录下不用的平台信息等。正是因为如此，下载的内核需要进行配置和裁剪，虽然使用的裁剪手段可能不同，但是目的都是一样的，就是配置内核中需要编译的文件。通过编译后，内核的大小是 2.5MB 左右，一般的嵌入式系统都能接受这个大小的内核。

在 Linux 环境下要配置系统内核，有 4 个常用命令：#make config(传统的配置界面，目前很少使用了)、#make menuconfig(基于文本选择的配置界面，适合终端使用)、#make xconfig(基于图形窗口模式的配置界面，不适合 Xwindow 使用)、#make oldconfig(该命令只在原有基础上修改一些小地方时使用)。

上述命令是为了生成.config 文件，它们只是裁剪内核的一个工具。.config 指明了在内核编译的时候哪些内容要编译进内核，哪些是不需要的。这 4 个命令中目前在嵌入式系统中最常用的是 make menuconfig，界面最友好的是 make xconfig，其他两个不推荐使用，这里主要以 make menuconfig 为例进行介绍，该命令也是目前编译的主流命令。

涉及内核裁剪/配置时 Linux 系统主要采用 make menuconfig 命令完成，跟 make menuconfig 这个命令相关的文件包括三类：.config、Kconfig 和 Makefile。其中 Kconfig 和 Makefile 是配合使用的。这些配置文件内容比较繁杂，相互交融，还涉及一些具体语法，建议初学者不要深究里面的具体编程，能够在此基础上进行配置修改就行了。三个文件的含义如下。

Kconfig：定义了配置项。

.config：对配置项进行赋值后生成的配置文件。

Makefile：建立配置项的生成法则。

5.2.2　Menuconfig 的操作

在 Linux 源码目录下输入命令 make menuconfig，可以进入配置界面——menuconfig 实现的代码在源码"scripts"目录下，如图 5-7 所示。

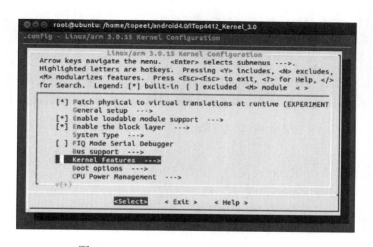

图 5-7　make menuconfig 界面的运行过程

menuconfig 可以看作内核配置的一个工具，它的操作比较简单，通过这个工具可以方便地完成配置。

常用操作：上下选择→按键"上下方向键"、左右选择→按键"左右方向键"、进入下级界面→按键"回车"、返回上级界面→选择"Exit"+按键"回车"、帮助→选择"help"+按键"回车"。

通过 make menuconfig 工具，可以选择哪些内容要编译进内核，哪些是不需要的，这样采用图形界面方式操作比较简洁直观。

5.2.3　Kconfig 文件

Kconfig 指明了内核中哪些部分可以进行配置，meunconfig 只是 Kconfig 文件的一种图形显示方式，便于用户操作。再具体点说，Kconfig 就是各种配置界面的源文件，内核的配置工具读取各个 Kconfig 文件，生成配置界面供开发人员配置内核，最后生成.config 配置文件。

Kconfig 文件也是通过脚本语言编写而成的，初学者一开始不用太深究具体的语法，主要是学会如何配置使用即可。

例如，在源码目录下使用 ls 命令查看文件，找到相应的 Kconfig 文件，如图 5-8 所示。

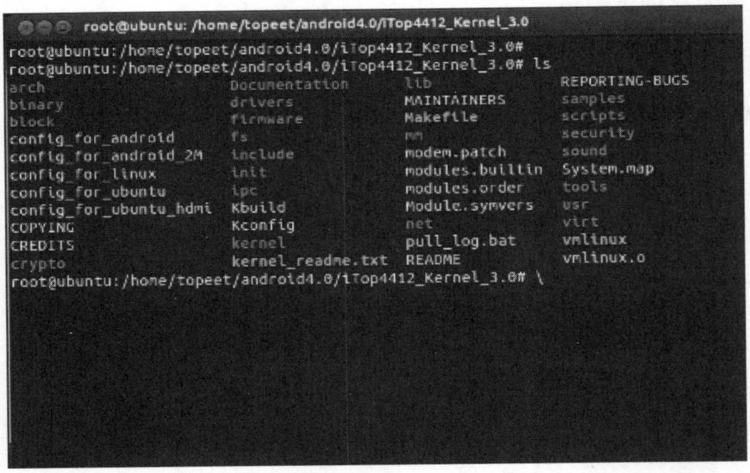

图 5-8　查看对应源码目录下的 Kconfig 文件

用 vim 编译命令打开 Kconfig 文件，如图 5-9 所示。

每一级目录下都有 Kconfig 文件，每一级的 Kconfig 文件都可以调用下一级目录的 Kconfig 文件。

这里分几个部分简述一下 Kconfig 文件包含的几个基本要素。

1. config 条目（entry）

```
config TMPFS_POSIX_ACL
  bool "Tmpfs POSIX Access Control Lists"
  depends on TMPFS
  select GENERIC_ACL
  help

#
# For a description of the syntax of this configuration file,
# see Documentation/kbuild/kconfig-language.txt.
#
mainmenu "Linux/$ARCH $KERNELVERSION Kernel Configuration"

config SRCARCH
string
option env="SRCARCH"

source "arch/$SRCARCH/Kconfig"
```

图 5-9　打开的 Kconfig 文件

注意：上述代码中 String 表示变量类型，即 "CONFIG_ TMPFS_POSIX_ACL" 的类型，有 5 种类型：bool、tristate、string、hex 和 int。其中 tristate 和 string 是基本的类型。

bool 变量的值：y 和 n。

tristate 变量的值：y、n 和 m。

string 变量的值：字符串。

bool 之后的字符串 "Tmpfs POSIX Access Control Lists" 是提示信息，在配置界面中上下移动光标选中它时，就可以通过按空格或回车键来设置 CONFIG_ TMPFS_POSIX_ACL 的值。

depends on：表示依赖于 XXX。"depends on TMPFS" 表示只有当 TMPFS 配置选项被选中时，当前配置选项的提示信息才会出现，才能设置当前配置选项。

2. menu 条目

menu 条目用于生成菜单，其格式如下：

```
menu "Floating poing emulation"
config FPE_NWFPE
...
config FPE_NWFPE_XP
...
endmenu
```

menu 之后的 "Floating poing emulation" 是菜单名，menu 和 endmenu 间有很多 config 条目，在配置界面中解释如下：

```
Floating poing emulation--->
                [] FPE_NWFPE
                [] FPE_NWFPE_XP
```

3. choice 条目

choice 条目将多个类似的配置选项组合在一起，供用户单选或多选。

```
choice
    prompt "ARM system type"
    default ARCH_VERSATILE
    config ARCH_AAEC2000
        ...
    config ARCH_REALVIEW
        ...
endchoice
```

prompt "ARM system type" 给出提示信息 "ARM system type"，光标选中后回车进入就可以看到多个 config 条目定义的配置选项。choice 条目中定义的变量只有 bool 和 tristate。

4. comment 条目

comment 条目用于定义一些帮助信息，出现在界面的第一行，如在 arch/arm/Kconifg 中有如下代码：

```
menu "Floating point emulation"
comment "At least one emulation must be selected"
config FPE_NWFPE
...
config FPE_NWFPE_XP
```

5. source 条目

source 条目用于读取另一个 Kconfig 文件，如：

```
source "net/Kconifg"
```

对 Kconfig 文件的详细脚本语言介绍请参考专业书籍，但对初学者不建议深入学习脚本语言。Linux 的源码已经把 Kconfig 文件都配置好了，而且需要配置的部分都有例程可以参考，如果必要，只需会在例子或源码基础上做一些最基本的改动，能用即可。

5.2.4　.config 文件

.config 文件是 menuconfig 命令最终需要生成的配置文件，它指明了内核编译时哪些模块是需要编译的，它里面注释掉或没有的表示该模块被裁剪了，所以对于内核编译该文件不可或缺。用 vim 命令打开内核源码下的.config 文件，如图 5-10 所示。

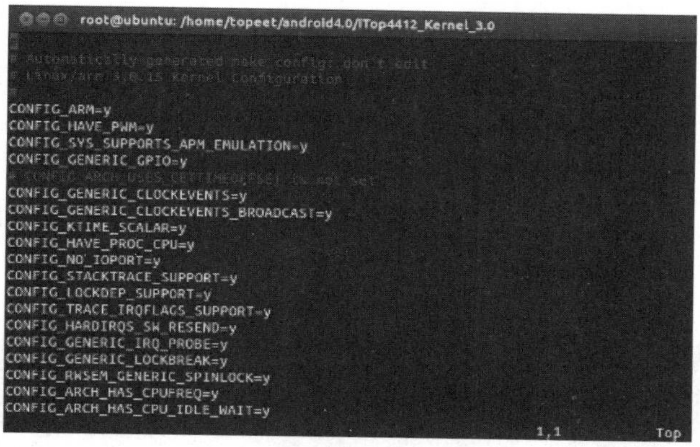

图 5-10　Linux 源码下打开的.config 文件示意图

可以看出，.config 文件通过宏定义指明了哪些模块是需要被编译到内核中的。这里再指出一点，在源码中还有其他的 config_for_xxx，如图 5-11 所示。

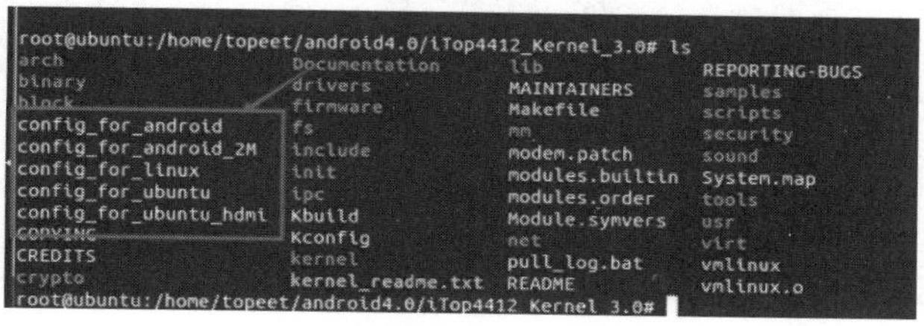

图 5-11　源码目录下的各种文件即对应的 config_for_xxx 文件

这些都是为不同的文件系统准备的，有 Android 的配置文件也有 Qt 的配置文件，或者特殊功能的.config 文件。这些.config 文件都是通过 menuconfig 生成，然后改成易识别的名称。它们共用一套代码，通过 menuconfig 裁减组合成不同功能的.config 文件。使用 make menuconfig 对内核进行配置，同时观察配置前后.config 文件的变动，可以进一步理解二者的关系。

图 5-12　make menuconfig 中的 LEDS 选项

这里简单介绍一下 LEDS 灯驱动的配置过程。在源码目录下，用 make menuconfig 打开配置界面，进入 driver 菜单下的 character devices 目录，找到 LEDS 驱动选项 Enable LEDS config，如图 5-12 所示。

该选项的选择与否直接对应着.config 文件 LEDS 的选项，例如，我们将其注释，然后保存退出。在源码目录下用 vim 命令打开.config 文件，搜索 LEDS，可以看到，对应的选项被注释了，如图 5-13 所示。

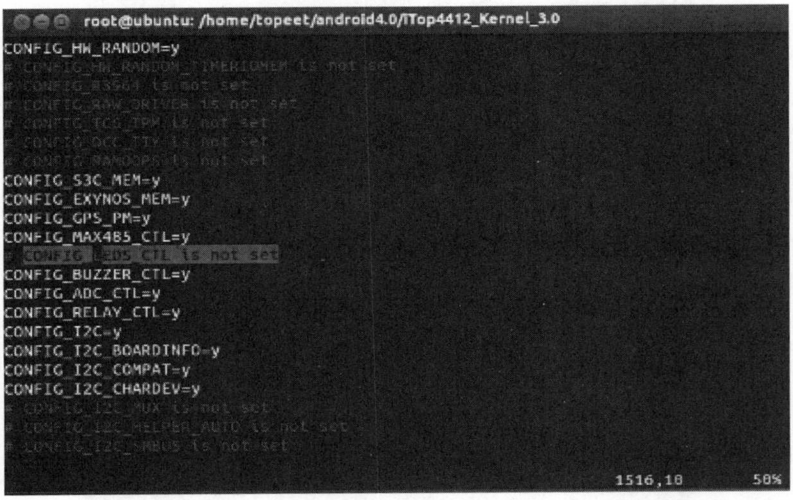

图 5-13　.config 文件中对应的 LEDS 选项

这说明了 make menuconfig 和.config 文件之间的对应关系，它们二者在驱动编写中十分重要，初学者需要自己动手操作，认真体会其中的关系。

如果要添加或者删除 make menuconfig 和.config 文件的选项以及内容，就需要对 Kconfig 文件进行修改，感兴趣的读者可以依照字符类驱动的宏定义写法自己在 Kconfig 文件中写一个模块，然后就能将它就添加到 make menuconfig 选项中。

在学习了 menuconfig 和 Kconfig 的基础知识后，本小节将介绍内核的编译方法和编译流程。内核的编译就是要通过编译内核的源码，最终生成能够烧写到目标板上的镜像文件 ZImage。

5.2.5　编译路径设置

Linux 源码是 C 语言编写的，因此需要先编译才能运行。在第 4 章讲解嵌入式系统交叉编译环境搭建时介绍过常用的编译器 arm-none-Linux-gnueabi-gcc，编译路径的设置可以指明编译器的位置，下面介绍如何配置编译路径。

"CROSS_COMPILE"是 Makefile 文件编译路径设置，例如，用 vim 命令打开源码中的 Makefile 文件，找到里面的 CROSS_COMPILE，如图 5-14 所示。

图 5-14　Makefile 文件中的 CROSS_COMPILE 对应的环境变量路径

图 5-14 中框起来的位置就是内核编译器的路径，只要输入 make 命令就可以进行编译，不过注意编译路径要设置正确，否则可能找不到编译器。

一般来说，拿到源码之后的第一步，是通过源码编译。使图 5-14 中的变量"CROSS_COMPILE"、环境变量、编译器实际解压路径三者对应。这三者对应就能确保执行 make 命令之后，系统能够找到这个编译器。在编译命令执行的过程中，会提示一些错误，根据提示的错误，挨个排查修改，去添加库文件或者修改库文件。针对内核目录下的 Makefile 文件，应注意这个文件中内容很多，除了上面编译器的路径变量以外的其他部分几乎不用关注。

5.2.6　内核编译流程

相关配置完成后，使用 make zImage 命令完成整个源码的编译。Linux 的源码编译需要一定时间，最终会在 arch 目录设定的对应路径下生成可以烧写的镜像文件 zImage，至此源码编译的流程结束。

嵌入式 Linux 内核源码编译流程归纳如下：

(1)下载 Linux 源码压缩文件(如果有，建议最好使用开发板自带的)；

(2)在 Linux 环境下对上述压缩文件解压；

(3)使用 make menuconfig 命令对内核进行配置；

(4)查看 Kconfig 文件和.config 文件是否配置成功；

(5)设置编译路径，并检查交叉编译工具是否安装设置好；

(6)使用 make zImage 命令对 Makefile 文件进行编译，生成镜像文件。

上述就是简单的内核编译流程，当然很多细节还需要慢慢调整，比如内核裁剪和配置就是一项费时的工作，特别是如果内核是网上下载而不是由开发板公司提供的，可能在编译工程中有各种各样的错误。因为嵌入式开发平台的不同，公司提供的源码是经过技术人员配置过的，而直接下载的是通用的，在具体使用中会有各种问题，需要耐心解决。

5.3 Linux 最小系统的搭建和移植

嵌入式 Linux 最小系统的搭建是学习 Linux 系统移植的重要手段，通过最小系统移植可以让读者熟悉 Linux 各种工具和命令的使用情况，以及内核裁剪、编译等流程。

5.3.1 BusyBox

自己手工搭建 Linux 系统离不开一个工具——BusyBox，它被称为 Linux 的"瑞士军刀"，是一个集成度很高的编译工具。BusyBox 里面有一百多个常用的 Linux 命令和工具软件，还有一些网络协议，它集成众多功能却只有 1MB 左右的大小。

要了解 BusyBox 到底有什么用，首先要介绍一下 Linux 命令的本质。

在 Linux 的 Shell 命令中，我们认识了很多常用的命令，例如列出文件名的 ls 命令。那么这些命令是怎么来的呢？其实 Linux 的命令是一小段程序代码，当输入这个命令时，就运行一段相应的程序，这个程序执行后将结果显示到界面上。而 Shell 命令很多，这些命令对应的代码占用空间不小，而嵌入式系统往往空间受限，根本没有那么多存储器来存放，所以在这种情况下引入了 BusyBox 工具，它有效压缩了各种常用命令的代码并对多余功能进行裁剪，使得其很适合移植到 Linux 操作系统上。

在嵌入式 Linux 系统中，由于尺寸和存储空间的限制，BusyBox 几乎是不可或缺的工具。它主要有以下优点。

(1)减小文件尺寸。在嵌入式系统中，相对于 PC 来说，其存储容量十分有限，显得很宝贵。因此嵌入式的工程师在各个方面追求对系统的最小化。BusyBox 可以说是一个将 Shell 相关命令和文件压缩到极致的工具，消减了大量不必要的功能和参数，只保留最核心的功能，最大限度地缩减了文件的尺寸。

(2)减轻编译工作量。在 PC 上安装 Linux 系统，可以将二进制可执行文件放在分区上(辅助存储器)，但在嵌入式系统上，由于硬件资源的稀缺，难以存放过多的二进制文件。所以，为了使用不同的应用程序，必须用不同的源代码来编译。而 BusyBox 就集成了各种应用程序的功能，所以说只要编译了 BusyBox，就解决了很多的编译问题。

那如何安装 BusyBox 工具到开发板中呢？BusyBox 的下载网址是：www.BusyBox.net。用户可以根据需求选择版本下载，如 BusyBox-1.22.1.tar.bz2，注意，下载下来的是压缩文件，而且这种文件必须在 Linux 系统中进行解压才能正常使用。将压缩文件拷贝到 Linux 系统中(可以使用上节介绍的 SSH 软件拷贝)，然后进行解压，使用 tar-vxf 命令，解压后进入 BusyBox 文件，用 ls 命令查看解压后的文件，如图 5-15 所示。

接下来就可以对 BusyBox 进行配置，配置 BusyBox 和内核配置方式类似，都是使用 make menuconfig 命令，输入配置命令后出现和内核配置主页面相似的页面，然后进行设置，此处不再赘述。

图 5-15　对 BusyBox 进行解压后的示意图

　　BusyBox 配置界面的操作和上一节中内核配置操作一样，上下选择目录条码，左右选择下面的三个选项，大家摸索一下就能上手。

　　在这个界面下需要做的事情是配置编译器：

　　(1)进入界面"BusyBox Settings"→"Build Options"→"Cross Compiler prefix"将其配置为"arm-none-Linux-gnueabi-"；

　　(2)返回到"Build Options"。

　　接下来配置二进制安装文件：

　　(1)进入界面"Installation Options"→"BusyBox installation prefix"将其配置为"../system"；

　　(2)保存退出。

　　下一步是编译和安装 BusyBox，直接使用 make 命令完成编译。

　　然后再使用 make install 命令，将编译好的二进制文件安装到../system 中，这样就完成了 BusyBox 的配置。采用 cd..命令返回上层目录，用 ls 命令就会看见生成了 system 文件，如图 5-16 所示。

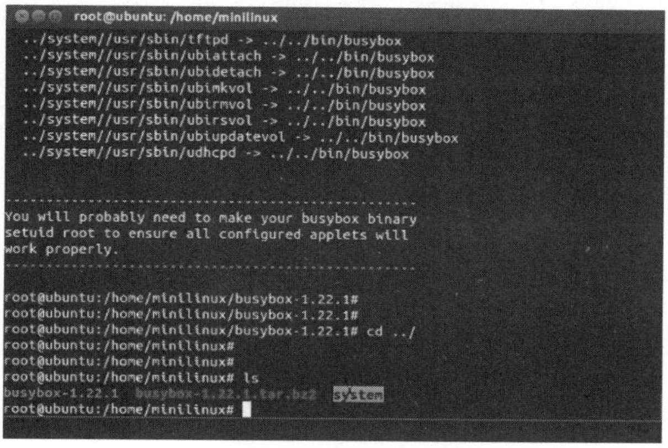

图 5-16　通过 BusyBox 的配置生成 system 文件

5.3.2 最小系统搭建所需文件

除了 BusyBox，搭建 Linux 最小系统还需要一些其他的文件，这些文件包括了构成最小系统所必须的各种内容，例如网络、驱动等。图 5-17 给出了构建最小系统需要的文件(可通过网络下载或从开发板资料中得到)。

名称	修改日期	类型	大小
eth0-setting	2014/10/17 16:52	文件	1 KB
ifconfig-eth0	2014/10/17 16:54	文件	1 KB
netd	2014/10/17 16:58	文件	1 KB
passwd	2014/10/17 16:56	文件	1 KB
profile	2014/10/17 16:56	文件	1 KB
rcS	2014/10/17 16:55	文件	2 KB

图 5-17　构建最小系统需要的文件截图

这些资料在 Windows 下面不要直接打开，以免在 Linux 系统中发生错误。

除了上述资料，文件系统最终生成还需要 dev、etc、lib、mnt、proc、sys、tmp、var 等文件夹，使用命令 "mkdir dev etc lib mnt proc sys tmp var" 创建文件夹，并将上述文件拷贝到对应文件夹下(使用 SSH 软件拷贝较为快捷)。

上述文件放在同一文件夹中，采用编译命令可以生成最终移植所需的镜像文件，所用命令为 "make_ext4fs -s -l 314572800 -a root -L Linux system.img system"。最终生成结果如图 5-18 所示，框中 system.img 就是移植所需的镜像文件。

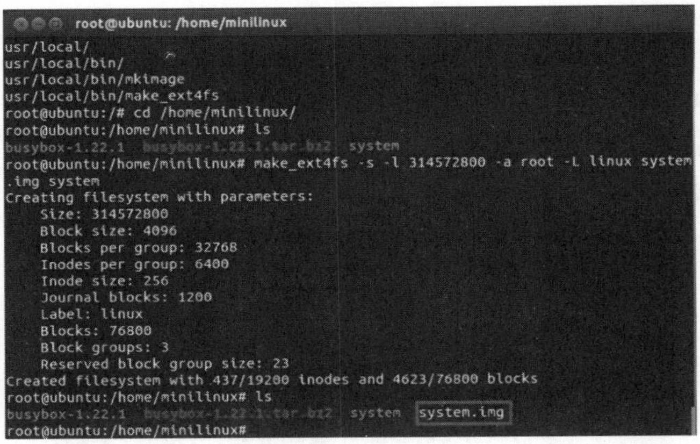

图 5-18　system.img 镜像文件的生成

5.3.3 将可执行文件编译到最小系统

这一节是插入的内容，和内核编译关系不大，主要介绍如何在系统编译过程中加入自己的程序。因为对于程序员来说，有一些自己编译的可执行程序，希望在搭建最小系统时就将其编译进去，在系统中可以像 Linux 常用命令那样直接使用，其实这在系统编译前是可以做到的。

可执行程序如何生成将在下一章中详细介绍，这里假设已经有一个可执行文件 Helloworld，现在要将其编译到上一节介绍的最小系统中，流程如下。

(1)将要编译进最小系统的可执行文件拷贝到搭建 BusyBox 时创建的 system 目录下的/bin 子目录中。注意，该目录专门存放可执行的二进制文件，包括各种 Linux 指令。

(2)使用 make_ext4fs 命令编译出 system.img 镜像文件(图 5-18)，编译方法同上，将此镜像文件烧写到开发板上，则可执行文件就直接存储在最小系统中了。

(3)如果要在烧写后的系统中运行该可执行文件，使用./Helloworld 命令即可运行，必要时修改一下文件执行权限，如同在 Linux 虚拟机中运行一样。

以这种方式加载到系统的程序，犹如嵌入式 Linux 中自带的程序一样，烧写好系统即可，对于常用代码这样使用是很方便的。但是对于一些不常用代码或者系统烧写好再需要加载的这样做就不太方便，涉及系统烧写好后再运行后续编写的代码的内容在下一章中再讨论。

5.3.4　系统移植过程

本节以迅为公司的 itop4412 开发平台为例讲述最小系统移植。首先准备好需要移植的 4 个文件，最小系统的 Linux 移植就是将这 4 个二进制镜像文件烧写到开发板的过程。这 4 个文件分别是：

"u-boot-iTOP-4412.bin"，嵌入式系统的 BootLoader 二进制文件；

"zImage"，Linux 内核二进制镜像文件；

"Ramdisk-uboot.img"，Ramdisk 的启动文件；

"system.img"，Linux 内核上挂载的文件系统。

注意，一般来说，第一个文件 BootLoader 仅需要第一次烧写即可，这个工作由厂家完成，用户不进行烧写，以免破坏系统，特别是初学者可以跳过该步骤。

烧写过程主要有两个步骤，一是在超级终端下使用串口命令完成存储器的分区，二是使用 OTG 接口烧写方式(也叫 fastboot 烧写方式)烧写上述 4 个文件。在准备好烧写文件并连接好硬件之后，按如下步骤进行操作：

(1)打开超级终端，然后上电启动开发板，按"回车"，进入 Uboot 模式；

(2)创建 eMMC 分区并格式化，即在串口终端中依次输入如下命令并执行：

```
"fdisk -c 0"
fatformat mmc 0:1
ext3format mmc 0:2
ext3format mmc 0:3
ext3format mmc 0:4
fastboot
```

　　注意，fastboot 命令需要与 PC 上的 USB_fastboot_tool 工具配套使用，而且 fastboot 命令需要进入 Uboot 模式中才能使用。

　　至此，串口终端命令使用完成，后续需要连接 OTG 线，用 OTG 接口方式烧写内核，这里再强调一下，连接 OTG 线一定需要检查 ADB 驱动是否正确安装，如果没有正确安装的话需要重新完成 ADB 驱动安装。在 ADB 驱动正常的情况下按照如下步骤烧写系统。

　　(1) 在 PC 上运行"USB_fastboot_tool"→"platform-tools"文件夹中的文件"cmd.exe"，如图 5-19 所示。

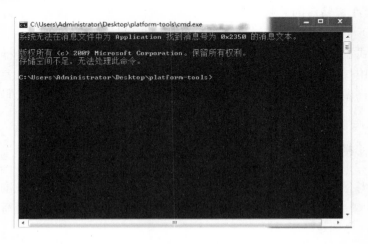

图 5-19　打开 cmd 对话窗口 (fastboot 烧写工具)

　　(2) 在上述窗口下依次输入以下命令完成系统烧写：

```
fastboot.exe flash BootLoader u-boot-iTOP-4412.bin  // Uboot
```
烧写

　　特别提醒，不建议用户烧写"u-boot-iTOP-4412.bin"这个文件，可跳过此步骤，因为出厂前已经烧写过这个镜像文件了，如果该文件出错容易导致系统崩溃。

```
fastboot.exe flash kernel zImage               // zImage 内核烧写
fastboot.exe flash Ramdisk Ramdisk-uboot.img    // Ramdisk 内
```
核烧写
```
fastboot.exe flash system system.img       // system 文件系统烧写
fastboot -w                                //擦除命令
fastboot reboot                            //重启开发板命令
```

　　至此，最小 Linux 系统烧写完毕，其在 cmd 对话框中的烧写过程如图 5-20 所示，烧写完毕后重新断电启动开发板，即可进入 Linux 最小系统进行操作。

　　另外，Linux 系统的烧写还可以采用 TF 卡的方式，将系统烧写进 TF 卡中再通过 TF 卡启动系统，这种方式的好处是制作了系统的 TF 卡可以长期保存，比较方便。本书限于篇幅不再详细介绍，感兴趣的读者可以参考迅为公司的实验教程。

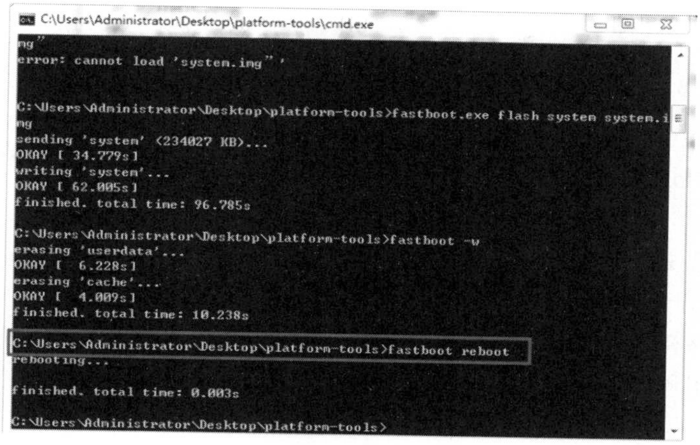

图 5-20　fastboot 界面下烧写过程截图

5.3.5　Linux 的启动过程

　　烧写完成后，重新上电后即可在开发板上启动最小 Linux 系统，Linux 的启动是一个很复杂的过程，本节简要介绍一下 Linux 的启动过程，便于初学者参考。

　　关于 Linux 的启动，目前各种书籍和文章的划分不同，有的分为 4 个模块，有的分为 7 个步骤，如果从代码函数调用的角度看甚至可以分为几十个步骤，每个文件之间都有很多横向或纵向的联系。本节将嵌入式 Linux 的启动分为 3 个大步骤进行简要介绍：引导加载程序启动、Linux 内核启动、文件系统的挂载。文件系统加载完就开始执行用户程序，但严格来说这一步不应该算启动的流程了。

1. 引导加载程序启动 (Uboot)

　　(1) 初始化 RAM；
　　(2) 初始化串口；
　　(3) 检测处理器类型；
　　(4) 设置 Linux 启动参数；
　　(5) 调用 Linux 内核映像。

2. Linux 内核启动

　　系统调用 start_kernel 函数完成其他初始化工作。
　　(1) 调用 setup_arch() 函数；
　　(2) 创建系统的异常向量表并初始化中断处理函数；
　　(3) 初始化系统核心进程调度器和时钟中断处理机制；
　　(4) 初始化串口控制台 (serial-console)；
　　(5) 创建和初始化系统 cache，为各种内存调用机制提供缓存，主要有动态内存分配、虚拟文件系统 (virtual file system) 及页面缓存设置；
　　(6) 初始化内存管理，检测内存大小及被内核占用的内存情况。

3. 文件系统的挂载

内核启动完成后，系统开始执行相关的文件加载命令，主要有：

(1)执行/sbin/init 文件；

(2)执行/etc/inittab 文件；

(3)执行/etc/init.d/rcS 文件；

(4)执行挂载文件系统脚本；

(5)执行内核模块脚本；

(6)执行网络初始化脚本；

(7)执行应用程序启动等脚本，如 qtopia 的启动。

图形界面的启动，标志着用户可以和 Linux 互动了，这也意味着 Linux 的启动完成，进入用户操作空间。

5.4   其他常用系统移植

除了 Linux 最小系统外，还有很多比较常用的 Linux 系统，本节再结合 iTop4412 介绍两种常见系统的移植方法，其他系统的移植可以照此类推。

5.4.1   Android 系统移植

嵌入式 Android 系统是现在应用最为广泛的操作系统之一，下面简单介绍其移植流程。

1. 超级终端(串口助手)的安装

串口超级终端是系统移植常用的一个接口，一般先安装好，便于后续使用。如果读者将开发板的串口 COM3 和 PC 的串口直接相接，那么只需要装超级终端软件，不需要安装 USB 转串口驱动。

如果电脑没有串口，那么就需要使用 USB 转串口来连接开发板和 PC，需要安装 USB 转串口驱动。

超级终端和 USB 转串口驱动都十分简单，此处不再赘述，读者可以自行查看相关资料。安装好的超级终端(hyper terminal)如图 5-21 所示。

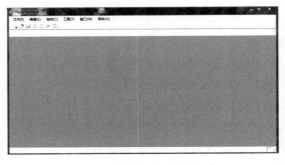

图 5-21   超级终端安装完成

2. fastboot 烧写 Android 准备

fastboot 工具烧写 Android 系统，首先需要连接硬件：

(1) 串口线连接开发板串口 COM 端口到 PC 的串口；

(2) OTG 线连接开发板的 OTG 接口和 PC 的 USB 接口。

3. fastboot 烧写 Android 系统

首先拷贝上面准备的 4 个镜像到"platform-tools"文件夹下。虚拟机进入 Uboot 模式后上电，启动开发板，在超级终端中，按"回车"键(一上电就按)，进入 Uboot 模式，如 5.3.4 节所述。

在超级终端中，输入分区命令"fdisk -c 0"，之后依次输入以下命令：

```
#  fatformat mmc 0:1
#  ext3format mmc 0:2
#  ext3format mmc 0:3
#  ext3format mmc 0:4
fastboot
```

之后依次输入以下命令：

(1) 输入烧写 ramdisk 命令：fastboot.exe flash ramdisk ramdisk-uboot.img；

(2) 输入烧写 system 文件系统命令：fastboot.exe flash system system.img；

(3) 输入擦除命令：fastboot -w；

(4) 输入重启开发板命令：fastboot reboot。

重启开发板后，在开发板会看见安装成功以后新的界面。安装成功后的开发版界面如图 5-22 所示。

图 5-22　Android 系统成功烧写到开发版

5.4.2　使用 TF 卡烧写 QTE 系统

本节将通过 TF 卡烧写 QTE 系统来让读者熟悉如何制作可以烧写的 TF 卡(TF 卡存储容量最少要 2GB 以上)和如何用 TF 卡烧写 QTE 系统。

QTE 系统主要是一个工业控制系统，它包含一个图形用户界面，操作简便，因此常用在工业嵌入式系统上。它的主要特点包括开源代码、可移植性好、模块化裁剪等，当然，在工控领域追求的主要是系统的可靠性和稳定性。这方面 QTE 的确做得很好，它最小模块只有 600KB 左右，操作简单、稳定可靠，这些都让它在嵌入式操作系统中占有一席之地。

1. 制作可以烧写的 TF 卡

为了介绍一种和上面串口烧写不同的方法，这里采用 TF 卡烧写。TF 卡也称为 Micro SD 卡，是一种极细小的快闪存储器卡，以前多用于移动电话和数码相机，以及一些便携式播放设备。

制作可以烧写的 TF 卡需要用到 Ubuntu 系统，在前文已经介绍过 Ubuntu 系统及其使用，此处不再赘述。使用 TF 卡之前，必须要先分区。制作 TF 卡需要在 PC 的 Ubuntu 系统下，分三个步骤来完成。这里需要注意的是，TF 卡制作完成后就可长期使用，不用每次重新制作。

(1)启动开发版进入 Uboot 模式。使用这种方式要求核心板的 Uboot 可以正常启动，如果核心板的 Uboot 无法启动，需要对开发板重新烧写。

(2)TF 卡分区。首先需要将 TF 卡插入开发板，然后启动开发板并进入 Uboot 模式，再在超级终端中依次输入下列烧写命令：

```
#fdisk -c 1
#fatformat mmc 1:1
# ext3format mmc 1:2
# ext3format mmc 1:3
# ext3format mmc 1:4
```

执行完上面的命令之后，就要将 Uboot 烧写到 TF 卡。

(3)使用 SSH 工具，拷贝压缩包"iTop4412_uboot_20151119.tar.gz"到 PC 机的 Ubuntu 系统中，然后解压压缩包，如图 5-23 所示。

(4)拷贝对应核心板的镜像"u-boot-iTOP-4412.bin"到上一步解压出来的文件夹"iTop4412_uboot"中。

(5)在 Ubuntu 命令行中输入命令"df -l"，查看一下系统有哪些盘符，如图 5-24 所示。

(6)关掉开发板，使用读卡器将 TF 卡连接到 PC 的 Ubuntu 系统下。注意，如果是虚拟机，在读卡器插入 USB 接口之前，须激活 Ubuntu 界面，以保证 TF 卡连接的是 Ubuntu 系统而不是 Windows 系统。

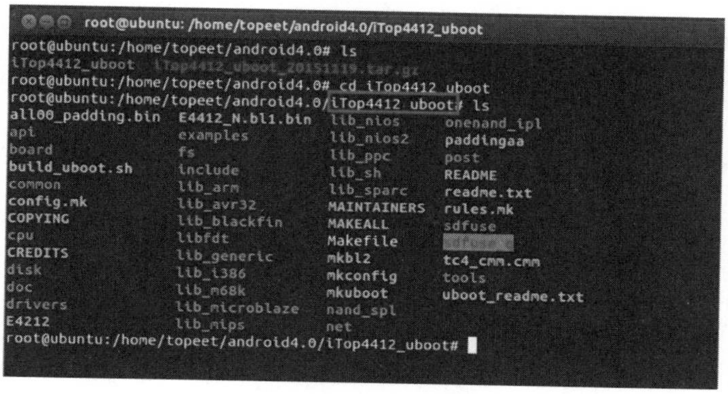

图 5-23　解压文件

图 5-24　查看盘符

(7) 在虚拟机 VMware Workstation 中选择选项"虚拟机 M"，进入"虚拟机设置"，根据使用的 USB 接口选择版本，如果是 USB3.0 则使用 USB3.0。

(8) TF 卡连接到 Ubuntu 之后，再次使用 Linux 命令"df -l"查看盘符。

(9) 在执行下一条指令的时候，要特别注意，一定要分清楚哪个盘符是 TF 卡的盘符，如果不清楚，请务必先拔掉 TF 卡，分清楚哪些盘符是属于 Ubuntu 系统的硬盘盘符而哪些不是后，再插入 TF 卡，分辨出哪个盘符是新增加的盘符，新增加的盘符才是 TF 卡的盘符。

(10) 进入文件夹"iTop4412_uboot"中。在 Ubuntu 命令行中，执行 Linux 命令"./mkuboot/dev/sdx"，mkuboot 是 uboot 源码文件夹中的一个脚本，注意脚本命令的对象是识别的盘符"sdb"。如果出现"u-boot-iTOP-4412.bin image has been fused successfully"提示，则制作成功。

2. 使用 TF 卡烧写

在 Windows 系统下 TF 卡烧写步骤如下。

(1) 将制作完成的 TF 卡接入 PC 的 Windows 系统中，在 TF 卡上建立文件夹"sdupdate"。注意，文件夹名字一定要使用"sdupdate"。

(2) 拷贝相应的镜像文件到 TF 卡的文件夹"sdupdate"中，如图 5-25 所示。

(3) 将 TF 卡先插入开发板中，进入超级终端的 Uboot 模式，如 5.3.4 节所述。

(4) 输入烧写命令"sdfuse flashall"。这是一个全部烧写的命令，就是将"sdupdate"中全部的镜像烧写到开发板中，如图 5-26 所示。一般初学者建议分开烧写。

名称 ^	修改日期	类型	大小
ramdisk-uboot.img	2016/8/11 13:34	光盘映像文件	637 KB
system.img	2016/8/11 13:59	光盘映像文件	204,832 KB
zImage	2016/8/11 13:58	文件	3,876 KB

图 5-25　拷贝相应镜像文件

```
iTOP-4412 # sdfuse flashall
SD sclk_mmc is 400K HZ
SD sclk_mmc is 50000K HZ
SD sclk_mmc is 50000K HZ
[Fusing Image from SD Card.]
.fdisk is completed

partion #    size(MB)   block start #   block count    partition_Id
   1          1340        4862616        2744544        0x0C
   2          1026          37290        2103156        0x83
   3          1026        2140446        2103156        0x83
   4           302        4243602         619014        0x83
 >>>part_type  : 2
Partition1: Start Address(0x4a3298), Size(0x29e0e0)
.............................size checking ...
Under 8G
write FAT info: 32
Fat size : 0xa78
..Erase FAT region.......................................................
...............................................................................
```

图 5-26　全部烧写

分开烧写的命令如下：

sdfuse flash bootloader u-boot-iTOP-4412.bin //如 Uboot 已有，可不用再次烧写

#sdfuse flash kernel zImage

#sdfuse flash ramdisk ramdisk-Uboot.img

#sdfuse flash system system.img

(5)等待烧写完成，最后在超级终端中输入以下命令：

reset

在超级终端中执行该命令会重启开发板。

5.5　本　章　小　结

本章是嵌入式系统课程的重点章节，要求读者掌握以下内容。

(1)以 Linux 为内核的操作系统架构和层次。

(2)知道 BootLoader 的架构和作用，会查看 Uboot 源码，能结合前面的 ARM 汇编语言分析源码。

(3)会在 Linux 环境下搭建 Linux 交叉编译环境，包括编译器下载、解压、安装、使用等。

(4)掌握交叉编译所需工具的使用，包括 BusyBox、Makefile 文件、编译命令等内容。

　　(5)能够将生成的二进制文件依照要求烧写到开发平台上，掌握整个烧写流程软硬件平台的搭建和相关指令。

　　成功烧写最小系统是后续学习系统编程和交叉编译测试的先决条件，掌握最小系统的烧写，后续就可以基于这个平台做一系列的系统编程学习，为全面掌握嵌入式 Linux 系统打下基础。

第6章　Linux 系统编程

Linux 系统编程是学习 Linux 的一个有效途径，学习一些系统编程基础有助于深入了解 Linux 内核源码。那么什么是 Linux 系统编程呢？其实 Linux 系统编程就是采用编程语言在 Linux 系统上实现一系列功能。首先 Linux 内核主要是用 C 语言编写的，而且 Linux 系统大多自带 C 语言的标准函数库，所以在 Linux 下编写 C 语言能获得较好的支持，但是和在 Windows 操作系统下编程相比，嵌入式 Linux 系统编程重点要学习的是 Linux 环境中的编译方法和库函数的调用，其中掌握采用 C 语言对 Linux 的文件和进程进行操作是 Linux 系统编程的重点内容。

6.1　系统编程简述

相信学过 C 语言的读者都知道在 Windows 环境下如何编译一个 C 程序文件并运行，这里谈的编程主要是在 Linux 嵌入式系统下的 C 语言编程，本节讨论的是本机编译和交叉编译的区别。

6.1.1　编译一个简单程序

从一个简单的 Helloworld 程序来展示基于操作系统的嵌入式系统编程。现在需要在虚拟机的 Linux 环境下采用本机编译的方式编一个 Helloworld 程序并执行，具体步骤如下。

第一步：打开虚拟 Linux 系统，用 Ctrl+Alt+t(不同版本可能快捷键不一样)打开 Linux 的命令终端。

第二步：找个适合的路径新建一个文件夹，用于保存代码(此处假设为/home/Linuxsystemcode)。

第三步：在该路径下用 vim 命令新建编译 Helloworld.c 文件，保存退出，代码如下：

```
#include <stdio.h>
main()
{
printf("Hello World!\n");
}
```

第四步：用 gcc 命令进行编译，命令格式如下：

```
gcc -o Helloworld Helloworld.c
```

通过 gcc 编译在当前路径下就会生成绿色的可执行文件 Helloworld。

第五步：在当前路径下，采用./Helloworld 命令来运行该程序，输出 Hello World!。

到此，就在 Linux 开发环境下采用 gcc 命令完成了 Helloworld 的编译，并输出结果。

6.1.2　交叉编译工具

接下来要考虑另外一件事，就是在本机编译生成的 Helloworld 的可执行文件是否也能在 ARM 的目标板中执行？很遗憾，这是不行的，如果要使编译的可执行文件在 ARM 目标板的 Linux 系统上执行，必须使用交叉编译工具。

在 6.1.1 节第四步中，采用 gcc 命令来编译 Helloworld.c 文件，而 gcc 编译器是编译本机可执行文件的，为了能够编译生成在 ARM 目标板可执行的二进制文件，需要用交叉编译工具。交叉编译工具很多，对应的命令也不同，这里以 arm-2009q3 为例介绍交叉编译工具的使用。

第一步：将下载的交叉编译工具拷贝到 Linux 系统下解压，注意，如果是 Linux 压缩包则不能在 Windows 下解压，否则可能会导致编译器无法正常使用。

第二步：在 Linux 中采用 vim .bashrc 命令添加环境变量，在该文件的最后一行添加编译器路径，主要是为了保证编译时 Linux 能够找到编译器正确的路径，如图 6-1 所示。

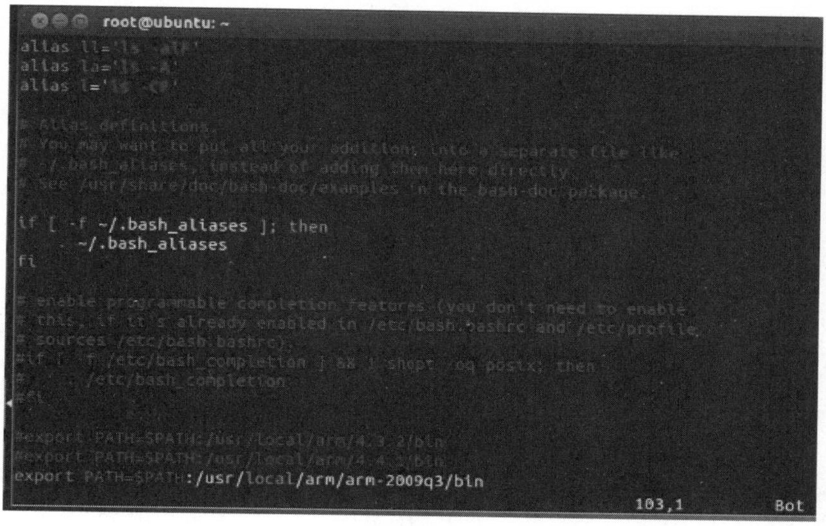

图 6-1　交叉编译工具的路径设置

第三步：在 Helloworld.c 文件目录下采用 arm-none-Linux-guneabi-gcc 命令进行编译，生成绿色的可执行文件，如图 6-2 所示。注意两点：第一，最好在编译命令中加上-static 静态编译选项，虽然最后生成文件大一些，但可保证在目标板中不会因为缺少库函数而不能执行；第二，这里生成的绿色的 Helloworld 和上个例子中的不一样，这个是采用交叉编译工具生成的，不能在本机执行，但是可以在 ARM 目标板中执行。

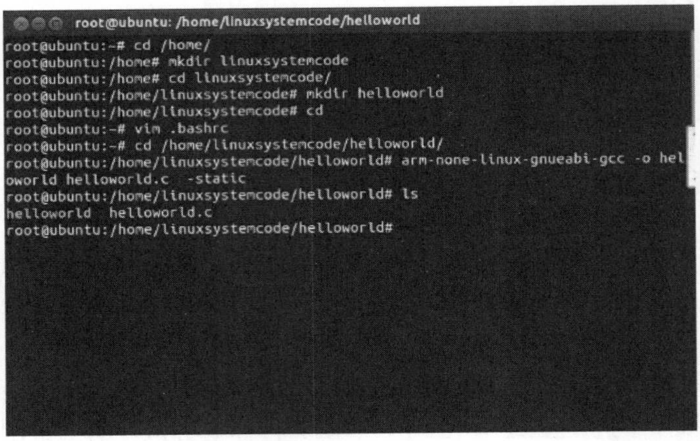

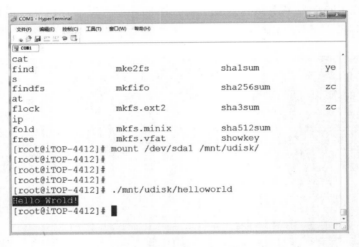

图 6-2 使用交叉编译工具生成可执行文件示例

第四步：采用 U 盘或 TF 卡等方式将生成的可执行文件拷贝到 ARM 目标板，在超级终端面板下的文件所在路径中输入./Helloworld 命令，运行该程序，得到结果如图 6-3 所示。

图 6-3 在串口终端显示目标板执行结果

通过这个小例子，读者可了解如何在 Linux 系统下编辑、编译和执行 C 语言程序，并对本机编译和交叉编译的方式有了一个初步的认识，后续章节的介绍大多是采用交叉编译的方式，不过有些例子为便于在虚拟机上观察结果，也采用本机编译，所以请读者注意这两种方式的区别。

6.1.3 Makefile 文件

Makefile 文件在上一章中简要介绍过，但是没有深入讨论。其实对于 Linux 系统，Makefile 文件是很重要的内容，下一章驱动开发的内容也有涉及，所以有必要再对其进行一些必要的说明。

如果做程序开发是在 Winodws 平台下，那么很多的程序员都不太了解 Makefile 文件，因为中小程序代码很少使用到它，而且 Windows 附带的 IDE 已经为用户完成这个工作。要成为一名有经验的高级程序员，Makefile 是一个很有帮助的工具。举个例子，现在有很多方便的网页开发工具，但是对于专业的网页编辑人员，必须要掌握 HTML 标识的含义。

因此，如果需要在 Unix/Linux 下开发软件，程序员必须自己写 Makefile 文件。Makefile 文件的编写反映了一个程序员对于大型软件工程的把控能力，也是程序员能否参与大型软件工程建设的评价标准。

Makefile 定义了整个工程的编译规则，例如：文件如何关联；哪些可以先进行编译；它们之间的支持和逻辑关系是怎样的；如果对某些文件进行修改，那么哪些相关的内容要动，哪些可以不动。

专门介绍 Makefile 命令编写的书籍和文章都不多，大多是技术文献，其中一个重要的原因是不同产商提供的 make 命令含义各不相同，有着不同的语法，但其本质都是在"文件依赖性"上做文章。限于篇幅，本书仅对程序的编译连接过程和 make 命令进行简单阐述，因为要真正编写一个大型高效的 Makefile 文件不是一件轻松的事，需要有针对性地阅读所使用平台提供的专门讲解 Makefile 编程的书籍和技术资料。

1. 程序的编译和链接

有关编译型语言和解释型语言在本书 4.3.1 节进行过介绍。对于编译型语言，需要根据一些规范和方法对源代码进行编译。无论是 C、C++，还是 pascal 等编译型语言，编译器首先会分别编译各个文件，生成对应的中间文件，一般是.obj 文件或 .o 文件。链接(link)是根据需求，将多个 Object File 合成执行文件。编译的时候要求程序语言的语法正确无误，编译器就可以编译生成正确的中间目标文件。

在链接时，主要起作用的是链接变量和全局变量，将多个中间文件(也称为目标文件，即.o 文件)链接起来生成最终的可执行程序。链接器并不检查变量或者函数所在的源文件，它只完成目标文件的链接。对于大型程序，一般有多个源文件，因此有多个中间文件，为了方便管理中间文件，会对这些文件打包。

综上所述，编译型语言需要编译链接后才能生成可执行程序，编译和链接两个部分相互独立。编译的时候，只要语法正确，就可以生成目标文件。而在链接的时候，会对所有目标文件进行检查，如果找不到就会报错。

2. make 命令和 Makefile 作用

Makefile 和 make 命令是对应的，make 命令执行时，需要一个 Makefile 文件，以告诉 make 命令需要如何去编译和链接程序。

对 Makefile 文件中包含的所有 C 文件进行编译，对目标文件进行链接，生成可执行文件。二次编译的时候，只对修改过的 C 文件进行编译，并重新链接。注意，如果是头文件被修改，那么对应的 C 文件也要重新编译链接。

总的来说，只要 Makefile 文件比较完善，make 命令可以完成所有的编译链接工作。而且对于后续修改工作十分方便，这就是程序员应该掌握 Makefile 文件的原因。

6.1.4 基于 Makefile 文件的系统编程

本节通过几个小程序来进一步说明 Makefile 文件的基本使用方法。

1. 用 Makefile 文件实现"Helloworld"

首先看 6.1.1 节中 Helloworld.c 如果要用 Makefile 文件编译是如何实现的。假设 c 文件已经写好，现在在同一目录下编写对应的 Makefile 文件。

用 vim Makefile 命令创建一个 Makefile 文件，输入下述语句：

```
Helloworld:Helloworld.c
        gcc Helloworld.c -o Helloworld
```

在 Helloworld 文件夹下使用 make 命令即可执行 Makefile 文件，完成编译，再使用./Helloworld 命令即可运行程序，具体效果同 6.1.1 节用 gcc 命令编译后运行可执行文件一样。

2. 用 Makefile 文件实现排序程序

用 mkdir judgemax 创建一个 judgemax 的文件夹，在文件夹中使用 vim main.c 命令创建主函数的 c 文件，用 vim tool.c 命令创建一个判断最大值的 c 文件，使用 vim arrange.c 命令创建一个排序的 c 文件，最后使用 vim Makefile 命令创建 Makefile 文件。具体内容如下：

```
main.c
#include <stdio.h>
#include "tool.h"
#include "arrange.h"
int main() {
        int k;
        int arr[5] = {10,28,36,39,44};
        int m = find_max(arr,5);
        printf("max=%d\n",m);
        find_arrange(arr,5);
        printf("the arrangemet is:\n");
        for(k=0;k<5;k++){
            printf("  %d",arr[k]);
        }
        printf("\n");
        return 0;
}
```

```
arrange.c
        #include "arrange.h"
 void find_arrange(int arr[],int n){
            int k,i,j,temp;
            for(i=0;i<n-1;i++){
            for(j=0;j<n-1-i;j++){
            if(arr[j]>arr[j+1]){
            temp=arr[j];
            arr[j]=arr[j+1];
            arr[j+1]=temp;
            }
            }
            }
 }
tool.c
 #include "tool.h"
 int find_max(int arr[], int n){
            int i ;
            int m = arr[0];
            for (i=0; i<n; i++) {
                    if(arr[i] > m) {
                        m=arr[i];
                            }
                        }
            return m;
 }
```

对应的 Makefile 文件：

```
main: main.c tool.o arrange.o
        gcc main.c tool.o arrange.o -o main
tool.o: tool.c
        gcc -c tool.c
arrange.o: arrange.c
        gcc -c arrange.c
clean:
        rm *.o main
```

在 judgemax 文件夹下使用 make 命令即可完成编译，再使用./main 命令即可运行程序，请读者自行观察具体效果。

3. 用 Makefile 文件实现字符串操作例程

用 mkdir alterString 创建一个 alterString 的文件夹，在文件夹中使用 vim main.c 命令创建主函数的 c 文件，用 vim tool.c 命令创建一个判断最大值的 c 文件，使用 vim arrange.c 命令创建一个排序的 c 文件，最后使用 vim Makefile 命令创建 Makefile 文件。具体内容如下：

```
main.c
    #include <stdio.h>
int main(){
    char c;
    char str[20];
    enter_string(str);
    printf("The delete atring is: ");
    scanf("%c",&c);
    delete_string(str,c);
    print_string(str);
    return 0;
}
foo1.c
    #include <stdio.h>
int enter_string(char str[20]){
    printf("lnput the strings: ");
    gets(str);
    return 0;
}
foo2.c
    #include <stdio.h>
int delete_string(char str[], char ch){
    int i,j;
    for(i=j=0; str[j]!='\0'; i++)
        if(str[i]!=ch)
            str[j++]=str[i];
        str[j]='\0';
    return 0;
}
foo3.c
    #include <stdio.h>
int print_string(char str[]){
```

```
        printf("Result: %s\n" ,str);
        return 0;
}
Makefile 文件:
        all : main.c foo1.c foo2.c foo3.c
            gcc main.c foo1.c foo2.c foo3.c -o all
```

在 alterString 文件夹下使用 make 命令即可完成编译，再使用./all 命令即可运行程序。

通过本节的学习，读者基本能够掌握使用 Makefile 文件完成对多个 C 程序的编译链接，生成可执行文件。从上述几个例子中可以看出，对于大型项目，尤其是像 Linux 内核这种比较大的程序，使用 Makefile 文件管理是十分必要的，当然，Makefile 文件的运用还有很多，感兴趣的读者可以参阅专门介绍 Makefile 文件编程的书籍。

6.2　Linux 编程

在 Linux 下采用 C 语言进行系统编程是了解 Linux 平台的快速途径，也是初学者快速提高嵌入式编程能力的好方法，但是由于系统编程涉及的知识点和内容比较繁杂，本节首先选取一些比较基础的内容进行介绍。

6.2.1　Linux 的文件操作

Linux 系统有"一切皆文件"的说法，意思是对于 Linux 用户来说，将一切硬件设备都看成是文件，对文件的操作即对硬件的操作。由此可知文件的概念在 Linux 系统中的重要性，后面驱动部分的内容很多也是通过对文件的操作来完成的。为了能够让读者充分掌握文件的概念，便于后续系统编程相关内容的展开，这里简要介绍和文件操作有关的函数，由于篇幅限制只简单解释主要属性参数，其他参数的含义读者可自行查阅。

1. 文件打开函数 open

- int open(const char *path, int oflags);
- int open(const char *path, int oflags, mode_t mode);

其中，path 表示路径名或者文件名。路径名为绝对路径名。

O_RDONLY	文件只读打开
O_WRONLY	文件只写打开
O_RDWR	文件可读可写打开
O_EXEC	文件只执行打开
O_SEARCH	文件只搜索打开(应用于目录)

以上 5 个常量中必须指定一个且只能指定一个。以下常量是可选的：O_APPEND、O_CLOEXEC、O_CREAT、O_DIRECTORY、O_EXCL、O_NOFOLLOW、O_NOCTTY、O_NDELAY、O_SYNC 等。

mode 表示设置创建文件的权限，可以直接用数字替代。

返回值：出错返回-1；否则返回文件句柄。

open 函数是文件操作中最常用也是最重要的函数，在 C 语言编程中采用该函数来打开文件，如果失败返回-1，否则返回文件句柄。

注意：在 Linux 终端下输入 man 2 open，查一查使用 open 函数需要包含哪些头文件，其他用到的函数也可以采用 man 帮助命令查看相关头文件。

文件 open 函数操作例程：

```c
#include <stdio.h>
#include <sys/types.h>
#include <sys/stat.h>
#include <fcntl.h>
main(){
 int fd;
 char *leds = "/dev/leds";
 char *test1 = "/bin/test1";
 if((fd = open(leds,O_RDWR|O_NOCTTY|O_NDELAY))<0){
  printf("open %s failed!\n",leds);
 }
  printf("\n%s fd is %d\n",leds,fd);
 if((fd = open(test1,O_RDWR,0777))<0){
  printf("open %s failed!\n",test1);
 }
  printf("%s fd is %d\n",test1,fd);
}
```

leds 是一个存在的设备驱动节点，所以例程执行的时候，会优先打印内核信息，这时会出现"LEDS_CTL DEBUG:Device Opened Success!"，由于操作者没有对其进行下一步操作，所以它很快会自动关闭"LEDS_CTL DEBUG:Device Opened Success!"，接下来打印的就是 open 函数返回的句柄信息。由于 bin 目录下原始并没有 test1 文件，所以历程执行时，打印"open /bin/test1 failed!"，接着句柄信息返回-1。

2. 文件新建函数 creat

• int creat(const char * path, mode_t mode, oflags);

path 表示路径名或者文件名，路径名为绝对路径名；oflags 表示打开文件所采取的动作。

creat 函数用于创建一个文件并以只写的方式打开。注意：open 函数也能实现类似的功能，所以 creat 函数常被 open 函数替代。

文件 creat 函数例程：

```c
#include <stdio.h>
```

```
#include <sys/types.h>
#include <sys/stat.h>
#include <fcntl.h>
main()
{
 //不存在的文件/bin/test2
 char *test2 = "/bin/test2";
 //需要新建的文件/bin/test3
 char *test3 = "/bin/test3";
 //打开文件创建文件，添加标志位 O_CREAT 表示不存在这个文件则创建文件
  if((fd = open(test2, O_RDWR|O_CREAT,0777))<0){
  printf("open %s failed\n",test2);
 }
  printf("%s fd is %d\n",test2,fd);
 fd = creat(test3,0777);
 if(fd = -1){
  printf("%s fd is %d\n",test3,fd);
 }
 else{
  printf("create %s is succeed\n",test3);
 }
}
```

test2 文件使用 open 函数创建，添加标志位 O_CREAT 表示不存在这个文件则创建文件。test3 使用 creat 函数创建。例程执行，若 test2 成功创建并打开，打印返回的句柄信息，否则打印 open failed；test3 成功创建，打印"create /bin/test3 is succeed"，否则返回句柄信息−1。

3. 文件关闭函数 close

函数原型：int close(int fd)。

close 命名用于关闭打开的文件，通过文件句柄实现，若成功返回 0，失败返回−1。注意，打开的文件最好都进行关闭操作，以释放文件，否则其他程序访问文件可能会因无法打开而发生错误。

4. 写函数 write

• ssize_t write(int fd, const void *buf, size_t count);

fd 表示使用 open 函数打开文件之后返回的句柄；*buf 表示写入的数据；count 表示最多写入字节数。

返回值：出错返回-1，其他数值表示实际写入的字节数。

文件 write 函数例程：

```
#include <stdio.h>
#include <sys/types.h>
#include <sys/stat.h>
#include <fcntl.h>
#include <unistd.h>
#include <string.h>
main()
{
 int fd;
 char *testwrite = "/bin/testwrite";
 ssize_t length_w;
 char buffer_write[] = "Hello Write Function!";

 if((fd = open(testwrite, O_RDWR|O_CREAT,0777))<0){
  printf("open %s failed\n",testwrite);
 }

 //将 buffer 写入 fd 文件
 length_w = write(fd,buffer_write,strlen(buffer_write));
 if(length_w == -1)
 {
  perror("write");
 }
 else{
  printf("Write Function OK!\n");
 }
 close(fd);
}
```

例程执行，open 函数创建 testwrite 文件，write 函数将 buffer_write[]中的信息全部写入 testwrite 文件，strlen(buffer_write) 获取 buffer_write[]中的信息的字节数。成功打印写入 "Write Function OK! "，失败打印写入失败信息。

5. 读函数 read

• ssize_t read(int fd, void *buf, size_t len);

fd 表示使用 open 函数打开文件之后返回的句柄；*buf 表示读出的数据保存的位置；len 表示每次最多读 len 个字节。

返回值：错误返回-1，执行成功返回实际读取值。如已到达文件的尾端，则返回 0。

文件 read 函数例程：

```c
#include <stdio.h>
#include <sys/types.h>
#include <sys/stat.h>
#include <fcntl.h>
#include <unistd.h>
#include <string.h>
//宏定义，读的时候最多读 1000 个
#define MAX_SIZE 1000
main(){
 int fd;
 ssize_t length_w,length_r = MAX_SIZE,ret;
 char *testwrite = "/bin/testwrite";
 char buffer_write[] = "Hello Write Function!";
 char buffer_read[MAX_SIZE];
 if((fd = open(testwrite,O_RDWR|O_CREAT,0777))<0){
  printf("open %s failed!\n",testwrite);
 }
 length_w = write(fd,buffer_write,strlen(buffer_write));
 if(length_w == -1){
  perror("write");
 }
 else{
  printf("Write Function OK!\n");
 }
 close(fd);
 if((fd = open(testwrite,O_RDWR|O_CREAT,0777))<0){
  printf("open %s failed!\n",testwrite);
 }
 if(ret = read(fd,buffer_read,length_r)){
  perror("read");
 }
 printf("Files Content is %s \n",buffer_read);
 close(fd);
}
```

read 函数例程就在 write 函数基础上添加，将读到的数据存到 buffer_read[]，例程执行，read 成功则打印读取到的内容，否则打印失败信息。

6. 文件操作函数例程

```c
//标准输入输出头文件
#include <stdio.h> //文件操作函数头文件
#include <sys/types.h>
#include <sys/stat.h>
#include <fcntl.h>
#include <unistd.h>
#include <string.h>
#define MAX_SIZE 1000

main(){
 int fd;
 ssize_t length_w, length_r = MAX_SIZE, ret;
 char *testwrite = "/bin/testwrite";
 char buffer_write[] = "Hello Write Function!";
 char buffer_read[MAX_SIZE];
 if((fd = open(testwrite, O_RDWR|O_CREAT, 0777))<0){
  printf("open %s failed!\n", testwrite);
 }
 length_w = write(fd, buffer_write, strlen(buffer_write));
 if(length_w == -1){
  perror("write");
 }
 else{
  printf("Write Function OK!\n");
 }
 close(fd);
 if((fd = open(testwrite, O_RDWR|O_CREAT, 0777))<0){
  printf("open %s failed!\n", testwrite);
 }
 if(ret = read(fd, buffer_read, length_r)){
  perror("read");
 }
 printf("Files Content is %s \n", buffer_read);
 close(fd);
}
```

上述程序就是一个简单的文件创建打开和读写的操作，通过这个小例子可以了解在
Linux 环境下 C 语言对文件的基本操作，为后续章节的学习打下基础。

6.2.2　驱动测试编程

上一节介绍了 Linux 中关于文件的基本操作，通过这些文件的基本操作，可以对
Linux 系统中一些设备进行控制。这一节通过一个控制 LED 灯的小例子，介绍如何通过
文件操作编写 Linux 字符驱动的测试程序。

首先介绍 C 语言中的 main 函数的参数。在标准 C 语言中，main 函数也是可以带参
数的，它的原型是：

```
int main(int argc, char **argv)
```
argc 表示参数的个数；**argv 表示存储输入字符的数组。

下面以一个简单的例程来介绍 main 函数参数的传递：

```
#include<stdio.h>
#include<string.h>
//argument count 变元计数
//argument value 变元值
int main(int argc, char *argv[])
{
 int i, j;
 i = atoi(argv[1]);
 j = atoi(argv[2]);
 printf("the Program name is %s\n", argv[0]);
 printf("The command line has %d argument:\n", argc-1);
 printf("%d, %d\n", i, j);
 return 0;
}
```

一般来说，argv 中的参数 [0]是程序的名称，后续是输入的参数，这点尤其重要，请
仔细体会其工作过程。

下面结合 main 函数的参数传递，写一个以迅为开发板为平台的 LED 灯控制程序，
以阐述 Linux 系统如何通过文件操作方式控制硬件设备。

```
#include <stdio.h>
#include <stdlib.h>
#include <sys/types.h>
#include <sys/stat.h>
#include <fcntl.h>
#define LED_NUM 2
#define LED_C 2
```

```
//cmd 为 0 则灭，为 1 则亮；
int main(int argc, char *argv[])
{
 int fd, led_num, led_c;
 char *leds = "/dev/leds";
 led_num = LED_NUM;
 led_c = LED_C;
 printf("argv1 is cmd;argv2 is io \n");
 //对传入的参数进行判断，超出范围直接退出
 if (atoi(argv[1]) >= led_c) {
  printf("argv1 is 0 or 1)");
  exit(1);
 }
 if (atoi(argv[2]) >= led_num) {
  printf("argv2 is 0 or 1)");
  exit(1);
 }
 //使用 ioctl 函数将参数传入内核
 if((fd = open(leds, O_RDWR|O_NOCTTY|O_NDELAY))<0)
  printf("open %s failed\n", leds);
 else{
   ioctl(fd, atoi(argv[1]), atoi(argv[2]));
   printf("ioctl %s success\n", leds);
  }
 close(fd);
 return(1);
}
```

上述程序中，首先定义了 LED 灯的路径*leds，并通过主函数传递参数的方式将参数传进内核，使用的是 ioctl 函数，实现了对 LED 灯的控制。

6.2.3 延时函数简介

在单片机编程中，一般的延时是通过用 C 语言做一个循环来完成的，或者用汇编语言构建一个循环，循环体中插入若干"NOP"指令，这种方式编写循环简单有效，但是由于各处理器主频和指令执行时间不同，不容易控制循环的精确时间。在 Linux 系统编程中有专门的函数来完成延时的功能，这里简要介绍两个常用的延时函数。

（1）函数 sleep 是秒延时，函数原型为

unsigned int sleep(unsigned int seconds);

例如：sleep(1)，即延时一秒。

返回值：无符号的整形数值，如果延时成功则返回 0，如果延时过程中被打断，则返回剩余的秒数。例如 sleep(5)，返回值为 3，那么实际延时就是 5-3=2 秒。

（2）函数 usleep 是微秒延时，函数原型为

int usleep(useconds_t usec);

useconds_t 需要小于 1000000。

例如：usleep(10)，表示延时 10 微秒。

返回值：延时成功则返回 0，失败则返回-1。

下面通过一个简单的时间延时函数的例子进一步了解 Linux 中的时间延时方法。

新建 sleep.c 文件，代码如下：

```
/*函数 time 头文件*/
#include<stdio.h>
#include<unistd.h>
main(){
int i=10;
while(i--)
{
sleep(2);//表示延时 2us
printf("sleep 2!\n");
 usleep(1000000);//表示延时 1000000us, 即 1s
printf("usleep 1000000!\n");
}
}
```

操作如下：利用虚拟机新建 sleep.c 文件，命令为"vim sleep"，将程序写入；编译 sleep.c 文件生成可执行文件 sleep，命令为" arm-none-linux-gnueabi-gcc -o sleep sleep.c -static"。先将可执行文件 sleep 拷贝到 U 盘，启动开发板然后加载 U 盘，插入 U 盘的时候，被识别为 sda1，使用命令"mount /dev/sda1/mnt/udisk/"挂载 U 盘（后续步骤出现 U 盘挂载操作时不作重复说明）。

6.2.4   时间基础知识

操作系统一般都会涉及时间的操作，国际上涉及时间的定义和概念都很多，这里仅介绍几个和 Linux 系统相关的基本时间的概念和用法。

UTC 称为世界协调时（英：coordinated universal time；法：temps universel coordonné），又称世界统一时间、世界标准时间。世界协调时是以原子时秒长为基础，在时刻上尽量接近于世界时的一种时间计量系统。

Unix 纪元时间：Linux 是从 Unix 发展过来的，所以 Unix 有些定义和概念也被 Linux 继承。Unix 纪元时间是从世界协调时的 1970 年 1 月 1 日 0 时 0 分 0 秒起到现在的总秒数。注意：不包括闰秒。它用正值表示 1970 年以后，用负值表示 1970 年以前。通过 Unix 纪元时间可以计算出当前时间。注意：因为 Linux 继承了 Unix 大部分的特性，因此它的机器日历时间也就是 Unix 纪元时间。

GMT：GMT 是"Greenwich mean time"的缩写，中文叫"格林尼治标准时"，是英国的标准时间，也是世界各地时间的参考标准。格林尼治标准时是指位于英国伦敦郊区的皇家格林尼治天文台的标准时间。

在 Linux 系统中使用时间，一般都是先读取 Unix 纪元时间，该时间是一个长整型的数据，然后再将其转化为当前时间，这些操作都有相应的函数，下面简要介绍转化方法。

1. 时间调用

Linux 系统获取机器时间(Unix 纪元时间)函数：

• `time_t time(time_t *t);`

*t 表示以秒为单位的机器时间；time_t 实际是一个 long int 类型。

返回值：如果参数为 NULL，则返回机器时间；错误返回−1。

下面通过一个时间调用的例子进一步了解 Linux 中的时间调用方法。

新建 gettime.c 文件，代码如下：

```
/*函数 time 头文件*/
#include<time.h>
#include<stdio.h>
int main(void)
{
    time_t timep;//定义了一个 long int 类型的 timep 值
    time(&timep);//表示返回的是 timep 的值
        printf("UTC time: 0x%08x\n", timep);将 16 进制的 UTC 时
间 timep 用八位数表示，不足补 0
    timep = time(NULL);//表示获取当前时间
    printf("UTC time: 0x%08x\n", timep);
    return 0;
}
```

操作如下：利用虚拟机新建 gettime.c 文件，命令为"vim gettime"，将程序写入；编译 gettime.c 文件生成可执行文件 gettime，命令为"arm-none-linux-gnueabi-gcc -o gettime gettime.c‒static"，如图 6-4 所示。

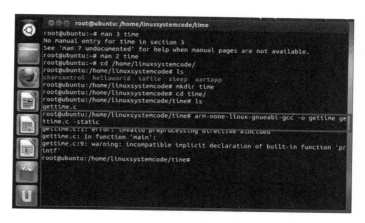

图 6-4　程序编译命令

上述程序的执行结果会输出"UTC time：0x4effa242"。

2. 时间转换

一般来说，机器时间不利于人们理解，所以要将机器时间进行转换。时间转换函数很多，下面介绍几个常用的转换函数。

时间转化为字符串格式：

- `char *ctime(const time_t *timep);`

时间转化为格林尼治标准时间：

- `struct tm *gmtime(const time_t *timep);`

时间转换为字符格式，注意这个函数的参数是 tm 结构的：

- `char *asctime(const struct tm *tm);`

时间转化为本地时间：

- `struct tm *localtime(const time_t *clock);`

以上函数的具体运用可以通过 Linux 的帮助命令查看详细信息。

下面通过一个时间读取的例子进一步了解 Linux 中的时间读取方法。

新建 exchangtime.c 文件，代码如下：

```
#include <stdio.h>
#include <time.h>
int main(void){
 time_t timep;//将时间存放在 timep 中
 struct tm *tblock;//将 time()获得的日历时间 time_t 结构体转换成 tm
结构体，并存入 tblock 中
 time(&timep);//返回 timep 里的值
 printf("ctime/timep is %s\n", ctime(&timep));//将目前当地的时间
日期用字符串表示并输出
 printf("asctime is %s\n", asctime(gmtime(&timep)));//asctime
```

()函数将 UTC 时间转换成当地时间,gmtime()函数返回的 tm 变量(即 UTC 时间)作为 asctime()函数的参数

```
tblock = localtime(&timep);//返回当地时间并存入 tblock 中
printf("localtime is :%s\n", asctime(tblock));//将 tblock 中的
```
时间转化为 ASCII 码,并输出
```
printf("localtime is:%s\n", ctime(&timep));//将 tblock 中的时间
```
转化为字符串,并输出
```
return 0;
}
```

操作如下:利用虚拟机新建 exchangtime.c 文件,命令为"vim exchangtime",将程序写入;编译 exchangtime.c 文件生成可执行文件 exchangtime,命令为"arm-none-linux-gnueabi-gcc-o exchangtime exchangtime.c -static"。上述程序的执行结果会分别输出 ctime、asctime 和 localtime。

3. 设置和读取时间

设置和读取时间的函数为
- int settimeofday(const struct timeval *tv, const struct timezone *tz);
- int gettimeofday(struct timeval *tv, struct timezone *tz);
tv 表示用于保存获取的时间;tz 表示可以缺省,传入 NULL。

上面的函数比 time 要高 6 个数量级,可以达到微秒级别,这个精度就可以粗略地计算代码执行时间了。对于 timeval 这个结构体的细节,可以通过 man 命令查看。

下面通过一个时间函数的例子进一步了解 Linux 中高精度地设置时间函数和读取时间函数的方法。

新建 precisiontime.c 文件,代码如下:

```
/*函数 time 头文件*/
#include<time.h>
/*函数 gettimeofday 和 settimeofday 的头文件*/
#include<sys/time.h>
#include<stdio.h>
void function()
{
    unsigned int i,j;
    double y;
    for(i=0;i<1000;i++)
    for(j=0;j<1000;j++)
    y=i/(j+1); //耗时操作
}
```

```
main()
{
  struct timeval tpstart,tpend;
  float timeuse;
  gettimeofday(&tpstart,NULL); //记录开始时间
  function();
  gettimeofday(&tpend,NULL); //记录结束时间
  timeuse = 1000000*(tpend.tv_sec-tpstart.tv_sec)+
  tpend.tv_usec-tpstart.tv_usec; //计算差值
  timeuse /= 1000000;
  printf("Used Time:%f\n",timeuse); //输出结果
}
```

　　操作如下：利用虚拟机新建 precisiontime.c 文件，命令为"vim precisiontime"，将程序写入；编译 precisiontime.c 文件生成可执行文件 precisiontime，命令为"arm-none-linux-gnueabi-gcc-o precisiontime precisiontime.c -static"。

　　上述程序的执行结果会输出"Used time"。

　　通过这节的介绍，读者就可以在 Linux 系统编程中通过函数读取系统的时间，并转化为人们能够理解的时间格式。注意，因为开发板没有实时时钟（real-time clock，RTC），也没有配备电池，所以无法显示当前时间，如果要显示当前时间需要手动输入。

6.3　多进程程序开发

　　本书第 1 章提到过，单片机编程和嵌入式系统编程是有本质区别的，最大的不同在于：嵌入式系统是针对系统级编程，它并不要求开发者特别熟悉芯片的内部寄存器和硬件，了解一些基础知识即可；对于系统编程，最重要的是了解系统提供的调用资源，也就是接口函数的使用，以及如何有效地调用这些现成的资源。

6.3.1　进程基础

　　在单片机系统上要同时实现两个任务难度是很大的，要借助一些特殊的手法，例如查询或者中断等，而在操作系统上实现这样的功能就容易得多。下面，介绍一些相关的基础知识。

　　程序：编译过、可执行的二进制代码。例如本书前文举例通过编译器编译生成的二进制文件就是程序。

　　应用：相对来说比较大的程序，能够独立实现某一方面的需求。

　　进程：可以简单看作是一个运行中的程序。

　　线程：可以看作是进程的细化，因为通常一个进程可以有多个线程。大多数系统中都是把进程作为分配资源的基本单位，而把线程作为独立运行和独立调度的基本单位。

程序、进程和线程的关系如图 6-5 所示。

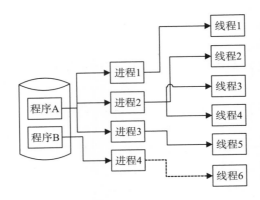

图 6-5　程序、进程和线程的关系

一个进程在其生存期内，可处于不同的状态，称为进程状态。进程各种状态的转换关系如图 6-6 所示。

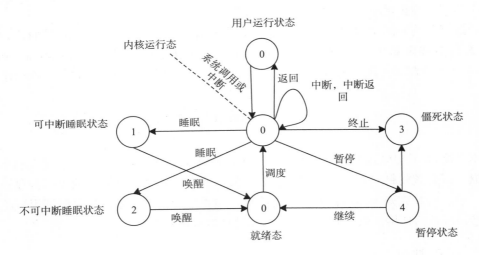

图 6-6　init 进程的状态及其转换

init 程序是 Linux 系统最基本的程序，图 6-6 展示了 init 进程的状态及转换，适用于绝大多数系统的工作，当然一般用户不需要关心这个程序进程。

当内核启动之后，通过启动用户级程序 init 来完成引导进程的内核部分。因此，init 总是第一个进程（它的进程号总是 1）。Linux 系统的其他进程都是由 init 进程创立的，创立新进程的进程叫父进程，新进程叫子进程。

Linux 中采用 top 命令可以显示当前正在运行的进程，PID 会不时地刷新，其中 PID 就是对应进程的进程号（即进程 ID）。如果需要退出，按 Q 键。Linux 系统中进程号查看如图 6-7 所示。

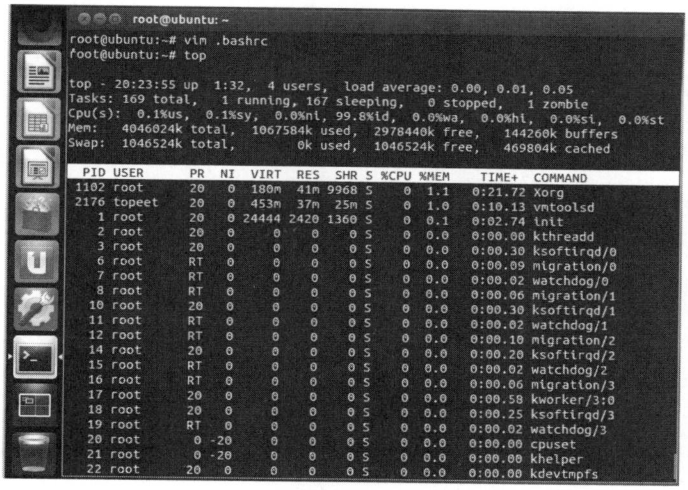

图 6-7　Linux 系统中进程号查看截图

也可以使用函数来获取进程号，获取当前程序进程的进程号函数是 getpid，获取父进程进程号的函数是 getppid，如果要结束对应的进程可以使用 kill 命令。对它们的详细叙述读者可通过 man 命令进行了解，此处不再详述。

6.3.2　进程操作

fork 函数是一个重要的进程创建函数，几乎所有涉及进程的章节都会提到这个函数。fork 函数可以在当前程序中创建一个同样的子进程：

```
pid_t fork(void);
```
该进程中无参数。

返回值：执行成功，子进程 PID 号大于 0 则返回给父进程，PID 号等于 0 则返回给子进程；出现错误，PID 号为-1 则返回给父进程。

这里强调一下 fork 函数的用法。fork 函数通过系统调用创建一个与原来进程几乎完全相同的进程，两个进程可以做完全相同的事。一个进程调用 fork 函数后，系统会给新的进程分配资源，然后把原来进程的所有值都复制到新进程中，只有少数值与原来进程的值不同。

以一个例程说明 fork 函数的作用：

```
#include <stdio.h>
#include <unistd.h>
main()
{
 pid_t pid;
 int i=100;
 pid = fork();
 // pid 号为-1 表示调用出错
```

```
if(pid == -1){
  printf("fork failed\n");
  return 1;
}
//pid 号大于 0，则输出父进程号
else if(pid){
  i++;
  printf("\nThe father i = %d\n",i);
  printf("The father return value is %d\n",pid);
  printf("The father pid is %d\n",getpid());
  printf("The father ppid is %d\n",getppid());
  while(1);
}
// pid 号等于 0，则输出子进程号
else{
  i++;
  printf("\nThe child i = %d\n",i);
  printf("The child return value is %d\n",pid);
  printf("The child pid is %d\n",getpid());
  printf("The child ppid is %d\n",getppid());
  while(1);
}
return 0;
}
```

要执行该程序，在 Ubuntu 系统下，进入前面实验创建的目录 "/home/linuxsys temcode/exe"，并使用 SSH 软件将 Windows 里的源码 fork.c 拷贝进 Ubuntu 系统里，如图 6-8 所示。

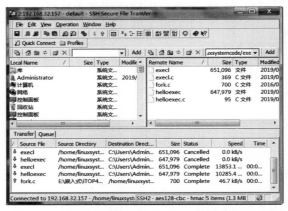

图 6-8　使用 SSH 软件拷贝文件

使用命令"arm-none-linux-gnueabi-gcc -o fork fork.c -static"编译 fork 文件，使用命令"ls"可以看到生成了 fork 可执行文件，如图 6-9 所示。

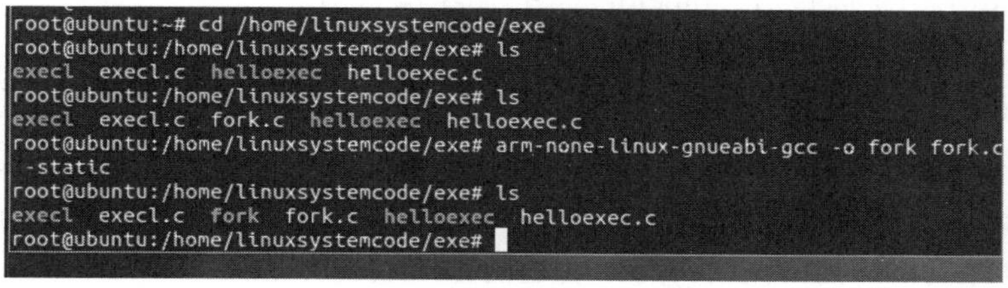

图 6-9　编译文件并查看生成的可执行文件

将在 Ubuntu 系统中编译成的可执行文件 fork 拷贝到 U 盘，然后启动开发板，插入 U 盘，加载 U 盘（挂载 U 盘代码"mount /dev/sda1 /mnt/udisk"），具体代码运行会输出如下信息：

```
The father i=101
The father return value is 1354
The father pid is 1354
The father ppid is 947

The child i=101
The father return value is 0
The father pid is 1354
The father ppid is 1353
```

可以看到打印的父进程和子进程号，其中打印的变量都是 i。子进程是调用父进程中定义的变量 i，但是它调用后就生成新的变量，和父进程中的原变量就没有关系了。

关于 fork 函数的知识点还比较多，很多参考资料都有更加详细的讨论，有兴趣的读者可以参考有关文档深入学习。

6.3.3　进程通信的管道

在系统编程中，进程通信基本是不可避免的。进程通信的方式很多，常用的包括管道、消息、信号等方式，后续的网络通信中 web 控制等也和进程通信相关，所以需要对进程通信进行介绍。

最常用的进程通信是管道，管道分为无名管道和有名管道，下面分别进行介绍。

最早的 Unix 系统中就有无名管道，这种通信模型一直延续到今天，说明无名管道当初的设计就极具科学性。

无名管道有一定的局限性，它属于半双工的通信方式，而且只有具有"亲缘关系"的进程（即父进程和子进程之间）才能使用这种通信方式。

使用无名管道的函数如下：

```
int pipe(int pipefd[2]);
```

pipefd[0]表示用于读管道；pipefd[1]表示用于写管道。

返回值：成功返回 0，失败返回-1。

具体细节可以用 man 命令进行查看，尤其学习里面的例程是很有帮助的。

针对无名管道的不足，采用有名管道可以实现"无亲缘关系"的进程之间的通信，有名管道 fifo 给文件系统提供一个路径，这个路径和管道关联，只要知道这个管道路径，就可以进行文件访问。同时，有名管道的读写速度非常快。

有名管道的调用函数为

```
int mkfifo(const char *pathname, mode_t mode);
```

*pathname 表示路径名，管道名称；mode 表示管道的权限。

返回值：成功返回 0，错误返回-1。

有名管道和无名管道在进程间的作用如图 6-10 所示。

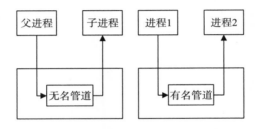

图 6-10 有名管道和无名管道在进程间的作用

一个简单的 pipe.c 文件测试 pipe 函数如下：

```
#include <stdio.h>
#include <sys/types.h>
#include <unistd.h>
#include <stdlib.h>

//进程读函数
void read_data(int *);
//进程写函数
void write_data(int *);
int main(int argc,char *argv[])
{
 int pipes[2],rc;
 pid_t pid;
 rc = pipe(pipes); //创建管道
 if(rc == -1){
```

```
      perror("\npipes\n");
      exit(1);
    }
   pid = fork();  //创建进程
   switch(pid){
    case -1:
     perror("\nfork\n");
     exit(1);
    case 0:
     read_data(pipes);  //相同的 pipes
    default:
     write_data(pipes);  //相同的 pipes
   }
   return 0;
  }


void read_data(int pipes[])//进程读函数
{
 int c,rc;   //由于此函数只负责读，因此将写描述关闭(资源宝贵)
 close(pipes[1]);

 //阻塞，等待从管道读取数据
 //int 转为 unsiged char 输出到终端
 while( (rc = read(pipes[0],&c,1)) > 0 ){
  putchar(c);
 }
 exit(0);
}


void write_data(int pipes[])
{
 int c,rc;
 //关闭读描述字
 close(pipes[0]);
 while( (c=getchar()) > 0 ){
  rc = write( pipes[1], &c, 1); //写入管道
  if( rc == -1 ){
   perror("Parent: write");
```

```
    close(pipes[1]);
    exit(1);
     }
  }
  close( pipes[1]);
  exit(0);
  }
```

要 运 行 上 述 代 码， 在 Ubuntu 系 统 下， 进 入 前 面 实 验 创 建 的 目 录 路 径 "/home/linuxsystemcode"，使用命令"mkdir pc"新建 pc 文件夹，使用 SSH 软件将源码 pipe.c 拷贝到 Ubuntu 系统里，进入新建的文件夹 pc。

使用命令"arm-none-linux-gnueabi-gcc -o pipe pipe.c -static"编译 pipe 文件，使用命令"ls"可以看到生成了 pipe 可执行文件，用"./"的方式可以运行该文件。

这里介绍 U 盘拷贝代码的方法，也可以编译进文件系统或者使用 NFS 文件系统等。将编译成的可执行文件 pipe 拷贝到 U 盘，启动开发板，插入 U 盘，加载 U 盘，使用命令"./mnt/udisk/pipe"运行程序。

6.3.4 进程通信的信号

信号（signal）是 Linux 进程通信中唯一的异步通信方式，可以将其看作一种中断的软件模拟。进程在运行的时候收到信号，会像中断一样保存断点，转入信号处理函数运行，运行完了恢复断点，继续执行原来的任务。

信号可以分为系统内部定义信号和自定义信号，内部定义信号主要是各种异常机制，自定义信号由用户自己定义使用。在 Linux 操作系统中，支持 64 个信号，它们又可以分为不可靠信号与可靠信号。

不可靠信号：Linux 信号机制继承自 Unix 系统，信号值小于 SIGRTMIN（SIGRTMIN =32，SIGRTMAX=63）的信号都沿用了 Unix 的实现方式，这种方式的信号可能会丢失，所以称为不可靠信号。不可靠信号的处理机制类似于中断，同一个信号同时发生多次时，会合并为一个信号，其他都会丢失。

可靠信号：Linux 在支持 Unix 不可靠信号的同时，还支持改进后的可靠信号。信号值位于 SIGRTMIN 和 SIGRTMAX 之间的信号都是可靠信号，它克服了信号可能丢失的问题。可靠信号实际上就是支持信号的排队，这样同一个信号同时发生多次时可以排队等待执行，不会丢失。

信号调用信号函数：

```
sighandler_t signal(int signum, sighandler_t handler);
```

signum 表示等待的信号；handler 表示信号到来之后，触发的处理方式。

返回值：成功返回 0，错误返回−1。

经常和信号一起使用的还有 Alarm 函数，其原型是：

```
unsigned int alarm(unsigned int seconds);
```

seconds 表示闹钟的时间，单位为秒。

返回值：成功返回 0 或者返回剩余时间；错误返回−1。

Alarm 是一个产生"闹钟"的函数，其主要功能就是一个计数器。

在 Ubuntu 系统下，进入前面实验创建的目录"/home/linuxsystemcode/ pc"，使用 SSH 软件将源码 sig_hello.c 拷贝到 Ubuntu 里。sig_hello.c 内容如下：

```
#include<unistd.h>
#include<stdio.h>
#include<signal.h>
void handler()
{
 printf("hello\n");
}
int main(void)
{
 int i;
 signal(SIGALRM, handler);
 alarm(5);
 for(i=1;i<7;i++){
  printf("sleep %d....\n",i);
  sleep(1);
 }
 return 0;
}
```

使用命令"arm-none-linux-gnueabi-gcc -o sig_hello sig_hello.c -static"编译 sig_hello 文件，使用命令"ls"可以看到生成了 sig_hello 可执行文件。

采用 U 盘拷贝代码，也可以编译进文件系统或者使用 NFS 文件系统等。将编译成的可执行文件 sig_hello 拷贝到 U 盘，启动开发板，插入 U 盘，加载 U 盘，使用命令"./mnt/udisk/sig_hello"运行程序，输出如下结果：

```
sleep 1...
sleep 2...
sleep 3...
sleep 4...
sleep 5...
hello
```

Alarm 在 5 秒后产生闹钟信号，也就是 SIGALRM，然后就打印 hello。

在 Ubuntu 系统下，运行 signal 程序进入前面实验创建的目录"/home/linuxsys temcode/pc"，将源码 sigset.c 拷贝进去。

使用命令 "arm-none-linux-gnueabi-gcc -o sigset sigset.c -static" 编译 sigset 文件，使用命令 "ls" 可以看到生成了 sigset 可执行文件。

采用 U 盘拷贝代码，也可以编译进文件系统或者使用 NFS 文件系统等。将编译成的可执行文件 sigset 拷贝到 U 盘，启动开发板，插入 U 盘，加载 U 盘，使用命令 "./mnt/udisk/sigset" 运行程序如下：

(1) 打印 "Wait the signal SIGINT..." 之后，输入 "Ctrl+C"；

(2) 打印 "Please press Ctrl+C in 10 seconds..." 之后，再输入 "Ctrl+C"，停止。

6.3.5　共享内存 shmdata

共享内存是进程间通信中最简单的方式之一，因为系统内核没有对访问共享内存进行同步，用户必须提供自己的同步措施，解决这些问题的常用方法是通过使用信号量进行同步。

shmdata 例程：

```
#ifndef _SHMDATA_H_HEADER
#define _SHMDATA_H_HEADER
#define TEXT_SZ 2048
struct shared_use_st
{
    //作为一个标志，非 0 表示可读，0 表示可写
 int written;
 //记录写入和读取的文本
    char text[TEXT_SZ];
};
#end if
```

编写简单的 shmwrite.c 文件测试写函数：

```
#include <unistd.h>
#include <stdlib.h>
#include <stdio.h>
#include <string.h>
#include <sys/shm.h>
#include "shmdata.h"

int main(void)
{
    int running = 1;
    void *shm = NULL;
```

```
struct shared_use_st *shared = NULL;
char buffer[BUFSIZ + 1];//用于保存输入的文本
int shmid;
//创建共享内存
shmid = shmget((key_t)1234, sizeof(struct shared_use_st),
0666|IPC_CREAT);
if(shmid == -1)
{
    fprintf(stderr, "shmget failed\n");
    exit(EXIT_FAILURE);
}
//将共享内存连接到当前进程的地址空间
shm = shmat(shmid, (void*)0, 0);
if(shm == (void*)-1)
{
    fprintf(stderr, "shmat failed\n");
    exit(EXIT_FAILURE);
}
printf("Memory attached at %p\n", shm);
//设置共享内存
shared = (struct shared_use_st*)shm;
while(running)//向共享内存中写数据
{
    //数据还没有被读取,则等待数据被读取,不能向共享内存中写入文本
    while(shared->written == 1)
    {
        sleep(1);
        printf("Waiting...\n");
    }
    //向共享内存中写入数据
    printf("Enter some text: ");
    fgets(buffer, BUFSIZ, stdin);
    strncpy(shared->text, buffer, TEXT_SZ);
    //写完数据,设置 written 使共享内存段可读
    shared->written = 1;
    //输入了 end,退出循环(程序)
    if(strncmp(buffer, "end", 3) == 0)
        running = 0;
```

```
    }
    //把共享内存从当前进程中分离
    if(shmdt(shm) == -1)
    {
        fprintf(stderr, "shmdt failed\n");
        exit(EXIT_FAILURE);
    }
    sleep(2);
    exit(EXIT_SUCCESS);
}
```

编写简单的 shmread.c 文件测试写函数：

```
#include <unistd.h>
#include <stdlib.h>
#include <stdio.h>
#include <sys/shm.h>
#include "shmdata.h"

int main(void)
{
    int running = 1;//程序是否继续运行的标志
    void *shm = NULL;//分配的共享内存的原始首地址
    struct shared_use_st *shared;//指向 shm
    int shmid;//共享内存标识符
    //创建共享内存
    shmid = shmget((key_t)1234, sizeof(struct shared_use_st),
0666|IPC_CREAT);
    if(shmid == -1)
    {
        fprintf(stderr, "shmget failed\n");
        exit(EXIT_FAILURE);
    }
    //将共享内存连接到当前进程的地址空间
    shm = shmat(shmid, 0, 0);
    if(shm == (void*)-1)
    {
        fprintf(stderr, "shmat failed\n");
        exit(EXIT_FAILURE);
    }
```

```
printf("\nMemory attached at %p\n", shm);
//设置共享内存
shared = (struct shared_use_st*)shm;
shared->written = 0;
while(running)//读取共享内存中的数据
{
    //没有进程向共享内存读取数据
    if(shared->written != 0)
    {
        printf("You wrote: %s", shared->text);
        sleep(rand() % 3);
        //读取完数据，设置 written 使共享内存段可写
        shared->written = 0;
        //输入了 end，退出循环(程序)
        if(strncmp(shared->text, "end", 3) == 0)
            running = 0;
    }
    else//有其他进程在写数据，不能读取数据
        sleep(1);
}
//把共享内存从当前进程中分离
if(shmdt(shm) == -1)
{
    fprintf(stderr, "shmdt failed\n");
    exit(EXIT_FAILURE);
}
//删除共享内存
if(shmctl(shmid, IPC_RMID, 0) == -1)
{
    fprintf(stderr, "shmctl(IPC_RMID) failed\n");
    exit(EXIT_FAILURE);
}
exit(EXIT_SUCCESS);
}
```

在 Ubuntu 系统下，进入前面实验创建的目录"/home/linuxsystemcode/pc"，将源码 shmwrite.c 和 shmread.c 以及 shmdata.h 拷贝进去。

使用命令"arm-none-linux-gnueabi-gcc -o shmwrite shmwrite.c -static"编译 shmwrite 文件，使用命令"arm-none-linux-gnueabi-gcc -o shmread shmread.c -static"编译 shmread

文件，使用命令"ls"可以看到生成了 shmread 和 shmwrite 可执行文件。

　　使用 U 盘拷贝可执行文件，也可以编译进文件系统或者使用 NFS 文件系统等。将编译成的可执行文件 shmwrite 和 shmread 拷贝到 U 盘，启动开发板，插入 U 盘，加载 U 盘，使用命令"./mnt/udisk/shmread"运行程序 shmread，输出 Memory attached at 0x400d2000。接着使用命令"./mnt/udisk/shmwrite"运行 shmwrite，会输出 Memory attached at 0x400ea000。

　　除了输入字符串"end"，输入其他字符串都会一直提示输入字符串，这些字符串被 shmread 读取，并且在超级终端中打印。

6.4　本 章 小 结

　　在完成操作系统移植后，如何使用 Linux 系统实现嵌入式系统的各种任务，就需要学习系统编程的相关知识。Linux 的系统编程是 Linux 系统下的基本操作之一，也是学习嵌入式 Linux 系统的一条基本途径。

　　本章从一个实例开始介绍 Linux 系统编程的基本方法，包括本机编译和交叉编译，并介绍了 Linux 系统编程中常用的一些函数，例如文件操作、时间调用、进程开启等。但是 Linux 中相关编程应用还有很多，初学者主要掌握基本的学习方法，以后遇到新的函数就能使用 man 命令查询其具体使用方法。

第7章　Linux 驱动开发

Linux 驱动体系涉及的分支知识较多，内容繁杂，需要对前述的基础知识有一个基本的掌握再进入本章的学习。在本章开始还是需要强调一个概念，即 Linux 中一切东西都被看作文件，包括驱动。

通俗来讲，Linux 系统中对驱动的操作就如同对文件的操作一样，主要涉及两个操作：读和写。理解了这一点，对后续驱动程序中出现的 open()、read()、write()、ioctl()、close()等几个函数要实现的意图就有了整体上的把握。

7.1　Linux 驱动简介

Linux 驱动设备很多，如果按设备类别来分，主要有字符型设备、块设备以及网络设备，而对应的驱动也是这三大类。

(1)字符型设备。在 Linux 系统中最常见的驱动设备，它的读取要求数据排队，以队列的方式按照先后顺序读取。因此，字符型设备顺序读取数据，可以看作一种流设备，常见的设备都属于字符型设备，例如各种接口、鼠标和键盘、打印设备、控制设备等。

(2)块设备。主要指存储设备，通俗讲就是可以从任意位置读取一定长度数据的设备，主要包括硬盘、磁盘、U 盘和 SD 卡等。

(3)网络设备。和网络连接相关的设备称为网络设备。例如 Wi-Fi、以太网、蓝牙等，这类设备的驱动称为网络设备驱动，其开发主要涉及一些协议方面的工作。网络设备驱动一般是由专门的开发公司写好，用户只需要直接调用。

在 Linux 驱动开发学习中最重要的就是掌握字符型设备驱动的开发方式，块设备和网络设备一般由开发商提供，而一般开发人员接触最多的只是字符型设备，本章也将重点介绍字符型设备的开发。

操作系统是运行在硬件上的，以 Linux 为例，它可以移植到很多开发平台。从上层用户来看，对设备的操作都一样，这是由于驱动程序连接了硬件设备和操作系统。驱动程序的开发和硬件是息息相关的，驱动程序开发就是为上层应用提供接口，等待上层程序来调用。初学者需要注意驱动代码和操作代码的区别，换句话说，二者的关系就如同 C 语言中编写定义函数和调用函数一样，一个是定义，一个是使用。

驱动程序的开发有四个主要步骤。

(1)通过原理图查看相关设备的控制引脚(pin 脚)。

(2)通过设备的控制引脚找到数据手册(datasheet)上对应控制该引脚的相关寄存器，并找到相关寄存器对应的物理地址。

（3）用编程的方式对相关设备的寄存器进行操作，以间接地控制该硬件设备，可根据具体需求编写具体操作代码。

（4）通过 Linux 命令将编写的驱动程序编译，挂载到相关的文件目录下。

综上所述，驱动开发工程师必须要会查看原理图和数据手册，熟练使用 C 语言指针，达到对物理地址进行操作的目的。了解 Linux 内核基本架构和文件系统及相关常用命令，是学习驱动开发的基本要求。

7.2 简单的 Linux 驱动模块开发

本节通过编译一个最简驱动模块、完成编译运行来简要介绍 Linux 驱动开发流程和方法，便于大家快速了解 Linux 驱动模块开发。

7.2.1 最简驱动模块程序

首先看一段最简洁的驱动代码：

```
#include <Linux/init.h>
#include <Linux/module.h>
MODULE_LICENSE("Dual BSD/GPL");     //声明支持 GPL 协议
MODULE_AUTHOR("TOPEET");            //声明作者
static int hello_init(void)  //功能区
{
 printk(KERN_EMERG "HELLO WORLD enter!\n");     //初始化成功打印
信息
 return 0;
}
static void hello_exit(void)
{
 printk(KERN_EMERG "HELLO WORLD exit!\n");     //卸载成功打印信息
}
module_init(hello_init);      //初始化函数
module_exit(hello_exit);      //卸载函数
```

下面分析上述驱动文件的构成。

（1）#include <Linux/module.h> 该头文件声明该程序支持 GPL 协议，如果没有该头文件，编写的模块将无法在 Linux 中使用，其中 MODULE_LICENSE（_license）表示该模块遵循 GPL 协议，这是 Linux 驱动模块必须要有的。语句 MODULE_AUTHOR（_author）声明开发作者，该语句可选。

（2）#include <Linux/init.h> 初始化宏定义的头文件，包含初始化宏定义的头文件。

（3）在内核中打印函数用的是"printk"，其中"KERN_EMERG"是权限控制字，表明在任何情况下都能打印输出。

（4）该程序功能就是在驱动模块挂载成功时打印一行信息，卸载时打印另一行信息。

这个内核驱动模块是一个最简形式，包括加载模块、卸载模块和 GPL 的声明、描述作者信息以及加载和卸载时的打印函数。整个模块可以看作五个部分。

第一部分：必须包含头文件 Linux/init.h 和 Linux/module.h，想要编译成模块就必须使用这两个头文件。

第二部分：驱动申明区。在所有的声明中下面这一句最重要：

```
MODULE_LICENSE("Dual BSD/GPL");
```

上述代码声明程序模块遵循 GPL 协议，如果没有该声明，模块加载时，内核会发出被污染的"警报"。后面的"MODULE_AUTHOR("TOPEET");"是声明作者是谁，这个声明不是必须的。

第三部分：功能区代码。在功能区里面加载驱动和卸载驱动时调用的函数，这两个函数都只是调用了 printk 函数。

第四部分：模块入口，实现模块的加载。模块是采用动态方式添加到内核中，添加驱动入口就是这个函数。加载的时候调用了功能区的 static int hello_init(void) 函数。

注意：只接触过单片机的用户或者那些没有接触过操作系统的用户会发现驱动程序里没有 main 函数。如果非要找一个 main 函数，可以把模块的初始化函数当作 main 函数，这也是模块的入口。

第五部分：模块的出口。

卸载模块。采用动态添加驱动的方式来加载驱动，那么也可以动态地卸载这个驱动，执行的是和添加驱动相反的过程。

编译模块的时候会生成一个 .ko 文件，可以使用 insmod 和 rmmod 加载和卸载它。

打印函数 printk 向超级终端传递数据，KERN_EMERG 是紧急情况的标识，加载和卸载驱动模块的时候，分别打印输出"HELLO WORLD enter!"和"HELLO WORLD exit!"。

注意：GPL 协议是 general public license 的缩写。GPL 协议中一个很核心的内容是：如果开发者接受这个协议，就可以免费使用 Linux 中的代码，当开发者免费使用 Linux 的代码开发出新的代码，也应该以源码或者二进制文件的方式免费发布；如果不接受这个协议，就无权使用 Linux 源码。更加详细的内容，读者可以查询相关参考资料。

7.2.2　驱动模块的编译

驱动编译有两种方法，一是和源码放在一起编译，二是采用 Makefile 文件进行编译，这里为了让大家了解驱动模块的编译过程，采用第二种方法。

在前面章节介绍过，Makefile 是一种脚本编译方式，其脚本语言很多，语法也很繁杂，但是初学者没必要太深入了解，会根据例子改写就行。

下面给出上述驱动代码编译的 Makefile 文件。

```
#!/bin/bash
obj-m += mini_Linux_module.o
KDIR := /home/topeet/android4.0/iTop4412_Kernel_3.0
PWD ?= $(Shell pwd)
#make 命名默认寻找第一个目标
#make -C 就是指调用执行的路径
#$(PWD) 当前目录变量
#modules 要执行的操作
all:
 make -C $(KDIR) M=$(PWD) modules
#make clean 执行的操作是删除后缀为 o 的文件
clean:
 rm -rf *.o
#!/bin/bash 通知编译器这个脚本使用的是哪个脚本语言
obj-m += mini_Linux_module.o
```

上述 Makefile 是一个标准用法，表示要将 mini_Linux_module.c 文件编译成 mini_Linux_module.o 文件。PWD ?= $(Shell pwd)这一句是提供一个变量，然后将当前目录的路径传给这个变量。pwd 是一个命令，表示当前目录，而 PWD 是一个变量。modules 表示将驱动编译成模块的形式，也就是最终生成 .ko 文件。

图 7-1 给出了 Makefile 文件运行过程，首先是 make 命令的执行，它调用了 Makefile 文件对驱动模块进行编译，模块的编译需要收集 Linux 源码信息和资源(例如各种头文件和版本信息)，将这些信息和需要编译的文件(.c 文件)一起进行编译，最终生成需要的.ko 文件。

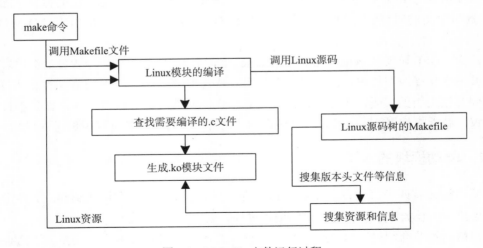

图 7-1　Makefile 文件运行过程

7.2.3　驱动模块的运行

本小节根据上面的.c 文件和 Makefile 文件来介绍如何生成.ko 文件并将其加载在目标板上运行。

在宿主机(必须有 Linux 操作系统)上编译驱动文件和 Makefile 文件，生成.ko 文件，因为.ko 文件才能在目标板上运行。

第一步：编译驱动模块。在 Linux 系统中新建一个文件夹，并将前文介绍的"mini_Linux_module.c"文件和对应的"Makefile"文件拷贝到该文件夹下。

第二步：在当前文件夹下执行 make 命令对其进行编译，编译成功生成.ko 文件，如图 7-2 所示。

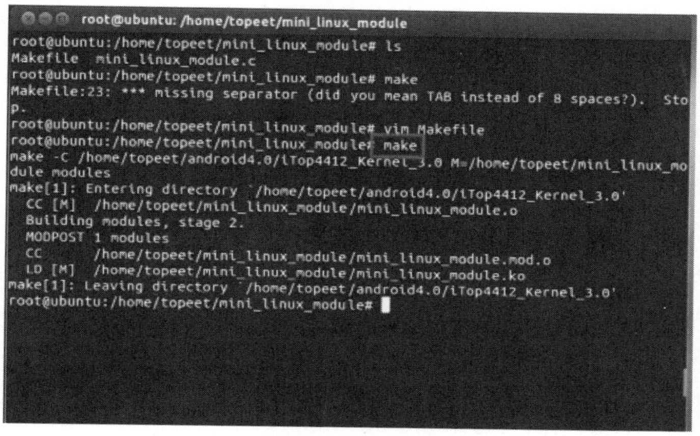

图 7-2　make 命令编译驱动模块

第三步：用 U 盘或者 TF 卡，或通过网络方式将文件加载到目标板(注意：目标板已经烧写了最小 Linux 系统)。U 盘加载使用 mount，新建目录是 mkdir 命令。

第四步：在超级终端中使用命令"insmod /mnt/udisk/mini_Linux_module.ko"加载模块，可以看到加载过程中打印了信息"HELLO WORLD enter!"，说明驱动已经加载到了 Linux 中，如图 7-3 所示。

第五步：使用 lsmod 或 cat /proc/modules 命令查看当前已经加载的模块。

第六步：如果要卸载驱动模块，可以使用命令"rmmod mini_Linux_module"。在加载模块和卸载模块的同时使用 lsmod 命令可以查看加载情况，以对比是否加载/卸载成功。

注意：如果使用 rmmod 卸载命令时出现如下错误：

```
rmmod: can't change directory to '/lib/modules': No such
file or directory
```

则采用下述命令新建目录后再使用 rmmod 命令：

```
#mkdir /lib/modules
#mkdir /lib/modules/3.0.15
```

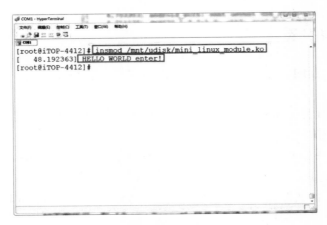

图 7-3　加载驱动模块加载示意图

　　本节通过一个简单的例子介绍了最简驱动模块的编译和挂载，但事实上一个驱动的设置程序的开发远不止这些，后文将继续介绍。

7.3　驱　动　注　册

　　Linux 内核要求每出现一个设备就要向总线注册，同时驱动的出现也要向总线汇报。Linux 系统中有一个虚拟总线，它可以用 ls /sys/bus 来查看，该命令列出了虚拟总线下挂载的驱动。其中有一个 platform 的虚拟总线比较特殊，Linux 下的驱动都挂载在这个虚拟总线上，图 7-4 为虚拟总线示意图。

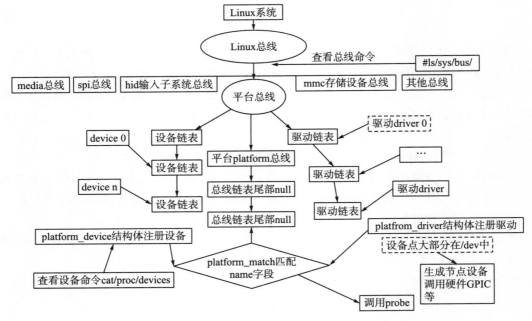

图 7-4　Linux 虚拟总线示意图

虚拟总线下挂载很多设备和驱动，设备和驱动是一一对应的，任何一个设备的注册目的就是将其挂载在虚拟总线上，让虚拟总线知道它的存在并能够调用它。

驱动的注册分为设备注册(platform_device)和驱动注册(platform_driver)两个部分，它们通过总线命令进行匹配，总线上每检测到一个设备，就会将该设备的 ID 号和驱动软件中的 ID(或者 name)进行匹配对比，匹配使用的函数是 platform_match()，如果没有匹配上就是注册失败，那该设备就被挂载到总线底端，如果能够匹配，就调用 probe 函数进行一些初始化工作，例如初始化设备节点、调用 GPIO 等，完成初始化工作后上层应用就可以调用这个驱动了。

在系统初始化的时候，会扫描连接了哪些设备，并为每一个设备建立一个 struct_device 的变量，然后将设备的变量插入 devices 链表，如图 7-5 所示。

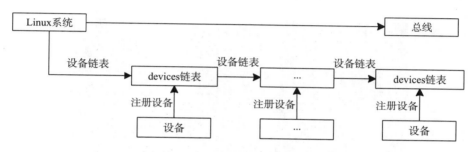

图 7-5　Linux 设备虚拟总线结构

系统初始化驱动程序时，需要有一个 struct device_driver 结构的变量，然后将驱动的变量插入 drivers 链表，如图 7-6 所示。

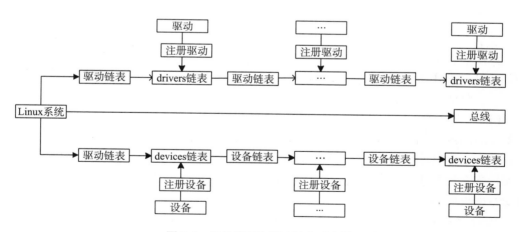

图 7-6　设备链表和驱动链表示意图

Linux 总线是为了将设备和驱动绑定，方便管理。在系统每注册一个设备，会寻找与之匹配的驱动。这里只讨论先注册设备再注册驱动的情况。在注册驱动的时候，系统会通过 platform_match 函数匹配设备和驱动，设备和驱动结构体的成员 name 字段相同则匹配。如果匹配则会调用 platform_driver 中的 probe 函数，注册驱动。也就是图 7-6 中在注册驱动的时候要添加一个判断。

现在有很多设备都是支持热拔插的，比较有代表性的就是 USB 接口。在 Linux 中，一般情况下都是先注册设备，再注册驱动，但是有了热拔插设备之后，情况就不一样了。在热拔插设备中，有了设备 devices 接入之后，内核就会去 drivers 链表中寻找驱动。

Linux 系统中一般是先注册设备，再注册驱动，但是随着越来越多的热拔插设备的普及，顺序反过来了，即先注册驱动，设备来了再注册设备。

7.3.1 系统总线和设备查看

在 Linux 系统中采用命令#ls /sys/bus/可以查看系统的各种总线，如图 7-7 所示。

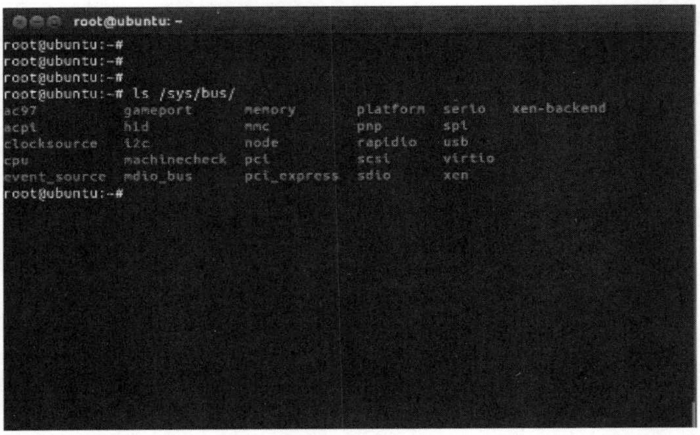

图 7-7 查看 Linux 系统总线示意图

在任意一个 SoC 系统中，都有一些集成的总线，例如在 4412 处理器中就集成了 I2C、SPI、USB 等。针对这些总线设备，它们注册驱动的时候，都会调用对应的总线设备，一个驱动对应一个设备。

Linux 创立了一种虚拟总线，也叫平台总线或者 platform 总线，这个总线也有对应的设备 platform_device，对应的驱动叫 platform_driver。platform 总线是虚拟出来的，它是内核的一个虚拟总线，它不像 USB 总线、PCI 总线那样真实存在。Linux 的所有设备在注册后都会被挂载在这个虚拟总线上。另外，查看系统设备的命令为#cat /proc/devices，其运行结果如图 7-8 所示。

从图 7-8 中可以看出，每一个设备都对应一个设备号，但是 Linux 中设备号最大值为 255，由于设备号不够用，所以 Linux 将设备号分为主设备号和次设备号，一般主设备号都是已经分配好的。

用户注册的设备一般归为"杂项设备"，用 misc 表示，从图 7-8 可以看出，杂项设备号是 10，这里使用 cat/proc/misc 命令来查看杂项设备。很多设备，包括 AD、闹铃、蜂鸣器和一些网络设备都注册成了杂项设备，所以说杂项设备是 Linux 中一项重要的内容。

图 7-8　查看 Linux 设备命令示意图

7.3.2　设备注册

早期的 Linux 采用文件的方式注册设备，但是现在一般是在虚拟平台下对设备进行注册，所以对于设备注册不必太深究代码，主要关注注册流程和方法即可。

下面详细介绍设备注册的流程。

设备注册使用的结构体是 platform_device，注册采用命令打开 platform 的结构体，在内核源码目录下采用 vim 命令打开"include/Linux/platform_device.h"，如图 7-9 所示。

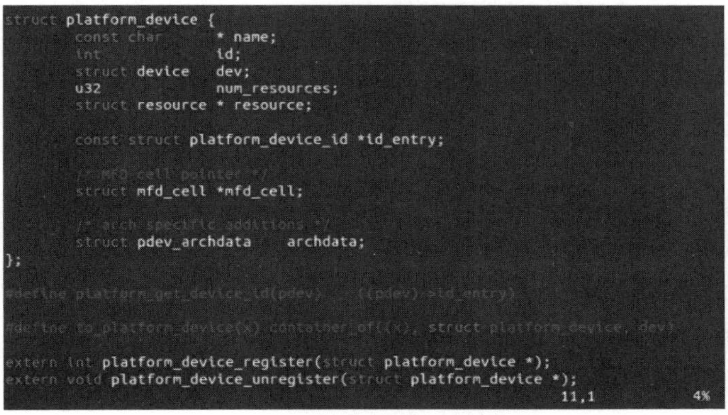

图 7-9　打开 platform_device.h 文件部分示意图

在结构体"platform_device"中：

第一个参数"name"，是一个字符指针，驱动初始化前需要和注册驱动的"name"字段匹配的参数（设备的名称，例如 IIC、SPI 等）；

第二个参数"id"，表示子设备编号，一个设备如果有多个子设备号（例如多个串口等），则需写入子设备号数量，如果只有一个则用–1 表示；

第三个参数"device"，表示结构体内嵌的设备结构体；

第四个参数"num_resources"，表示设备使用的资源数组。

下面通过迅为公司的一个设备注册的例子介绍设备注册的方式。

在 Linux 内核源码中用 vim 命令打开 arch/arm/mach-exynos/mach-iTOP4412.c。
LED 的设备的注册模式如下：

```
#if def CONFIG_LEDS_CTL
Struct platform_device s3c _device_led_ctl={
.name="leds",
.id=-1,
}
#end if
```

上述内容定义了设备的结构体变量，该变量还需要导入宏定义中，同样在上述文件中采用如下命名完成：

```
#if def CONFIG_LEDS_CTL
&s3c_ device_leds_ctl,
#end if
```

设备的宏定义非常重要，后续应用层对该设备的操作都是通过对宏定义的操作来完成的。通过对文件的定义，使用 make menuconfig 命令选择该设备进入内核编译，生成新的.config 文件，进而编译内核，生成新的内核镜像，烧写到目标板，具体操作如第五章所述，这里不再赘述。设备注册完成后在虚拟平台总线下采用如下命令可以查看到该设备：

```
ls  /sys/devices/platform/
```

如果有定义的设备则表示设备注册成功。

7.3.3 驱动注册

驱动注册是驱动工程师必须掌握的内容。驱动注册涉及的结构体是 platform_driver，在 include/Linux/platform_device.h/中，使用 vim 命令将其打开，可以查看其结构体的定义。

下面简单介绍驱动注册结构体的内容。

(1)驱动注册结构体中的函数指针对应驱动的几种状态：初始化、移除、休眠、复位。它们和 PC 类似，这些函数包括 probe(初始化)、remove(移除)、suspend(休眠)、resume(重启)。

(2)platform_driver_register 表示驱动注册，注意驱动注册名和设备注册名是需要一致的，保证二者能够匹配。platform_driver_unregister 表示驱动卸载。可直接使用相关结构体来调用这两个函数完成驱动注册和卸载。

(3)其头文件必须包含<Linux/platform_device.h>。

在简单驱动模块的基础上添加驱动的注册函数和相关设计如下：

```
#include <Linux/module.h>
/*驱动注册的头文件，包含驱动的结构体以及注册和卸载的函数*/
#include <Linux/platform_device.h>
#define DRIVER_NAME "hello_ctl"
```

```
MODULE_LICENSE("Dual BSD/GPL");
MODULE_AUTHOR("TOPEET");

static int hello_probe(struct platform_device *pdv){
 printk(KERN_EMERG "\tinitialized\n");
 return 0;
}
static int hello_reMOVe(struct platform_device *pdv){return
0;}
static void hello_shutdown(struct platform_device *pdv){;}
static int hello_suspend(struct platform_device *pdv){return
0;}
static int hello_resume(struct platform_device *pdv){return
0;}
struct platform_driver hello_driver = {
 .probe = hello_probe,
 .reMOVe = hello_reMOVe,
 .shutdown = hello_shutdown,
 .suspend = hello_suspend,
 .resume = hello_resume,
 .driver = {
  .name = DRIVER_NAME,
  .owner = THIS_MODULE, }};
static int hello_init(void)
{
 int DriverState;
 printk(KERN_EMERG "HELLO WORLD enter!\n");
 DriverState = platform_driver_register(&hello_driver);
 printk(KERN_EMERG "\tDriverState is %d\n", DriverState);
 return 0;
}
static void hello_exit(void)
{
 printk(KERN_EMERG "HELLO WORLD exit!\n");

 platform_driver_unregister(&hello_driver);
}
module_init(hello_init);
```

7.3.4 设备节点生成

首先介绍需要杂项设备的原因，主设备号不够使用，为了节省主设备号(255)，在"10"中引入杂项设备，这样驱动编写起来更简单。杂项设备初始化部分源文件是 Linux 官方自带的，为了一些简单的驱动更容易实现，初学者只需了解即可。

杂项设备注册的头文件为 include/Linux/miscdevice.h，可以采用 vim 命令打开这个头文件，如图 7-10 所示。

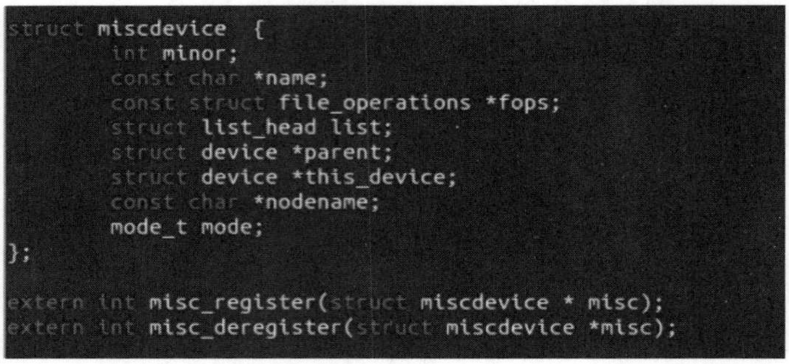

```
struct miscdevice  {
        int minor;
        const char *name;
        const struct file_operations *fops;
        struct list_head list;
        struct device *parent;
        struct device *this_device;
        const char *nodename;
        mode_t mode;
};

extern int misc_register(struct miscdevice * misc);
extern int misc_deregister(struct miscdevice *misc);
```

图 7-10 打开 miscdevice.h 文件示意图

7.4 硬件电路和驱动的对应

本节主要介绍如何将硬件电路图和驱动设备进行对应。首先回顾电子类相关课程中介绍的 SCH 工程师和 Layout 工程师的工作，然后再介绍如何将硬件设备的物理地址和虚拟地址对应。

7.4.1 硬件基础

嵌入式系统硬件开发是一切系统的基础，它的开发流程主要包括以下 7 个方面。

(1)方案设计。即原理图设计和网表(net)的生成，该部分由原理图工程师完成并提供原理图。

(2)Layout 设计。由 Layout 工程师根据网表完成，主要是 PCB 的布局布线，最终生成 gerber 文件。

(3)PCB 制板。由 PCB 厂商根据 gerber 文件完成生产，得到"裸板"。

(4)焊接。将元器件焊接到生产的 PCB 上，这个是硬件的"首板"，也称为 demo。

(5)测试。测试分为硬件测试和软件测试，也称"快速原型"，以确认设计达到预期。

(6)驱动设计。器件的选取和驱动的编写从方案开始就进行准备，一般从最小系统运行开始测试。

(7)量产。解决可能出现的其他问题，一般硬件方案不做改动，主要是软件升级调整。

对于已经完成的开发板，如何使用原理图？可以从以下 4 个方面进行分析。

（1）模块。由于原理图中器件较多，一般将完成一定功能的器件组合称为一个模块，这样便于原理图的划分和查找，例如电源模块、LED 模块等。图 7-11 将一块电路板划分为多个模块。

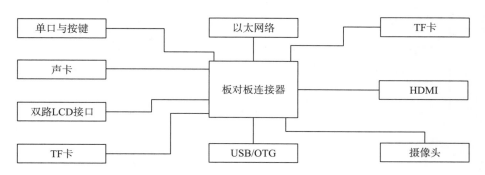

图 7-11　将 PCB 划分为模块的示意图

每一个模块对应一组电路原理图，这样表示成模块图便于分析和查看。

（2）元件标号。元器件通过元件标号和开发板一一对应，通过元件标号可以快速查找元件，主要用于在原理图中查找芯片。

（3）丝印标号。该标号直接标注在电路板上，用直接的方式标示电路板上各接口功能。

（4）网络标号。原理图上器件和器件连接的标号，主要标示各引脚的相互连接情况。通过网络标号找到对应的芯片引脚，再进一步通过 datasheet 查找对应的控制寄存器。

硬件开发也包含很多方面，但是再从嵌入式系统驱动开发角度来看，最重要的是各种对应关系要理清楚，从引脚到标号再到寄存器，这样写代码的时候才能做到心中有数。

7.4.2　物理地址和虚拟地址对应

学习过单片机的读者都知道，在单片机中实现某些接口或系统的功能是对寄存器的操作，而每一个寄存器有一个物理地址，采用 C 语言对该地址进行操作，即可对寄存器完成读写。

本书第 1 章中提到过，MPC 最大的特点是在处理器和内存之间加入了 cache 和 MMU，其中 cache 提供了速度的匹配，使得 MPC 存储和内存得以匹配。

MMU 的作用是当程序大于内存的时候保证程序顺利运行。它提供了虚拟内存和虚拟地址。虚拟地址以页为单位，物理地址划分为页帧，其大小都一样。MMU 的引入，使得 MPC 只需要发送虚拟地址，然后由 MMC 将其映射为物理地址，再对程序进行调用执行。初学者简单理解两点就行：第一，MMU 就是一个表格，对虚拟地址和物理地址进行匹配和映射，如图 7-12 所示；第二，对于操作系统，MPC 读取寄存器也是通过对虚拟地址和物理地址进行映射后读取的。

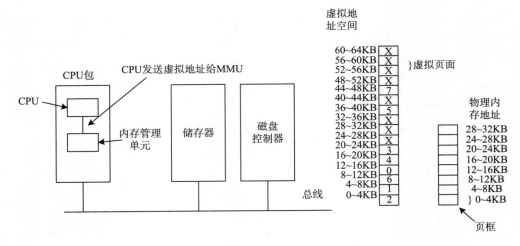

图 7-12   虚拟地址和物理地址映射示意图

在 Linux 开发中，开发人员（包括驱动开发工程师）不必关心物理地址和虚拟地址，他们对硬件的操作是通过对宏定义的操作实现的。

下面简要介绍 GPIO 驱动的调用。

在内核源码目录下使用 ls drivers/gpio/*.o 命令来查找哪些内容被编译进了内核，注意：.o 文件表示被编译进了内核，而不是所有的.c 文件都被编译了（具体怎么编译参看 menuconfigure 章节）。

初始化函数在源码目录下“include/Linux/init.h”，其打开方式如图 7-13 所示。

```
static __init int exynos4_gpiolib_init(void)
{
    struct s3c_gpio_chip *chip;
    int i;
    int nr_chips;
    /*GPIO common part  */
    chip = exynos4_gpio_common_4bit;
    nr_chips = ARRAY_SIZE();
    for(i = 0; i < nr_chips; i++, chip++){
        if(chip -> config == NULL)
            chip -> config = &gpio_cfg;
        if(chip -> base == NULL)
            pr_err("NO  allocation  of  base  address  for
[common gpio]");
    }
    samsung_gpiolib_add_4bit_chips(exynos4_gpio_common_4bit,
nr_chips);
    /*Only 4210 GPIO part */
    if(soc_is_exynos4210()){
        chip = exynos4210_gpio_4bit;}
}
```

图 7-13   init.h 文件打开示意图

Source Insight 中 exynos4_gpiolib_init 函数主要作为初始化函数调用 "exynos4_gpiolib_init"。

(1)通过软件 Source Insight 查找到 exynos4_gpiolib_init 函数的定义;

(2)在该函数中引用了 chip = exynos4_gpio_common_4bit 结构体;

(3)查找到结构体 exynos4_gpio_common_4bit。

在上述结构体中找带有 GPL2 的内容,如图 7-14 所示。

```
.base = (S5P_VA_GPIO2 + 0x100),
    .eint_offset = 0x20,
    .group = 22,
    .chip = {
        .base  = EXYNOS4_GPL2(0),
        .ngpio = EXYNOS4_GPIO_L2_NR,
        .label = "GPL2",
    },
```

图 7-14　GPL2 位置截图

图 7-14 中,.base =(S5P_VA_GPIO2 + 0x100)表示偏移地址和虚拟地址相加;.eint_offset = 0x20 表示中断部分,介绍中断的时候再讲(IO 口可以配置为中断模式);.group = 22 表示给 GPIO 分组;chip.base = EXYNOS4_GPL2(0)表示宏定义 EXYNOS4_GPL2(0)赋值给初始化函数;chip.ngpio = EXYNOS4_GPIO_L2_NR 表示这一小组中有几个 GPIO;chip.label = "GPL2"表示程序员需要关心的标志。

可以看到结构体中有 S5P_VA_XXXX 的基地址定义,VA 一般代表虚拟地址,PA 代表实际的物理地址。

通过本节叙述,可以简单理解 MMU 是如何在内核文件中将物理地址和虚拟地址对应起来的,有了这个基础,理解硬件接口和软件的对应关系就容易多了。

7.4.3　GPIO 在 Linux 中的驱动实例

本节通过 GPIO 管脚控制一个 LED 灯的亮灭来系统说明 Linux 中驱动的总架构和设计方法。

第一步,通过原理图查找 LED 灯控制管脚和对应的 I/O 接口,图 7-15 给出了原理图中 LED 灯查找对应的模块,从图中看出,控制该 LED 灯的网络标号为 KP_COL0。

根据网络标号,在原理图中找到对应的 CUP 的控制引脚,对应的控制引脚为 XGNSS_GPIO_0/GPL2_0。

第二步,在 Linux 中(主要版本中),申请使用 GPIO 的头文件为 include/Linux/gpio.h,三星平台的 GPIO 配置函数头文件为 arch/arm/plat-samsung/include/plat/gpio-cfg.h,包括三星所有处理器的配置函数为 arch/arm/mach-exynos/include/mach/gpio.h,以及 GPIO 管脚拉高拉低配置参数等。配置参数的宏定义应该在 arch/arm/plat-samsung/include/plat/gpio-cfg.h 文件中,即 arch/arm/mach-exynos/include/mach/gpio-exynos4.h。包括 4412 处理器所有的 GPIO 的宏定义。

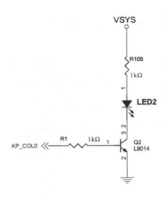

图 7-15　LED 灯网络标号位置截图

头文件一般包括需要调用的函数或宏定义，宏定义是将一些 0 或 1 定义为宏变量，便于后续程序调用。

在上述头文件中，主要使用到以下函数对 GPIO 进行操作：

（1）LinuxGPIO 申请函数和赋值函数：gpio_request、gpio_set_value；

（2）三星平台配置 GPIO 函数：s3c_gpio_cfgpin；

（3）GPIO 配置输出模式的宏变量：S3C_GPIO_OUTPUT。

编写控制 LED 的驱动文件 LED.c 的代码如下：

```
#include <Linux/init.h>
#include <Linux/module.h>
#include <Linux/platform_device.h>
/*注册杂项设备头文件*/
#include <Linux/miscdevice.h>
/*注册设备节点的文件结构体*/
#include <Linux/fs.h>
/*Linux 中申请 GPIO 的头文件*/
#include <Linux/gpio.h>
/*三星平台的 GPIO 配置函数头文件*/
#include <plat/gpio-cfg.h>
#include <mach/gpio.h>
#include <mach/gpio-exynos4.h>
#define DRIVER_NAME "hello_ctl"
#define DEVICE_NAME "hello_ctl"

MODULE_LICENSE("Dual BSD/GPL");
MODULE_AUTHOR("TOPEET");
static long hello_ioctl( struct file *files , unsigned int
cmd, unsigned long arg){
```

```
    printk("cmd is %d, arg is %d\n", cmd, arg);

    if(cmd > 1){
     printk(KERN_EMERG "cmd is 0 or 1\n");
    }
    if(arg > 1){
     printk(KERN_EMERG "arg is only 1\n");
    }
    gpio_set_value(EXYNOS4_GPL2(0), cmd);
    return 0;
   }
  static int hello_release(struct inode *inode, struct file
*file){
    printk(KERN_EMERG "hello release\n");
    return 0;
   }
  static int hello_open(struct inode *inode, struct file
*file){
    printk(KERN_EMERG "hello open\n");
    return 0;
   }
  static struct file_operations hello_ops = {
    .owner = THIS_MODULE,
    .open = hello_open,
    .release = hello_release,
    .unlocked_ioctl = hello_ioctl,
   };
  static struct miscdevice hello_dev = {
    .minor = MISC_DYNAMIC_MINOR,
    .name = DEVICE_NAME,
    .fops = &hello_ops,
   };
  static int hello_probe(struct platform_device *pdv){
   int ret;
   printk(KERN_EMERG "\tinitialized\n");
   ret = gpio_request(EXYNOS4_GPL2(0), "LEDS");
   if(ret < 0){
    printk(KERN_EMERG "gpio_request EXYNOS4_GPL2(0) failed!\n");
```

```
    return ret;
  }
  s3c_gpio_cfgpin(EXYNOS4_GPL2(0), S3C_GPIO_OUTPUT);
  gpio_set_value(EXYNOS4_GPL2(0), 0);
  misc_register(&hello_dev);
  return 0;
}
static int hello_reMOVe(struct platform_device *pdv){
  printk(KERN_EMERG "\treMOVe\n");
  misc_deregister(&hello_dev);
  return 0;
}
static void hello_shutdown(struct platform_device *pdv){
  ;
}

static int hello_suspend(struct platform_device *pdv,
pm_message_t pmt){
  return 0;
}
static int hello_resume(struct platform_device *pdv){
  return 0;
}
struct platform_driver hello_driver = {
  .probe = hello_probe,
  .reMOVe = hello_reMOVe,
  .shutdown = hello_shutdown,
  .suspend = hello_suspend,
  .resume = hello_resume,
  .driver = {
    .name = DRIVER_NAME,
    .owner = THIS_MODULE,
  }
};
static int hello_init(void)
{
  int DriverState;
  printk(KERN_EMERG "HELLO WORLD enter!\n");
```

```
    DriverState = platform_driver_register(&hello_driver);
    printk(KERN_EMERG "\tDriverState is %d\n", DriverState);
    return 0;
  }
  static void hello_exit(void)
  {
   printk(KERN_EMERG "HELLO WORLD exit!\n");
   platform_driver_unregister(&hello_driver);
  }

  module_init(hello_init);
  module_exit(hello_exit);
```

对应的 **Makefile** 文件修改如下：

```
#!/bin/bash
KDIR := /home/topeet/android4.0/iTop4412_Kernel_3.0
#当前目录变量
PWD ?= $(Shell pwd)
#make 命名默认寻找第一个目标
#make -C 就是指调用执行的路径
#$(KDIR)Linux 源码目录，作者这里指的是/home/topeet/android4.0/
iTop4412_Kernel_3.0
#$(PWD) 当前目录变量
#modules 要执行的操作
all:
 make -C $(KDIR) M=$(PWD) modules
#make clean 执行的操作是删除后缀为的.o 文件
clean:
 rm -rf *.o
```

最后，编写主函数对该驱动模块进行调用，该函数取名为 invoke_leds.c，代码如下：

```
#include <stdio.h>
#include <sys/types.h>
#include <sys/stat.h>
#include <fcntl.h>
#include <unistd.h>
#include <sys/ioctl.h>

main()
```

```
{
 int fd;
 char *hello_node = "/dev/hello_ctl";
/*O_RDWR 只读打开，O_NDELAY 非阻塞方式*/
 if((fd = open(hello_node, O_RDWR|O_NDELAY))<0){
  printf("APP open %s failed", hello_node);
 }
 else{
  printf("APP open %s success", hello_node);
  ioctl(fd, 1, 1);
  sleep(3);
  ioctl(fd, 0, 1);
  sleep(3);
  ioctl(fd, 1, 1);
 }
 close(fd);
}
```

上述就是用户开发程序，在 Linux 交叉编译环境下，使用如下命令对 invoke_leds.c 文件进行编译，生成嵌入式开发板上可执行二进制文件：

```
arm-none-Linux-gnueabi-gcc  -o  invoke_leds  invoke_leds.c  -
static
```

在开发板上运行该可执行文件，可以对 LED 灯的亮灭进行控制，可以观察到小灯的闪烁，读者如果有开发板可以根据自己的想法对程序进行修改，观察修改后的变化。

上述就是驱动开发常用的三个文件，即驱动模块定义、Makefile 编译文件、用户调用程序，三个文件实现的功能和作用不一样，请读者认真思考它们之间的差异和应用对象，不要弄混。

上述给出的例子是字符型设备驱动开发的一个简单实例，虽然比较简单，但是包含了驱动开发需要用到的基本内容，读者能够读懂源代码，通过 7.3 节对驱动注册和设备注册的学习，可以基本掌握 Linux 驱动开发的基本内容和流程。后续要开发更加复杂的程序可以结合要开发的硬件设备查阅相关资料和文档，进一步深入学习，但基本方法和流程是一致的。

7.5 本 章 小 结

Linux 驱动编写的知识点也比较繁杂，尤其是涉及的函数、宏定义、文件较多，初学者常常感觉理解困难。其实 Linux 驱动的编写是很模块化的东西，写什么、用什么都是固定的，真正需要程序员写的代码也不多，大部分是复制和粘贴，关键是弄清楚复制粘贴的内容、流程和需要这样处理的原因。

　　驱动的编写前提是掌握 Linux 架构，在这个基础上对现有的驱动进行移植，因为大部分通用接口的驱动都有现成代码，根据具体硬件做少量改动就可以了，所以学习驱动最重要的是搞清楚驱动框架、原理和各个函数、文件的作用。

　　建议读者从一个最简单的小灯或蜂鸣器的驱动写起，弄清相关流程，这样就能了解驱动的基本步骤，再慢慢深入其中的细节。

第 8 章 Android 应用开发基础

安卓(Android)操作系统现在应用十分广泛，它是 Google 基于 Linux 内核开发的一种开源操作系统。目前嵌入式终端设备，尤其是智能手机大量采用安卓系统，很多应用程序也是基于安卓系统开发。本章简要介绍安卓系统的开发环境和开发流程。

8.1 搭建 Android 应用的开发环境

在不同的平台下，Android 应用开发环境需要的软件各不相同。本节以 Win10-64 操作系统为例介绍搭建 Android 开发环境的方法，其他平台可以参考本节方法选择对应程序包自行搭建。

8.1.1 下载 JDK

安卓应用程序(App)的开发目前以使用 Java 语言为主，而 Java 语言离不开 JDK (java development kit)的支持，因此需要首先搭建 JDK 平台。

8.1.2 Android JDK 和修改 JDK 环境变量

第一步是下载 JDK，下载链接为 http://www.oracle.com/technetwork/java/javase/downloads/index.html，用户可以根据平台选择不同版本进行下载，本节演示使用的版本是 JDK1.8。

下载完成后，双击下载的可执行文件"JDK-8u25-Windows-x64.exe"，根据向导完成安装即可。若出现问题有可能是环境变量设置不正确，修改环境变量即可。JDK 环境变量配置如图 8-1 所示。

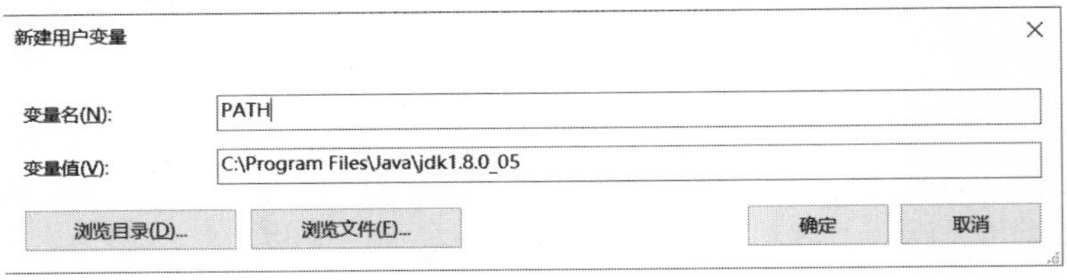

图 8-1　JDK 的环境变量配置

JDK 安装完成，直接进入 DOS 命令行，如图 8-2 所示，输入命令"#java -version"，出现 Java 版本，则表明环境变量设置正确。

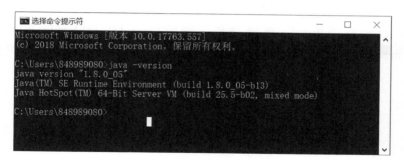

图 8-2　查看 JDK 的环境配置

8.1.3　下载 SDK

SDK（software development kit）是软件开发工具包，主要包含一些软件工程师常用的软件包、软件框架、硬件平台、操作系统等。在安卓系统开发中该软件包十分有用，下面介绍如何下载安装 SDK。

SDK 的安装可以使用 SDK Manager 程序，自行下载并打开可执行程序 "SDK Manager.exe"。

由于本节使用的 Android 版本是 4.0.3，所以需要下载 Android 4.0.3 的 SDK。下载界面如图 8-3 所示，这里选择的是 Android 4.0.3 工具，按照提示安装即可。

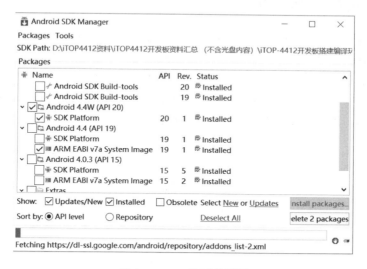

图 8-3　SDK 的下载界面

8.1.4　ADT 集成开发环境

安卓开发工具（android development tools，ADT）是安卓在 Eclipse IDE 环境中的开发工具。这个开发工具为 Android 开发者提供开发工具的升级或者变更，可以把它简单地理解为在 Eclipse 下为开发工具升级的工具。根据 Android 开发者官网（developer.android.google.

cn）上的介绍，Eclipse 可以通过两种方式安装 ADT 插件，一是在线安装，二是离线安装，用户可以根据需求自行选择安装。安装后进入"adt-bundle-Windows-x86_64-20140702\eclipse"打开"eclipse.exe"应用程序，进入 Eclipse 的主界面，如图 8-4 所示。

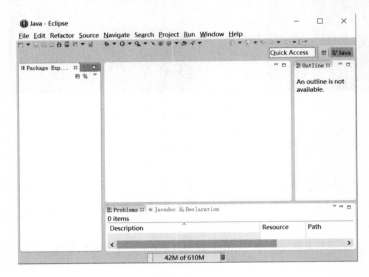

图 8-4　Eclipse 的主界面

8.1.5　创建 Android 模拟器

安卓模拟器是指能在 PC 平台上模拟安卓手机系统的模拟器软件。比较常用的安卓模拟器有 Android SDK 和 BlueStacks，另外著名的 VMware 虚拟机和 Virtual Box 虚拟机也可以模拟安卓系统。在 Eclipse 平台上可以方便地生成模拟器。

在 Eclipse 中，单击"Windows"菜单，选择"Android Virtual Device Manager"启动模拟器管理插件，然后如图 8-5 所示，单击"Create…"。

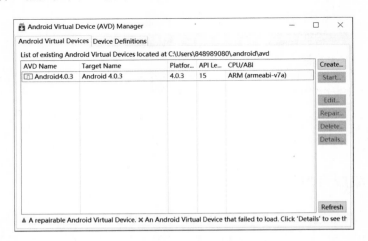

图 8-5　模拟安装界面

　　按照安装步骤依次安装，相关参数可选择默认，直到出现图 8-6 界面安装完成。

图 8-6　模拟安装启动界面

8.1.6　创建第一个 Android 应用程序（Hello world）

　　打开 Eclipse，选择菜单"File->New->Android Application Project"，弹出对话框"New Android Application"，如图 8-7 所示设置。

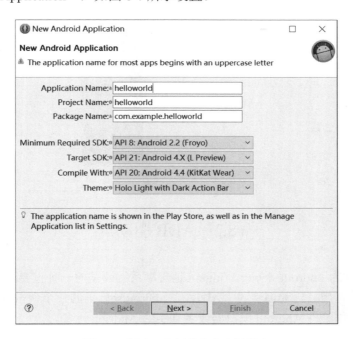

图 8-7　创建一个新的安卓应用程序

　　点击图 8-7 中"Next"按钮，后面的设置可以直接默认，直到单击"Finish"，然后回到 Eclipse 主界面，如图 8-8 所示。

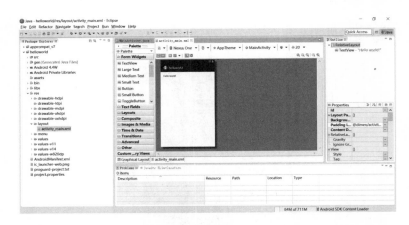

图 8-8　Eclipse 主界面

之后，可以在"Package Explorer"中选中 Helloworld 工程。

选择 Eclipse 菜单"Run->Run As->Android Application"，运行 Helloworld 程序。启动后，给模拟器屏幕解锁，Helloworld 程序就可以在模拟器上运行起来了，如图 8-9 所示。

图 8-9　Eclipse 主界面

8.2　ADB 驱动

ADB 的全称为 android debug bridge，是安卓系统调试的一种重要的驱动软件，它能够起到调试桥的作用。再通俗点说，ADB 是 androidsdk 里的一个调试软件，用这个软件或者平台可以操作管理 Android 模拟器或者真实的 Andriod 设备。

8.2.1　安装 ADB 驱动

ADB 驱动可以手动安装，在第五章讲解了系统移植，在使用 fastboot 烧写镜像的时候，也需要先安装 ADB 驱动，那个时候使用的就是手动安装。同时它也可以通过"SDK

Manager.exe"来安装，相关设置如图 8-10 所示。另外需要注意的是，如果要使用 SDK Manager 安装软件，需要先将 Eclipse 关闭。

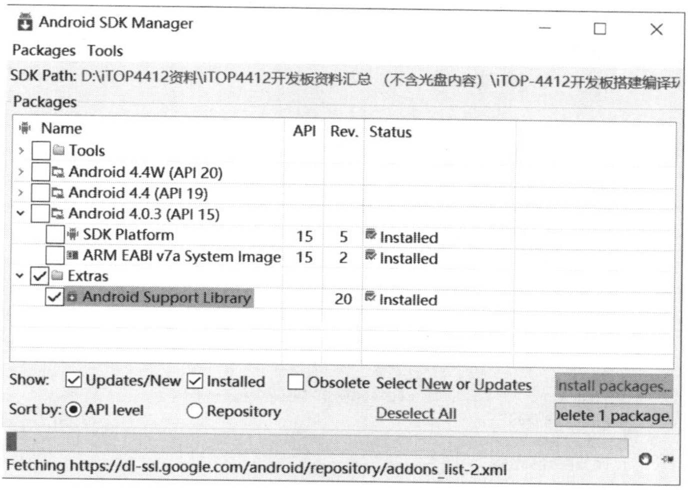

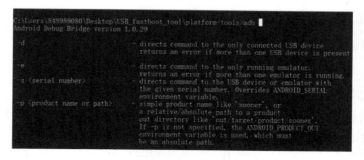

图 8-10　ADB 驱动安装界面

安装完成后，打开文件夹中"USB_fastboot_tool\platform-tools"的命令行 cmd.exe，如图 8-11 所示，输入命令"#adb"，然后回车。启动开发板，使用 OTG 先和电脑的 USB 接口相连接，在命令行中，输入命令"#adb Shell"，如果没有报错，表明 ADB 已经连接成功。

图 8-11　cmd 中查看 ADB 驱动安装情况

8.2.2　安装 ADB 驱动常见问题及解决方法

初学者安装 ADB 驱动很容易出错，经常会有各种报错，本节介绍两种常见错误，以供参考。如果还有其他类型的错误，可以自行查阅相关资料解决。

1. 解决黄色感叹号

在安装 adbsetup.exe 时顺利完成，但是插入手机后显示一个黄色的感叹号，这个时候可能就需要使用文件夹的驱动了。

(1)打开电脑设备管理器，在其他设备的 ADB Interface(带黄色感叹号)上右击，使用更新驱动程序软件。

(2)选择弹出窗口的"浏览计算机以查找驱动程序软件"。

(3)在新窗口中选择第二项，之后一直默认下一步，最后选择"从磁盘安装"，如图 8-12 所示。

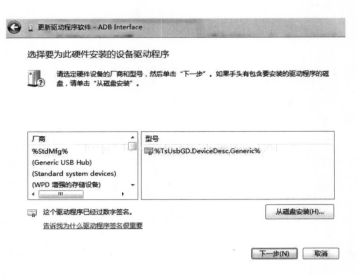

图 8-12　设备管理器界面

在"从磁盘安装"的对话框中选择 "制造商文件复制来源"时安装的过程中可能会出现一些警告信息，选择继续安装，直至安装完毕。

2. ADB 端口 5037 被占用的问题

如果安装过程中出现端口被占用的报错信息，那么需要找到占用端口的程序，禁止其运行，以 5037 占用为例说明。

(1)首先在任务管理器中找到占用 5037 端口的进程 PID，在 cmd 命令行中输入 netstat -aon|findstr 5037。

(2)打开任务管理器，通过 PID 找到运行的程序名称，可以强制将其关闭，通常该程序还会重启继续运行。

(3)找到程序所在位置，拒绝其读取和运行权限，这种方法仅适用于 tadb/kadb 等必要运行程序，否则将导致软件无法运行。

安装后，cmd 中输入 adb devices，安装正确即可使用 ADB 驱动。

8.3　JNI 基础概念

JNI(Java native interface，Java 本机接口)可以让 Java 程序方便地访问本地动态链接库，对于提高软件效率、扩展功能十分有用。

8.3.1　JNI 应用例子

　　JNI 是一个本机编程接口，它是 Java 软件开发工具箱(SDK)的一部分。JNI 提供了若干的 API，实现了 Java 和其他语言间的通信(主要是 C&C++)。

　　这里以一个 ledtest 例子来展示 JNI 的作用。打开 ledtest 工程，如图 8-13 所示。在这个工程文件中，会发现 jni 文件夹中有 c 文件，在 libs 文件夹中有 libled.so 库文件。

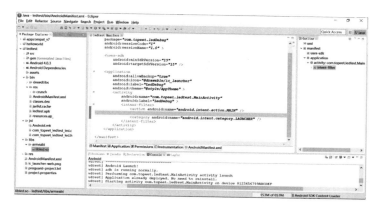

图 8-13　ledtest 工程中的 JNI

　　如图 8-14 所示，如果需要使用 JNI 功能和 Kernel 通信，那么就需要有以下几个文件：

```
jni.h→com.topeet.ledtest.h
jni.c→com.topeet.ledtest.c
lib.so→libled.so
Android.mk→Android.mk
```

图 8-14　ledtest 工程中的 JNI

　　要使用这些文件，读者需要厘清 JNI 调用的关系，后面可以仿写自己的 JNI。JNI 调用关系较为复杂，此处不再展开，有兴趣的读者可参考相关资料。

8.3.2　Android.MK 文件

前文展示了 ledtest 文件，但是源码还需要编译成 lib.so 库才能使用。源码编译成库就涉及 Makefile 文件，本节简单介绍 Android.mk 的编写。这里还是以 ledtest 为例，打开对应的 Android.mk，如图 8-15 所示。

图 8-15　Android.mk 文件

下面是 Android.mk 文件中的代码：

```
LOCAL_PATH := $(call my-dir)
include $(CLEAR_VARS)
LOCAL_MODULE    := led
LOCAL_SRC_FILES := com_topeet_ledtest_led.c
LOCAL_LDLIBS += -llog
LOCAL_LDLIBS +=-lm
include $(BUILD_SHARED_LIBRARY)
```

代码简要解析如下。

（1）LOCAL_PATH := $(call my-dir)，指明源文件路径，my-dir 是一个系统宏函数，用于返回当前路径。

（2）LOCAL_MODULE := led，LOCAL_MODULE 是一个变量，作为模块的标识。

（3）LOCAL_SRC_FILES := com_topeet_ledtest_led.c，将需要编译的 C 源文件赋给 LOCAL_SRC_FILES 变量。

（4）LOCAL_LDLIBS += -llog。

（5）LOCAL_LDLIBS +=-lm，编译模块时要使用的附加的链接器选项，表示生成的是动态库。

（6）include $(BUILD_SHARED_LIBRARY)，生成库间的依赖关系，会自动编译 include 包含的库。

8.3.3　安装 NDK 编译器

要生成如图 8-16 所示的基于 Linux 的 libxx.so 库，需要安装 NDK 编译器。本节简单介绍一下这个编译器的安装。

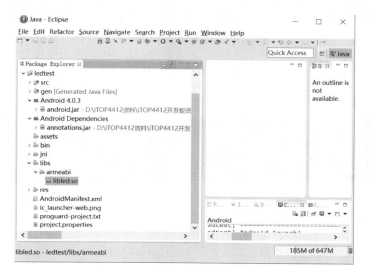

图 8-16　Linux 的 libxx.so 库示意图

在 Linux 环境下，进入"/usr/local/ndk"文件夹中，如果没有 ndk 文件夹，则需要用户自己新建一个 ndk 文件夹。

进入新建的 ndk 目录，使用命令"#tar -vxf android-NDK-r8b-linux-x86.tar.bz2"将编译器解压到 ndk 目录中，如图 8-17 所示。

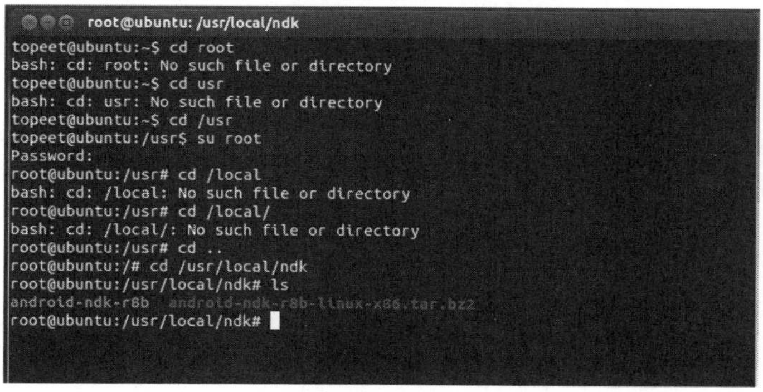

图 8-17　Linux 中解压 ndk 文件夹

在该目录下进入 root 用户，然后使用命令"#vim .bashrc"打开设置环境变量的文件。在文件".bashrc"的最后一行，添加 "export PATH=$PATH:/usr/local/ndk/android-ndk-r8b"，如图 8-18 所示。

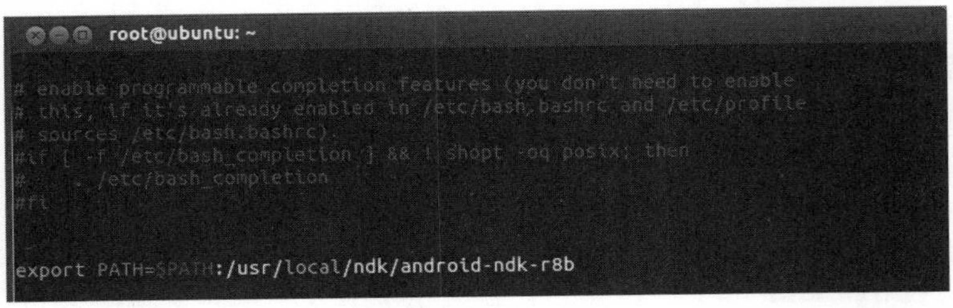

图 8-18　修改环境变量

保存退出，然后使用命令"#source .bashrc"更新环境变量。输入"#ndk"，然后按 Tab 键，如果设置成功则如图 8-19 所示。

```
root@ubuntu: ~
root@ubuntu:~# ndk-
ndk-build  ndk-gdb    ndk-stack
root@ubuntu:~# ndk-
```

图 8-19　测试设置成功图

8.3.4　编译 Android 动态链接库

本节以 Android 应用程序的"ledtest"工程为例讲解生成动态链接库的方法，如图 8-20 所示，工程"ledtest"中的 jni 文件夹中有编译动态链接库需要用到的源代码以及编译脚本。

图 8-20　工程"ledtest"中的 jni 文件夹列表

将工程中的"jni"文件夹拷贝到 Ubuntu12.04.2 的"/home/topeet/Android-app"目录中。进入 jni 目录，使用命令"#ndk-build"编译，如图 8-21 所示。

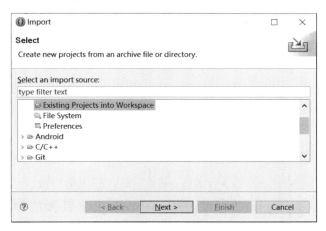

图 8-21　编译 jni 文件

使用命令"#cd libs"进入"libs"目录，然后使用"#ls"命令查看，可以发现生成了文件夹"armeabi"，里面有库文件"libled.so"，如图 8-22 所示。

图 8-22　文件夹"armeabi"的生成

至此，动态链接库.so 文件生成成功。

8.4　Android 应用程序

本小节介绍如何导入 Android 应用文件和测试运行。

8.4.1　导入 LED 应用程序工程

先解压"ledtest.zip"压缩包，得到 ledtest 工程源文件，在 Eclipse 中单击"File"菜单，选择"Import…"导入工程，如图 8-23 所示。

图 8-23　Eclipse 导入文件

在弹出窗口中选择"Import"中的"General/Existing Project into Workspace",单击按钮"Next",在弹出界面中单击按钮"Browse",选 ledtest 解压出的文件夹,单击确定,如图 8-24 所示。

图 8-24　选择导入文件

返回"Import"弹窗,选择 ledtest 工程,然后单击按钮"Finish",最终导入成功,界面如图 8-25 所示。

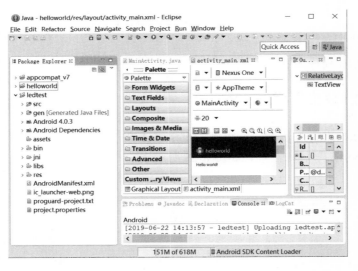

图 8-25　导入成功界面

8.4.2　导入工程常见问题

如果 Eclipse 使用不当,在导入工程的时候,可能会出现问题。

从外部导入工程 workspace 目录的时候,在 workspace 目录中明明没有该工程,却提示"Some projects can not be imported because they already exist in the workspace"。出现上述错误的原因可能是工作站中的文件夹".metadata"中还有一些二进制残存的文件,

这会导致 Eclipse 认为在工作站中仍然有 ledtest 工程。可以直接删除在工作站中的文件夹
".metadata"，然后重新建立一个工作站，将新建工作站中的文件夹".metadata"拷贝
到该工作站文件夹中，重新导入即可解决问题。

8.4.3　在模拟器上调试

在调试前，需要建立虚拟设备。Android 4.0.3 的模拟器建好之后，将默认模拟器设
置为 Android 4.0.3 版本。

打开 Eclipse，选择工程 ledtest，然后单击菜单"run→run"，如图 8-26 所示。

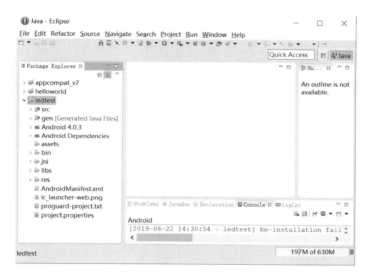

图 8-26　Eclipse 中运行程序 ledtest

模拟器会进行加载，将屏幕解锁之后，ledtest 会在模拟器上直接运行起来，如图 8-27
所示。

图 8-27　ledtest 运行的模拟器界面

8.4.4 在开发板上调试

由于在开发板上 ledtest 应用已经默认安装了，所以在开发板上调试已安装的应用时，需要做一下处理才能够正常连接。

如图 8-28 所示，打开工程"ledtest"，然后打开"bin"→"res"→"Android Mainifest.xml"文件，将 Package 的名称"com.topeet.ledtest"改为"com.topeet.ledDebug"。

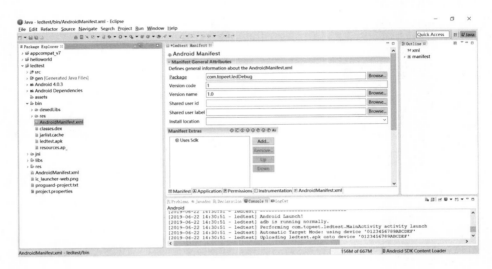

图 8-28　ledtest 修改界面

8.4.5 串口应用程序和蓝牙应用

为使读者进一步了解安卓应用程序的开发，这里再介绍两个例子供读者参考，即串口应用程序和蓝牙应用。

1. 串口应用程序

用户可以参考 ledtest 的方法，导入、分析以及移植 serialtest 工程。开发板调试时，屏幕界面如图 8-29 所示。

系统调用的 JNI 接口为"class serial"，在"src/com.topeet.serialtest/serial.java"中，代码如下：

```
package com.topeet.serialtest;
public class serial {
 public native int  Open(int Port,int Rate);
 public native int  Close();
 public native int[] Read();
 public native int Write(int[] buffer,int len);}
```

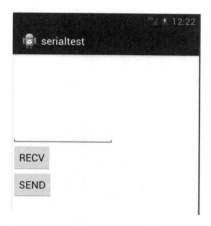

图 8-29　串口程序在模拟器的界面

调用的串口设备节点为"/dev/ttySAC3"，打开"serialtest/src/com/topeet/serialtest"中的文件"MainActivity.java"，代码如下：

```
/*********************************************/
ET1 = (EditText)findViewById(R.id.edit1);
        RECV = (Button)findViewById(R.id.recv1);
        SEND = (Button)findViewById(R.id.send1);
        com3.open(3, 115200);
        RECV.setOnClickListener(new manager());
        SEND.setOnClickListener(new manager());
/*********************************************/
```

2. 蓝牙应用

使用蓝牙需要首先配置蓝牙模块，将其连接到开发板上，才可以使用蓝牙功能。蓝牙模块的硬件结构如图 8-30 所示。

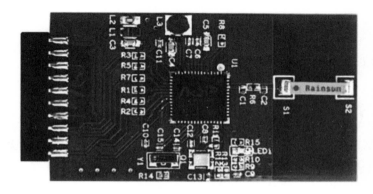

图 8-30　开发板配置的蓝牙模块

安装蓝牙模块后，进入 Android 文件系统，如图 8-31 所示（此图是 AVD 的界面，用户以实际开发板屏幕为准），在"设置"中，可以设置蓝牙开关。

图 8-31　设置蓝牙开关

如果用户需要操作蓝牙，只需要掌握对应的蓝牙命令即可。下面给大家介绍几个常用的命令，并演示使用命令进行连接。启动开发板之后，在超级终端中输入命令，可以找到蓝牙所需的全部命令。

```
#hciconfig --help
1|root@android:/ # hciconfig --help
hciconfig - HCI device configuration utility
Usage:
        hciconfig
        hciconfig [-a] hciX [command ...]
Commands:
        up                      Open and initialize HCI device
        down                     Close HCI device
        reset                    Reset HCI device
        rstat                    Reset statistic counters
        auth                     Enable Authentication
        noauth                   Disable Authentication
        encrypt                  Enable Encryption
```

```
        noencrypt                Disable Encryption
        piscan                   Enable Page and Inquiry scan
        noscan                   Disable scan
        iscan                    Enable Inquiry scan
        pscan                    Enable Page scan
```

下面介绍几个蓝牙常用命令。

1) 开启/关闭蓝牙

`#hciconfig hciX up(down)`

这里蓝牙标号为 hci0。

(1) 开启蓝牙: # hciconfig hci0 up。

`root@android: /data  #  ciconfig hci0 up`

`[3992.253811] [HCI--STP] [I]hci_ stp_ open: hciO (0xd4994800)`

`[3992.257533] [WMT-EXP] [I]mtk_ wcn_ wmt_ func_ ctrl :OPID(3) type (0)start`

`[3992.263752] [STP-C] [W]mtk_ wcn_ stp_ psm_ disable:STP Not Ready, Dont do Sleep/Wakeup`

(2) 关闭蓝牙: # hciconfig hci0 down。

`root@android:/data # hciconfig hci0 down [ 4075.133584] [STP-C] [I]mtk_ Wcn_ stp_ send_ data: #####Type = 0, toinform WMT to wakeup chip, ret = 4`

`[4075.141398] [PSM] [I]_ stp_ psm_ set_ state: work_ state = INACT --> INACT ACT`

准备一个带有 Android 蓝牙接口的手机，开启手机的蓝牙功能，同时也开启开发板上的蓝牙。

2) 查询命令

`#hcitool scan`

`root@android: /data # hcitool scan`

查询结果:

`root@android:7data T T 4407 .500099] [PSM] [I]_ stp_ psm_ stp_ is_ idle: **IDLE is over 5000 msec, go to sleep!!!**`

这里需要注意的是，蓝牙开启后只能在一段时间内检测并且连接绑定到手机端，如果检测超时则连接失败。

3) 绑定命令

`#rfcomm bind /dev/rfcomm0 AC:E2:15:13:F3:5A`

`root@android:/data#rfcomm bind/dev/rfcomm0 AC:E2:15:13:F3:5A`

`root@android:/data #`

4) 解绑命令

```
#rfcomm release /dev/rfcomm0 AC:E2:15:13:F3:5A
root@android:/data # rfcommrekease /dev/rfcomm0 AC:E2:15:13:
F3:5A
```

8.5　本 章 小 结

　　本章简要介绍了在 Android 系统上开发应用程序的基本流程和方法，包括搭建 Android 应用开发环境，JDK、SDK 的下载安装，以及配置环境变量和创建 Android 模拟器，并且介绍了如何创建一个 Android 应用程序 Helloworld，通过 OTG 接口在开发板上进行调试。

　　JNI 可以帮助 Java 程序访问本地的动态链接库，简化开发流程并提高程序效率。本章也具体介绍了 Java 程序调用 JNI 的基本方法和步骤，以及安装 NDK 编译器、编译 JNI 库文件的方法。

　　本章最后一节通过实际应用更好地展示了如何在模拟器和开发板上调试运行代码，共涉及 3 个示例，包括 LED 应用程序、串口应用程序和蓝牙应用，使读者对 Android 应用程序开发有一个初步的了解。

第9章　嵌入式系统新进展

近年来，信息技术发展一日千里，尤其是物联网、大数据、云计算、人工智能等迅猛发展，给行业带来了巨大的冲击和变革。

相对于传统单片机系统，现在的嵌入式系统经历了几次大的变革：一是嵌入式操作系统的广泛使用，二是接入互联网，三是系统的智能化。开发人员主要集中在应用开发，因为嵌入式操作系统的应用使得硬件的开发难度降低，可完成的任务增多。目前绝大多数嵌入式系统都接入了互联网，从而衍生出物联网的概念，虽然物联网提出至今已经有 20 多年的时间，但目前仍具有相当的生命力，而且不断通过"物联网+"的方式进行演化升级，诞生了各种新产品。嵌入式系统的智能化表现在各种以 AI 智能算法为基础的智能机器人的发展上，但嵌入式系统的智能化不仅仅表现在单一应用的智能算法上，它还涉及系统实时性、安全性、可靠性等各方面的综合应用。

可以说，现在嵌入式系统已经不是一个独立的产业了，它作为大数据云计算的一个智能终端，和其他技术正深度融合，每年都有新的概念和技术加入。嵌入式系统已成为信息产业链上重要的一环。

9.1　嵌入式系统与物联网

互联网和嵌入式的融合，产生了物联网。业界对物联网有不同的称呼，目前比较常见的叫法有 IoT、M2M 和 CPS。

9.1.1　物联网概念及特点

1. IoT

物联网(internet of things，IoT)的概念可以追溯到 1999 年，那时正值第三次信息革命。互联网应用大爆发，而物联网就是将万物互联。

原 RFID(radio frequency identification，射频识别)物联网定义为把所有物品通过射频识别等信息传感设备与互联网连接起来，实现智能化识别和管理。物联网较为正式的概念是 1999 年美国麻省理工学院自动识别中心在 RFID 技术的基础上提出的，其定义强调了"信息传感设备与互联网连接"的理念。如今，业界有一个简洁的公式说明物联网的概念，即"物联网=互联网+嵌入式系统"。这样可以直观地表示物联网就是将各种带传感器的嵌入式设备连接起来进行管理分析等，它也可以看作是互联网的延伸和拓展。

2. M2M

M2M 首先出现在通信行业，表示人与人（man to man）之间的通信，即不具备信息化能力的机械设备通过移动通信网络（无线网络）与其他设备或信息系统（IT 系统）进行通信。在满足人与人之间的通信需求后，通信行业认为，通过物与物（machine to machine）之间的通信，构建更高效的信息化应用。人与机器（man to machine）或机器与人的概念是对 M2M 进行了延伸。

M2M 技术框架的核心是网络通信，主要以无线连接为技术手段，将人、设备和信息系统通过端到端的方式进行互联，实现资产集中监控、设备远程操作、物流仓储远程管理和移动支付等，这种思想和物联网思想不谋而合。

3. CPS

CPS（cyber physical system）中"cyber"指的是信息系统，"physical"指的是物理系统（设备、环境、产生资料）。一些工程师用"嵌入式物联网"来表示 CPS，虽然有些片面，但这种叫法更加通俗易懂。

在 2006 年由美国国家科学基金会的 Helen Gill 提出了 CPS 的概念，工业、制造业中嵌入式、自动化的信息系统是 CPS 研究的重要内容，同时美国将 CPS 列为重要的研究项目。CPS 的目标可以用 3C 来概括（3C：计算 computer、通信 communication 和控制 control），就是深度融合云计算、传感器、通信网络和嵌入式计算等各类信息技术，实现物理世界和信息系统以及各类信息系统之间实时的、动态的、融合的、智能化的生产生活服务系统。

基于感知、互联互通、能力开放、安全可控、应用计算，CPS 应用范围极其广阔，包括交通、医疗、农业、能源、国防、建筑、制造业流水线等。如纳米机器人、工程基建设备、城市交通信息提供和远程手术医疗系统。

CPS 偏重科学研究，M2M、IoT 则注重于工程技术的落地。虽然这三个概念提出者的行业、角度、思维侧重点不全相同，但它们也有很多相通的地方，三者不是完全孤立的，很多技术都是相互交叉的。

9.1.2 物联网的优势

物联网（IoT）为现有技术增值，其优势包括以下六点。

1. 分析的"平民化"

以前，组织必须自己分析，自己花费时间和金钱来开发和测试自己的算法。现在物联网的互联标准意味着新市场的诞生：预置的分析引擎，可以提供低成本、即插即用的分析访问权限，以监控特定类型的市场、设施和资产类别。分析平民化，即让每个人都能访问它，而不仅是那些有能力分析的组织，所以物联网冲击了传统的咨询和定制软件市场。

2. 提供新的业务机会

市场调研公司 Forrester 认为，只有 27%的 B2B 企业具有通过数字化转型增加价值的连贯战略。然而，Gartner 公司的一项调查显示，2022 年可数字化交付的服务贸易规模达到 2.5 万亿元，比 5 年前增长了 78.6%。

国际数据公司(International Data Corporation，IDC)通过预测数字转型经济的出现来解释这一差异。与 20 世纪 90 年代末和 21 世纪初的网络革命一样，数字转型经济将创造新的机遇。Gartner 公司将这些新兴领域描述为"算法"与"可编程"的产品和服务，如平民化分析引擎、云计算、人工智能和智能公用事业网络。

传统行业可通过使用 IoT 收集客户反馈和使用数据的信息，从而进行前瞻性创新研究，发现并为客户提供新的价值。例如，麦肯锡公司(Mckinsey & Company)建议特斯拉公司(Tesla Inc.)将它收集的以 TB 计的车辆数据视为"车轮上的物联网"。特斯拉利用这些信息，不断改善驾驶员对其车辆的体验，并为无人驾驶开发提供参考信息，从维护、自动驾驶功能的改进到其他全新功能均是如此。换句话说，每辆特斯拉汽车行驶的每一公里，都有助于识别下一步必须提供的产品或服务。

3. 更安全、更高效的工作

IoT 将为整个工作场所带来变革。IoT 将为人员创造新的工作、分发新的任务以及提供必须掌握的技能。数字方面的素养和数据分析将变得越来越重要。

IoT 还将提升工作场所的安全性。IoT 连接的传感器，将帮助监控封闭和危险的场所，使人类远离危险。随着时间的推移，将传感器和环境数据进行关联，可以获得新信息，以便更好地了解过去的事件，减轻未来的风险。

IoT 还为员工创造新的团队合作方式。现在，许多人都可以通过手机查看与工作有关的通知，以最快的速度确定最佳响应方式，并将行动委托给合适的人员。

此外，IoT 还有助于企业全面提高生产效率。正如机器人消除了重复的物理任务一样，IoT 的"认知外包"使计算机能够负责琐碎或重复的任务，使员工能够花更多的时间寻找运营信息，而不是收集、转换和处理数据。

IoT 从所有类型的设备上收集数据，以监控各种资产的所有关键统计数据，从而提供对资产性能的可见性。

4. 过程和行为监控

在面向消费者的市场中，支持 IoT 的行为跟踪几乎就是实时营销的代名词，然而，各行业也从跟踪人们消费过程的行为中受益。正如前面所讨论的，物联网客户的反馈和数据使用情况，提供了客户偏好，使传统行业能够发现新的商机。

行为跟踪能够提高企业员工的效率和生产力。分析人士预计，通过 IoT 实现的关于伤害、疾病、缺勤、险情和事故的接近实时的数据，将使得对健康、安全和环境问题的识别和隔离更及时和有效。

5.流程和资源优化

支持 IoT 的大数据分析为提高运营效率提供了多种新途径，有助于企业提高利润。企业资源规划、产品生命周期管理、制造执行和供应商关系管理系统之间的数据是独立的，如果将这些数据统一起来，IoT 可以协调工厂运营并改进负载预测和生产调度。

IoT 还可实时监控质量。在单件或批处理前识别不合格部件，并自动适当地调整参数或工艺，以提高质量、提高效率并减少浪费。

将能源消耗率与 IoT 连接的能源计量和工艺数据结合起来，还有助于控制能源支出。这些信息可用于确定对具有成本效益的设备进行升级和减少废品的产生。

如果下游流体和压力数据通过 IoT 连接在一起，将大大提高工作效率。在生产速率相同的基础上，严格比较当前电流值与历史电流值，获取相关信息，维修技术人员可以直接接收到更换泄漏阀的工作订单，而不是发送泵电机的低负荷警报。

通过 IoT 还可以在分配和安排工作之前制定解决方案，确认需要更换的阀门是否有库存——如果没有常规库存的话，确认是否订购。除了检测即将出现的维护问题外，支持 IoT 的预测性维护还能够消除无效的预防性维护计划，最大限度地降低维护成本，提高设备的可靠性和可用性，从而释放额外的产能，同时降低生产成本。

6.更好的决策制定

通过打破数据之间的藩篱，IoT 增强了态势感知能力，增强了企业分析和洞察能力，从而实现更快、更明智的决策和更大的运营红利。

通过案例的分析可知，购买行为触发的因素大多是考虑基于抽查或平均价格盈亏平衡的阈值。支持 IoT 的快速成本系统颠覆了当前的系统：接收基于时间的价格信号、更新分析、分析权衡，并选择最佳响应。

IoT 还可以增强企业态势感知能力。这些先进的分析解决方案，有时被称为网络物理生产系统或信息技术和运营技术的融合，为复杂系统提供了更高水平的可见性和控制力。

9.1.3 物联网中的云计算

物联网和云计算都是互联网发展中衍生出的延伸概念和技术。随着物联网技术的不断发展和变革，传感器等产生的数据信息量剧增，需要更强大的数据存储和处理能力。随着物联网和云计算技术结合越来越紧密，云计算在物联网中的作用越来越大，海量数据信息的收集和分析则是当前物联网云模式最吸引人的应用场景。

1.云计算技术的优点

1) 数据信息安全可靠地存储

云计算对数据信息的存储采用分布式的方式，分布式利用数据信息的冗余性对其进行存储。同时云计算能够对数据信息进行多个副本的存储，保证存储的数据信息的安全可靠。

2) 数据信息便捷地管理

云计算技术应用集成了海量的数据和人工智能的算法, 不仅可以方便快捷地到指定的数据库中搜索需要的数据信息, 还可以通过目前已有的人工智能算法(如深度学习和强化学习等)对物联网的数据进行分析处理。政府和企业可以识别和理解收集的数据信息, 并用来指导政策制定。

3) 网络快速及时地接入

云计算服务商具有极大的入口带宽和大量的边缘接入节点, 所以分布在各个地方的传感器数据都能够方便快捷地上传至云服务商的边缘节点, 再由边缘节点通过高速网络传入计算中心, 进而极大地降低数据传输的延时, 增加数据处理的及时性。

2. 云计算在物联网中的应用分析

1) 云计算管理分析物联网的数据

互联网发展衍生出物联网和云计算, 互联网是物联网和云计算的纽带。物联网对实物上的信息进行数据化, 采集海量的数据。为了对实物进行智能化管理, 并对这些数据进行分析处理, 需要一个大规模的计算平台作为支撑, 而云计算刚好能够实现对海量数据信息进行实时的动态管理和分析。

云计算集成的人工智能算法, 具有大数据分析处理能力。云计算充当了"大脑中枢"的角色, 分析海量数据, 将分析结果用于决策, 给终端设备发送指令, 使物联网所连接的设备具备了真正意义上的"智能"。

2) 云计算解决了物联网服务器的问题

随着物联网的发展, 数据信息量不断增加, 若访问量不断增加, 会导致物联网的服务器间歇性崩塌; 若数据信息较少, 则会导致服务器资源浪费。云计算的弹性计算的能力很好地解决了该问题, 所以云计算的分布式大规模服务器, 解决了物联网服务器节点不可靠的问题。因为云计算的接口是标准化的, 所以物联网的应用更易被推广和建设。高可靠性和高扩展性的云计算技术为物联网提供了可靠的服务。

3) 云计算与物联网融合所面临的问题

云计算是物联网的核心技术, 它解决了物联网的一些问题, 推动了物联网的迅猛发展, 但数据安全问题和隐私保护问题依旧面临挑战。

数据安全问题: 首先, 需要在技术上确保用户数据安全; 其次, 在管理上确保用户数据安全; 再次, 要让用户确信服务商能够保证数据安全; 最后, 对数据的容错性、连续数据保护等方面的问题也需要考虑。

隐私保护问题: 在云计算平台中, 每个用户都处在开放的环境中。在该平台中无论是提供或者接受服务, 都有可能将机密信息不经意间暴露出来。如何加强对隐私和私密信息的保护对云计算来讲是一个重要的问题, 也是物联网云模式必然要面对的挑战。

目前, 大量云服务提供商都上线了自己的物联网云产品, 阿里云提供了标准化的物联网产品，比如人脸识别、智能门锁、智能视频管理等；易迈云则更倾向于提供完整的解决方案，比如物流行业的物联网管理（车辆智能管理、仓储智能管理）、农业物联网（智能养殖、智能耕种、溯源管理等）。云计算技术对物联网技术的快速发展给予了支持，同样物联网也促进了云计算技术的发展，云计算支撑的物联网为社会各界的生产生活提供了更便捷的服务。

物联网和云计算的发展还体现在共享经济上，例如共享单车、共享充电宝等，但是由于管理、用户体验等问题，共享经济一度出现很多乱象，因此技术和管理的结合都是必不可少的。

9.2　嵌入式系统与边缘计算

物联网时代，作为智能化工具、智能系统和智能终端的嵌入式技术已成熟，使网络化大系统应用服务成为人工智能的主渠道。在网络化大系统的应用服务中，嵌入式系统的计算服务需求开始凸显。因云计算的分布式优化而诞生的边缘计算，正式赋予嵌入式终端在控制基础上向服务计算转型的新使命。嵌入式系统在物联网应用中承担了物联网大系统底层感知与控制的基础服务，成为物联网应用中不可或缺的智能化终端，并迅速将人工智能推进大数据和云计算时代。美国韦恩州立大学施巍崧教授在"Edge Computing :Vision and Challenges"一文中对边缘计算给出了如下定义：边缘计算是指一种可以在网络边缘完成的计算技术，这样的技术和平台在云和 IoT（物联网）设备之间上传和下载数据，以平衡系统计算、实时性、功耗和安全等方面的要求。边缘计算把众多与嵌入式终端任务相关的云计算分配到终端，可以最大限度地解决系统中的实时性与安全性问题。边缘计算的出现，促成了嵌入式系统的第二次变革。

9.2.1　边缘计算

随着"AIoT（人工智能物联网）=AI（人工智能）+IoT（物联网）"的发展，假如把所有海量数据的分析处理工作都放在云数据中心，网络的通信压力肯定非常大，并且会面临数据传输的延迟以及安全性等问题，因此不能将所有数据信息分析处理放在云端，部分数据需要在智能终端进行实时的分析处理。在智能终端上直接运行算法的边缘计算应运而生。

边缘计算相对于云平台有如下优势：①实时性高，就近处理数据，不需要传输数据，从而减少反应延迟；②可靠性高，即使网络断开也能正常工作；③安全性高，避免隐私数据泄露；④灵活性高，可在各种终端灵活部署；⑤更加节能，嵌入式系统具有低功耗的特点；⑥网络流量低，只有部分数据传送到云端，有效抑制了网络拥塞；⑦避免单一故障，因为边缘计算是分布式的，可以有效降低或者避免业务单点故障的出现；⑧边缘计算分布在网络边缘，天然地嵌入硬件单元中。

嵌入式系统可以在边缘计算中承担以下四个任务。

(1)数据过滤。传感器等产生的数据是海量的，采集到的这些数据有噪声、有冗余，采用一些经典的基础的数字信号处理方法即可过滤掉数据信号中的冗余部分。某些场合下，仅仅关注异常情况即可，在边缘计算中，数值比较或者数值差这样简单的方法就可以过滤冗余信息。很多简单基础的信号处理方法通过边缘计算嵌入硬件设备中，直接实时分析处理部分数据。

(2) 数据统计分析。边缘计算还可以实时地统计分析某个范围内的数据，用于决策或者传送至云端做其他的分析处理。

(3) 复杂事件处理。复杂事件处理是相对成熟的技术，嵌入式的边缘计算对复杂事件实现就近快速处理，提高对复杂事件的反应速度。

(4) 人工智能应用。云计算是物联网和人工智能飞速发展的重要推动力，但是人工智能算法需要大量的计算资源，边缘计算难以承载；把所有人工智能都放在云端，对紧急事件没法进行实时处理，如自动驾驶场景。目前，很多人工智能的推理可以在边缘计算上实现，人工智能的应用使得边缘计算具备了快速反应的能力。未来如何在嵌入式系统中实现人工智能推理和应用，是一个很重要的课题和发展方向。

9.2.2　边缘计算环境下的硬件架构

人工智能从云端走向边缘端，嵌入式硬件需要具有较好的运算能力，因此各芯片厂家在芯片内部集成了有利于加速运算的硬件模块。

(1) 多核处理架构。异构多核处理架构即结合两种或多种不同类型芯片的内核架构，使其能够提供适合各种应用的处理器性能，以及减少功耗和物理空间。例如推出的高性能 ARM 核芯片瑞芯微 RK3399 等就是基于异构多核架构的，近年来在嵌入式领域得到了大范围推广。

(2) 嵌入式 GPU。嵌入式芯片内部集成 GPU，提高显示处理能力，并在边缘计算环境下实现并行加速计算。其主要有两种类型：一种是堆核，如 ARM 芯片采用的 Mali GPU；另一种是大核，如高通公司采用的 Adreno GPU。

(3) 神经网络处理器(neural processing unit，NPU)。NPU 采用"数据驱动并行计算"架构，颠覆了传统冯·诺依曼计算机架构，从而可以加速深度学习算法，如瑞芯微 RK3399Pro、寒武纪 MLU100、华为麒麟 980 和高通骁龙 855 等芯片。

(4) 数字信号处理器(DSP)。DSP 内部集成了硬件乘法器、多总线和信号处理单元，通过 DSP 指令集可实现算法的硬件加速，例如 TI、ADI 等公司专用的 DSP 芯片，英特尔可编程解决方案事业部的 FPGA 也集成了 DSP 单元。

(5) 基于算法定制化的 ASIC——x PU 和 DLA。根据需求设计特定人工智能算法芯片 x PU，例如 APU、BPU 等，以及 Google 公司推出的张量处理器 TPU。英伟达提供了 DLA(deep learning acceletor，深度学习加速器)，并进行开源，瞄准了嵌入式和 IoT 市场。

(6) 芯片内核加速单元——ARM NEON。ARM NEON 是单指令多数据流技术，用于加速多媒体和信号处理算法，例如一些针对 ARM 芯片的前端部署方案(如 NCNN)。还可采用 NEON 对深度学习算法的卷积运算进行加速。

(7)类人脑芯片。如 IBM 公司的 True North(真北)，模拟人脑神经网络设计的 64 芯片系统，它的数据处理能力已经相当于包含 6400 万个神经细胞和 160 亿个神经突触的类脑功能。

9.2.3　边缘计算算法设计

智能算法大致可以归为三类：①认知环境，其中包括物体识别、目标检测、语义分割和特征提取功能，涉及模式识别、机器学习和深度学习等技术；②显示场景，其中包括复原算法、三维点云展示和场景生成，涉及最优化、虚拟现实、深度学习对抗式神经网络等技术；③控制机构，其中包括智能控制，涉及强化学习、神经网络控制等技术。但是边缘计算环境下嵌入式平台的运算能力弱，因此如何在嵌入式平台下通过边缘计算实现各种智能算法是一个很有挑战的问题。

设计适合在边缘计算环境下运行的算法，主要从以下几方面考虑。

(1)在对外界环境认知的过程中，如何有效地提取特征很重要，从边缘特征提取方法到压缩感知理论以及基于深度学习的特征提取方法，都是在研究一种有效特征提取方法，因此可以针对嵌入式平台研究一种在精度和速度上兼顾的方法。

(2)嵌入式系统往往是针对一个具体的应用，而算法研究要考虑到普适性，所以在边缘计算环境下可以结合具体的应用对算法进行改进，从而减少计算量，提高运算速度。例如可以把面向未知场景的全局优化搜索问题转为针对某个具体场景的局部优化问题。

(3)利用传感器直接采集数据代替算法对此信息的估计过程，从而降低算法运算量。例如单独根据视觉计算出相机的位姿，可以通过结合惯性传感器来降低计算量使其适合在边缘计算环境下运行。

(4)在深度学习过程中，需要对网络进行简化，主要包括：① 删除对模型性能影响不大的卷积核；②深度可分离卷积和 1×1 卷积代替普通卷积；③浮点数进行整形量化，二值化网络中参数用 1 位来表示；④精简模型学习复杂模型的输出。例如 Google 公司的 Mobile Net、伯克利大学与斯坦福大学的 Squeeze Net 和 Face++公司的 Shuffle Net 等，它们采用了轻量级的网络结构，且保持了较为实用的准确率。

随着人们对人工智能越来越深入的研究，边缘计算有了一系列发展的机会：①目前通用的计算机硬件体系结构并不符合人脑的结构构成，所以计算效能还有很大的提升潜力，这为边缘计算平台提供了弯道超车的可能性；②当前的智能算法还有很大的改进空间，例如通过深度学习训练出的特征往往优于人们传统认识的特征(例如边缘和角点特征等)，这为边缘计算在算法改进上提供了很大空间；③边缘计算平台即嵌入式系统往往是实现某种特定的应用，因此可以根据需求对算法进行各种简化，并且可提出合适的部署方案。

9.2.4　MCU 向 AI 芯片的变革

在向边缘计算的服务转型过程中，嵌入式系统不再是一个专注于控制的普适性的智能控制系统，而是既满足控制需求，又擅于计算的多任务智能系统。在满足边缘计算的嵌入式系统中，首要使命是从 MCU 向 AI 芯片变革。控制与计算的不可兼容性与计算的多样性导致 MCU 与 AI 芯片在体系结构上存在巨大差异。MCU 的体系结构具有单一性（智能控制）与典型性（感知、控制、交互和通信的四通道典型结构）。相比之下，AI 芯片是一个具有控制与计算功能的双重结构，其控制工程部分与 MCU 相似，计算功能则因应用领域不同而不同。MCU 可以一个架构体系（如 ARM）"走遍天下"，而 AI 芯片在不同的应用领域中结构系统各不相同。

AI 芯片位于物联网系统的前端，需要满足边缘计算的要求和保持对物理对象的智能控制。因此，嵌入式领域原有的半导体企业在 AI 芯片的市场竞争中具有先发优势。与 Intel、微软、谷歌等 AI 芯片的转型"新手"相比，ARM+MCU 半导体厂家的生态体系无疑会占优。相对于强大的 Intel、微软、谷歌，以及 ARM 的 MCU 生态体系，我国未来独立自主的 AI 芯片发展会面临严峻的考验。

9.3　雾计算及其特点

目前，数据从云端导入和导出是非常复杂的，接入设备多，带宽在传输数据和获取信息时明显不够，所以在云和与云相连接的设备之间诞生了雾计算。雾计算在 2011 年被提出，由介于云计算和个人计算之间的性能较弱服务器、较分散的各种功能计算机组成，是半虚拟化的服务计算架构模型，强调数量，单个计算节点能力再弱都需要发挥作用。跟云计算相比，雾计算更接地气，是一种新兴的分布式体系架构，选择性地转移计算、存储、通信、控制，渗入电器、工程、汽车及生活等各个领域中。

雾计算体系结构的基本元素是雾节点，如交换机、嵌入式服务器、智能物联网节点、工业控制器等。雾节点可以是任何提供雾架构的计算、网络、加速元素和存储的设备。因为雾节点在有线、光纤和无线网络之间以及这些网络的内部运行，其最适合于连接到基于监控与数据采集（supervisory control and data acquisition，SCADA）系统、OPC_UA 接口、Modbus 的工业元件上。在本地站点上的雾节点进行数据的分析处理，减少了对云端带宽的需求，降低了总体成本，减少了延迟，提升了数据的安全性。

雾计算和边缘计算常被混用，但是两者存在关键性的区别。雾计算是边缘功能的集合，具有层次性和平坦的架构，其中几个层次形成网络，并且其在节点之间具有广泛的对等互联能力；而边缘计算利用不构成网络的单独节点，需要通过云实现对等流量传输。以下以应用于工业领域的雾计算为例阐述雾计算。

工业中，如压力和流量传感器、控制阀和泵的输油管线上，传统方式是传感器读取的数据通过昂贵的卫星链路传输到云端，在云端进行数据的分析处理，并将处理结果反馈给操作员，指挥操作员对阀门位置进行调整等操作。传统方式中，网络带宽消费昂贵；在恶劣天气下，连接性会下降；数据传输的时候有可能会受到黑客的攻击；往返延迟时间太长，对关键紧急事件的影响非常大。

增加雾计算后，将本地雾节点布置在管线附近，通过廉价和快速的本地网络设施，将雾节点连接到传感器和执行器上，传感器采集的数据在这些本地雾节点上进行实时分析处理，不必通过云数据中心，这样减少了被黑客攻击的机会，提升了安全性；对异常情况可以在毫秒级时间内作出反应，避免了潜在的延迟问题，操作员可以快速关闭阀门，减小溢出事件（工业事故、生产效率或产品质量降低）的影响。在工业中增加雾计算后，传统处理方式的很多缺陷都可得以解决。

在工业应用领域，将大部分决策功能转移到雾节点上，偶尔使用云来报告状态、接收命令或更新，合理地使用好云计算和雾计算，可使生产成本总体降低，数据安全性得以提升，泄密之类的情况减少，异常情况的控制速度加快，既会在整个业务流程中产生更好的结果，也更容易创建一个卓越的控制系统。

雾计算的优势主要体现在安全性、智能性、灵活性、减少延迟时间和高效率这五个方面。

(1) 安全性。传统的安全措施侧重于提供周边的威胁检测保护。有新的控制请求时，新的请求被送到云端，在云端进行身份验证和授权处理。软硬件的更新被安排在下一次计划停机的时间内进行。若有威胁突破了防火墙，传统的方式是手动停机处理，方便隔离和清理，但会导致整个工厂陷入崩溃。所以，传统的方式已不能满足需求。

引入雾计算，本地的安全功能完全可以使用与公司一样的 IT 策略，控制全过程。基本每个雾节点都有一个受信的硬件根，即信任链的基础，所以从最低级传感器、执行器向上沿着雾层次结构，直到云端，即从互联网到分布式雾网络的通信都被监控，使用机器学习等算法即可发现本地异常，及时发现潜在的攻击。一旦检测到攻击，雾节点充当网关，马上阻止攻击者的通信，进而保护关键的网络。高度敏感的数据完全可以在本地进行实时处理，不用传到云端数据中心，提升了数据安全性。

(2) 智能性。雾架构决定了在实物到云端的连接体上进行计算、存储和控制功能的最佳位置。雾计算系统能够学习过去的数据，指导当前的生产过程；分析处理当前的数据，对现在的过程进行实时控制；根据过去数据的学习，推断未来生产所需的参数。在大量的物联网节点设备上或者附近的雾节点上进行高效自主的数据分析处理，用于实时决策未来的规划或者长期性的改进，不需要像传统方式那样直接把数据传送到云端进行处理分析，部分过滤后的信息通过雾架构发送到云端数据中心进行分析。

目前智能传感器可以在制造执行方面做出自主决策和权衡。互联的多个机器可以在生产环境中进行通信，从决策中相互学习，随着时间的推移逐步提高智能性。雾架构利用传感器采集的数据，创建数字化"操作员"，该数字化"操作员"通过资产、生产过程和系统的数字化，掌握了设备在整个生命周期中的运行方式以及动态响应。通过对数字化"操作员"进行仿真，让操作员在系统上以逼近实际工厂生产运行的模式进行参数的模拟。一个操作员可以在多个位置监视和管理多个设备，不会影响产品质量，不会损坏生产设备，不会造成不安全的工况，甚至可以同时管理过去、现在和将来的数据。

(3) 灵活性。通过雾节点的层次结构管理系统中不一致的需求，将负载分配给未充分利用的机器。如果某工厂的生产能力不足，可以将生产任务转移到另一家公司的闲置资产设备上。雾节点的层次结构可形成动态组，用于交换信息以进行高效协作。例如，动态更改的能力，有助于在机器之间协调和控制信息。如机器 A 在一张金属板上钻孔，机器 B 随后会插入螺钉。如果机器 A 制造的孔偏离指定位置超过一定范围，产品标识和偏差信息将被发送到机器 B，机器 B 就会自动调整，防止缺陷产品的出现。

随着工厂向定制化、低库存、高混合的生产计划转型，雾计算也适用于基于软件的生产环境，在层次结构中重新设计雾节点的能力，有助于数字企业的发展。

(4)减少延迟时间。目前，云计算需要将本地传感器数据上传至云数据中心，数据进行分析处理后再传回传感器，中间有到达云端的无线或者光纤设备传输延迟、排队延迟和其他云服务器延迟等，即便在设计良好的云网络中，往返时间也常超过 100 毫秒，所以主流的云服务商无法满足许多工业控制系统的延迟时间(亚毫秒内)需求。雾节点可以在毫秒级时间内对工况作出响应并作出决策，利用雾计算，本地数据可以直接在雾节点进行计算，不用上传到云数据中心，分析处理后的结果不用云端反馈到传感器，从而减少了延迟时间。

在一些特殊的情况下，如机器人和无人值守机器在使用电机驱动控制的情况下，为了保证安全和精度，控制运动必须在毫秒级或微秒级时间内完成。雾节点可以帮助机器人和无人值守机器按照预定的模式工作，同时雾节点减少了一定的延时，确保控制系统对物理设备控制的稳定性。

(5)高效率。工业系统从专门构建的和离散的系统发展到软件定义和模块化的系统，由于连接系统和传感器的复杂性，采用不同的协议和通信方法，使得系统的互操作性不够、效率低。雾节点可以作为旧系统的翻译或协议网关使用，收集并规范化不同格式和协议的数据，将传感器和系统进行连接，提高互操作性。

虚拟平台在不同的工厂之间将雾节点动态地互连后，生产同一产品的节点被创建为虚拟雾节点组，雾节点收集、汇总和分析的生产能力数据被反馈回虚拟平台，这样有助于工厂间的资源利用，所以雾计算可以通过平衡可用机器的峰值容量来提高系统效率。

9.4　工业机器人

智能机器人或工业机器人是现代嵌入式系统发展的一个典型，第一台实用的示教型工业机器人于 1962 年在美国诞生，目前工业机器人被广泛应用于工业生产实践活动中。工业机器人无疑是面向工业生产领域的，具有多关节机械手或多自由度的机械装置，它能够按照预先编好的程序执行工作，具有可移动、自动控制操作和智能化等特点。

9.4.1　工业机器人的主要应用领域

工业机器人应用于多个领域，如激光加工、切割、码垛、弧焊、喷漆、检测、抛光点焊、装配等；以成套技术和装备应用于汽车车身、薄板和电机壳的焊接，喷涂电子羁绊防湿绝热剂和软物分拣等。目前机器人应用领域越来越广，如医疗卫生领域的手术机器人、生活服务领域的扫地机器人等，基本渗透到了各个领域。

9.4.2　工业机器人举例

1. 建造工业电池机器人

建造工业电池机器人如图 9-1 所示。电池生产的时候，空气中会有铅尘，利用建造工业电池机器人可提高产品质量，同时降低工人的健康风险。

图 9-1　建造工业电池机器人

2. 攻丝机器人

攻丝机器人如图 9-2 所示。攻丝生产制作是一项艰苦、繁重、重复的工作。攻丝炉温度非常高，足以熔化金属，并且工作环境中充满有毒的烟雾和粉尘，人类基本无法工作，使用攻丝机器人就容易多了，可以无间断生产。

图 9-2　攻丝机器人

3. 蛇形机器人

蛇形机器人如图 9-3 所示。蛇形机器人潜水能力超强，目前可以到达潜水员和船只无法到达的地方，并可以高效率完成清洁和维修工作，同时可以完成高清照片和视频的拍摄。蛇形机器人还可被应用于搜救工作，因为体型细长，其能够深入一些灾害发生地方，利用摄像头拍摄废墟下的情形，及时发现幸存者。

图 9-3　蛇形机器人

4. 编程机器人

编程机器人如图 9-4 所示。编程机器人的运动和作业指令都是程序控制的，目前有示教编程和离线编程两种常见的编程方法。

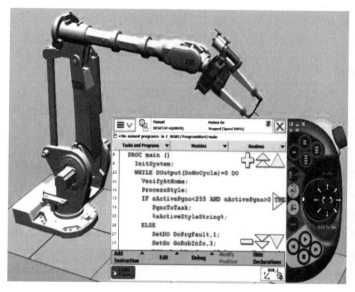

图 9-4　编程机器人

目前机器人基本渗透到了各个领域，工业机器人是衡量一个国家制造水平和科技水平的重要标志，其应用朝着难加工领域深入并不断扩展，未来随着科技发展及生活水平的不断提高，机器人将在提高生活质量方面发挥越来越重要的作用。

9.5　可穿戴设备和人机交互

现在很多科幻片都展现了未来人工智能高度发展后人们的生活场景，尤其是类似战甲等可穿戴设备，大大拓展了人的能力。虽然科幻片中的这些场景目前尚未实现，但随着云计算、物联网和可穿戴设备等领域技术的成熟，智能化生活和人机交互方式会逐渐实现。

9.5.1　可穿戴设备

可穿戴设备是将采集信息的各类传感器整合到用户的服装或服饰上的一种便携式设备，并且在我们日常生活中出现越来越频繁。

比较常见的可穿戴设备是智能手表和腕表。目前比较智能的一款健身 T 恤 Polar，采用无袖设计，内置 GPS 定位、心率传感器和运动传感器，传感器嵌入衣物当中，它很薄，不会引起注意，同时也不会使穿戴者感到压力和不适，健身数据的跟踪直接在 T 恤内得以完成。目前还有用于孕妇前期安全监测的母孕设备，可以对孕妇身体进行关键性指标监测，还可以测量收缩和妊娠晚期孕妇身体的变化等。现有的具有压力感应蓝牙技术的智能鞋能测量鞋子冲击，以及脚着地后与地面接触的时间，采集的数据可用于纠正步伐和后续用户制定等。

目前的可穿戴设备相对简单，功能相对单一，但已逐渐渗透到我们的日常生活中。随着传感器的进一步发展，未来可穿戴设备将给予人类身体健康强大的安全保障。

9.5.2　人机交互

人机交互是关于设计、评价和实现人们使用需求的交互式计算机系统，是围绕这些方面进行研究的科学。狭义上来讲，人机交互研究的是人与计算机或者机器人之间的信息交换。

人机交互的研究内容十分广泛，涵盖了建模、设计、评估等理论和方法以及在 Web、移动计算、虚拟现实等方面的应用与开发。主要包括以下内容：人机交互界面表示模型与设计方法；可用性分析和评估；多通道交互技术，即用户使用语音、手势、眼神、表情等自然交互方式与计算机系统进行通信；认知与智能用户界面；虚拟环境中的人机交互，即通过研究视觉、听觉、触觉等多通道信息融合的理论和方法、协同交互技术以及三维交互技术等，建立具有高度真实感的虚拟环境，使人产生"身临其境"的感觉；Web 设计；移动界面设计等。

目前人机交互已经取得了一定的研究成果，其中部分产品已经问世，如桌面计算机的触摸式显示屏、能够随意折叠的柔性显示屏制造的电子书、影院进客厅的 3D 显示器、RGB 激光二极管的视网膜成像显示器、手写汉字识别系统、微软的 Tablet PC 操作系统中的数字墨水技术、连续中文语音识别系统、手势识别技术、姿势识别的多触点式触摸屏技术和基于传感器的捕捉用户意图的隐式输入技术。目前人机交互技术领域热点技术的应用潜力已经开始展现。应用于智能手机配备的地理空间跟踪技术；应用于可穿戴式计算机、隐身技术、浸入式游戏等的动作识别技术；应用于虚拟现实、遥控机器人及远程医疗等的触觉交互技术；应用于呼叫路由、家庭自动化及语音拨号等场合的语音识别技术，适用于有语言障碍的人士的无声语音识别；应用于广告、网站、产品目录、杂志效用测试的眼动跟踪技术，针对有语言和行动障碍的人开发的"意念轮椅"采用的基于脑电波的人机界面技术等。人机交互与云计算等相关技术的融合和促进也在不断探索中。

9.5.3　人机交互的限制

人机交互概念虽然很早就被提出了，但至今为止还没有取得令人满意的成绩，很多产品还仅限于实验室或者高端应用，距离普通人生活还很远，这主要是因为人机交互方式还存在着诸多的不足。

1. 人机交互的作用范围有限

在人机交互技术领域，虽然有许多新兴交互方式在进行尝试，如语音交互、生物识别、体感交互和手势识别等，但大部分交互方式还停留在实验室或者论文中，很多交互方式并未进入真正意义上的商业应用中，更不存在人与机器设备无障碍、随心所欲的交流。目前不同的交互方式和技术局限在特定的应用领域，如体感交互仅局限在虚拟现实设备的游戏领域或者科技展示方面，动作捕捉交互方式被用于电影制作领域。

2. 交互设备的支撑

现在智能手机普及程度很高，甚至成为人们生活中不可缺少的物品。智能手机属于一种触控式的交互设备，需要用户精准输入需求，才能获取相应信息的反馈。手机这一实体，用户需要随时携带，非常不方便。手机的真正技术革命，指摆脱对智能手机等任何看得到的智能设备的依赖后，依旧能够无障碍地完成通信、浏览新闻和游戏。

3. 生物信息识别有待突破

目前除多点触控交互方式逐渐普及外，其余人机交互方式不论在技术方面还是稳定性方面都有待提升。以基于脑电波技术的"意念轮椅"为例，目前该技术主要针对有语言障碍和行动障碍的人，由 Ambient 公司与美国芝加哥的康复协会合作开发。残障人士颈圈感应器获取大脑传给喉部肌肉的脉冲信号，对信号进行编码，经无线连接传送至电脑，电脑对信号进行解码并与轮椅的"前进""后退""左转"进行匹配，从而达到操控轮椅的目的。"意念轮椅"和语音交互类似，功能相对简单，同时"意念轮椅"中脑电信号的采集、分析、处理，以及识别控制喉部肌肉的脉冲信号十分复杂，技术层面存在着一定的局限，有待进一步突破。

4. 人工智能技术的融合

在智能化的时代，人机交互技术离不开人工智能。如语音交互方式和前述"意念轮椅"，语音信号和脑电信号的分析处理需要人工智能的机器学习算法，近年来机器学习中的深度学习在语音和图像处理方面优势明显，故识别方面需要机器学习算法的支撑。

9.5.4　人机交互的发展

目前人机交互技术还有待进一步发展，以期取得重大突破。接下来，人机交互方式主要围绕以下三个方面发展。

1. 以用户为中心

在人工智能的作用下，人机交互方式不能仅仅停留在外观设计和方便操作等基础方面，而应该以用户为中心，作为识别用户表达的感知器，理解用户并满足用户的潜在需求。

嵌入式开发人员考虑最多的问题之一是如何实现以用户为中心。嵌入式设备需要实时感知用户的需求，分析用户的行为动机，并快速做出相应的反应。设备可永久地记住用户的行为习惯和各类偏好，并不断调整，如心情不好的时候，它会根据用户最近的行为，结合以往的各类偏好，推荐相应的解决方案。

在未来全面智能化的生活中，各类交互方式深度交融，全面打通，按照用户需求出现。通过语音的方式告知可穿戴设备，通过后台大数据与人工智能的融合，以最快的方式呈现出用户想要的结果。

2. 针对用户的个人识别

未来，生物识别将逐渐取代密码。采用指纹、视网膜、虹膜、人脸甚至 DNA 这些人类独特的生物特征来取代密码，提供个人识别，即生物识别的人机交互方式。例如人脸识别解锁门禁、电脑或者手机指纹解锁、虹膜识别的电脑开机，以及支付领域的生物识别的应用等。随着用户对隐私的重视程度以及对信息安全意识的增强，在智能穿戴设备与人体的深度融合之后，智能个性化的生物识别人机交互方式会成为打造安全智能生活最重要的前提。

3. 立体式的全方位感知

目前大部分人机交互方式处于初级阶段，未来各类交互方式将会进行深度融合，然后从机械回应阶段上升到思维、情绪和理解层面的交流。

9.6　嵌入式系统综合进展及应用案例

嵌入式系统作为软硬件结合最为紧密的一门学科，其技术涉及计算机科学的方方面面，如今，嵌入式系统和互联网、边缘计算、雾计算、云计算等技术结合，成为各个网络必不可少的智能终端系统。

9.6.1　嵌入式系统的综合进展

从 20 世纪 70 年代单片机出现到今天，嵌入式系统发展已有 50 多年的历史。嵌入式系统的发展经历了 4 个阶段。首先是基于单片机，通过汇编语言对系统进行直接控制的无操作系统的阶段。该阶段的嵌入式系统具有监测、设备指示和伺服等相对单一低效的功能，也正因为系统简便、价格低廉，曾在工业控制领域和飞机、导弹等武器装备领域得到广泛的应用。其次是随着微电子工艺水平的提高，将微处理器、I/O 接口、串行接口及 RAM、ROM 等部件集成到超大规模集成电路中。嵌入式系统出现大量可靠、低功耗的嵌入式 CPU 及各种简单嵌入式操作系统，主要用来控制系统负载以及监控应用程序的运行。此过程为嵌入式的简单操作系统阶段。再次，嵌入式系统进入实时操作系统阶段，该阶段在柔性控制、数字化通信、分布控制及信息家电等巨大需求的牵引下，对硬件实时性的要求有所提高，同时嵌入式系统的软件规模不断扩大，形成了嵌入式系统的实时多任务操作系统，嵌入式系统得到了飞速发展。最后，嵌入式系统向互联网进军，2017 年成功地渗透到"物联网+"产业的各个领域，成为各种智慧体系的基础产业。同时嵌入式系统的技术出现了明显转型，如 AI 领域基于芯片化解决方式、平台开发模式等，将增加软件研发工作。目前，嵌入式系统进入了"物联网+"的产业服务阶段。

2019 年以后，各种信息技术更是进入激烈博弈的时期，而嵌入式系统在其中扮演了非常重要的角色，现在任何网络，系统终端都是一部嵌入式系统，甚至有人提出将嵌入式系统改为智能系统，可见嵌入式系统的重要性。以下介绍嵌入式系统的重要研究领域。

1. 嵌入式操作系统

嵌入式操作系统已经成为很多智能终端必不可少的部分，目前嵌入式操作系统仍然以 Linux 内核一家独大，而且在可见的数年内预计难有新的内核出现，毕竟研发一个新的内核难度大、成本高。目前智能手机上的操作系统基本被 Linux 的发行版安卓和基于 Unix 的 iOS 垄断。2019 年 8 月 10 日，华为推出商用鸿蒙系统，未来发展如何，能否成为一个有力的竞争者，还需要时间检验。

2. 嵌入式实时性研究

在很多高端领域，嵌入式系统的实时性是十分重要的研究内容，甚至实时性达不到要求的系统可以被一票否决。实时性看起来只是嵌入式系统的一个指标或性能，但是它的实现是非常困难的，对于实时性有硬性要求的嵌入式系统，无论是开发难度还是资金投入都成倍上升。

根据实时性要求，系统必须在有限的时间内对中断做出正确的响应，否则可能导致重大事故，而解决实时性这一要求，主要靠实时操作系统(real time operation system, RTOS)。RTOS 中实时性是硬指标，但是其他指标(如保密、安全、稳定)也是必不可少的。目前，实时系统开发最大的矛盾就在于给用户的权限，嵌入式系统一般要求有交互性和可扩展性，而实时系统如果允许用户安装其他软件或者连接外部设备，则会大大增加风险，如果没有这些功能，系统的实用性又不太好。

目前很多供应商采用的方法是使用多核系统，并对微处理芯片内存空间进行划分，保证各部分的独立性，这样既可以给用户自由发挥的空间，又可以保证系统的安全性，相对来说是一个不错的解决方案。

3. 嵌入式人工智能技术的运用

现在一谈及信息技术，"智能"或者"智慧"大行其道，智能制造、智能机器、智慧城市、智慧医疗、智慧乡村等，这一切都离不开信息技术的支撑。嵌入式系统就是其中的终端，但是真正让设备智能化的是其中的智能算法，因此，所有的智能系统都会涉及智能算法的实现问题。

只要涉及算法问题，其复杂度是不可避免的，尤其是现在的深度学习相关的智能算法，对资源的需求十分庞大，而嵌入式系统因为其体积、功耗、性能等因素的限制，注定无法运行过于复杂的算法，就算是做数据预处理都十分吃力，因此和云计算等平台结合起来是其最主要的发展方向。当然，现在边缘计算和雾计算概念的提出，也能够从各个方面提高系统的整体性能。从今后的发展看，人工智能技术将更加深入地同嵌入式系统融合，嵌入式系统无论在硬件上还是软件上都会对智能算法有更好的支持，而且会根据系统的不同应用方向，开发出相应的硬件芯片，预置相关的 IP 核支持对应的算法。

9.6.2 嵌入式系统综合应用案例

1. 监视器、智能音箱和智能电表

在安保系统中的监视器系统，不仅是一个图像采集器，还是一个可以从云端接收指令、完成特定人物追踪和识别的安保终端；智能音箱不仅是一个音箱播放器，还是一个兼有人机智力交互的智能机；智能电表不仅是一个电能计量表，还是一个智能电网的家居智力平台，除了电量计量，还可参与电力调度、用电器最佳用电模式管理和智慧城市房产空置状况查询等。

2. 智能交通

智能交通运用到的人工智能与边缘嵌入式技术，主要是自动驾驶汽车嵌入式技术和交通控制调度系统(信号灯)。智能交通控制系统首先由监控摄像头和传感器收集数据，然后由边缘计算对数据进行实时分析处理，最后自动做出决策，反馈给智能交通信号灯以减轻路面车辆拥堵状况。随着交通数据量增加，交通信息的实时性需求也在提高，所以不能将数据通过无线等方式传给云计算中心，否则会因为延时等无法优化基于位置识别的服务，也无法解决车辆拥堵问题。综上，智能交通是基于边缘计算的嵌入式智能交通控制系统。

3. 智慧医疗

智慧医疗是指以患者的就诊信息数据及电子健康档案为核心，通过融合物联网、云计算和通信等技术，借助必要医疗设备，实现患者或其家属、医务人员、医疗机构、卫

生计生行政部门之间信息实时化、智能化和自动化的一种新型医疗服务模式。智慧医疗充分利用互联网、云计算、物联网及信息处理等先进技术，将医疗资源进行有机连接，患者可以实现预约挂号、在线就诊等智能化医疗服务，该智能化、系统性的医疗系统有助于提高患者对医疗服务的满意度。

智慧医疗云服务平台以通用的云计算架构为基础，根据实践运用需要，对应用软件、医疗平台服务以及基础设施进行设计实施。

首先，根据本地云计算中心的相关基础设施及其对应的虚拟化技术，建立智慧医疗云服务平台基础设施；然后，根据实践需要布置相关的设备和数据，具体包括系统操作控制软件、医疗数据库、网络环境和运行环境；最后，利用虚拟化技术建设对应的虚拟机，根据定制化需求完成医疗任务，可以降低系统整体运行成本。

智慧医疗云服务平台中，云基础的核心是对云资源的使用和管理。对云资源的调度管理分为计算、存储和通信三个环节。智慧医疗资源云端管理平台实现数据的搜索和访问、系统元数据的管理和维护、引擎的有效维护、医疗服务界面的开发和维护等。利用智慧医疗云服务平台，建设能够为人们提供各种智能化服务的医疗信息平台，并实现各种医疗资源的有效整合和优化配置，达到最佳的医疗服务效果。

平台在服务过程中，涉及病人身份主索引、诊疗信息系统平台、呼叫中心医疗服务平台、医疗资源院间整合平台和云计算的智能提示服务等内容。

近年来，为了进一步改进我国医疗服务体系及其实践效果，我国积极推动相关的医疗改革，并重点推进医疗卫生系统的信息化和智能化。建设信息化医疗服务系统，有助于提高医疗资源的利用效率，优化医疗资源配置，为人民群众看病带来便利，优化看病环节和过程，达到良好的治疗效果。

4. 智慧城市

智慧城市源于 2008 年 IBM 公司提出的智慧地球的理念，其英文是 Smart City。智慧城市是信息时代、数字城市与物联网相结合的产物，是全球城市发展的目标。智慧城市利用人工智能、区块链、嵌入式、云计算、物联网和网络等各种信息技术，集成城市的组成系统和服务，构建城市创新生态，提升城市资源管理和利用的效率，提高市民生活质量。

智慧城市的"智慧"更多的是一个程度的考量，而非一种绝对的界定；同理"智慧城市"也没有一个严格的定义。智慧城市服务涉及城市的方方面面，如文化服务、公共服务、交通管理、医疗、能源和制造等。目前水电、燃气、物业管理费的多种支付方式，以及用电子病历判断患者病情等都属于智慧城市的内容。智慧城市已经开始从交通、旅游、医疗、政务和金融等各个方面进行布局，国内很多城市都在推动市政基础设施智能化，但由于没有统筹规划和系统标准，各政府部门之间的数据壁垒、数据孤岛是智慧城市建设的一大障碍。智慧城市要推动城市大数据跨行业、跨政府部门、跨区域地开放、共享，才能实现物联网、云计算、大数据等新一代信息技术的创新应用。

智慧城市的智能化阶段已初步形成，智慧城市 1.0、2.0 时代已完成，智慧城市正逐步进入全面智慧、让城市会思考的新发展阶段，当前正处于数字经济背景下的智慧城市

3.0 时代，这将是国内智慧城市科技企业技术创新的风向标。

9.7　本　章　小　结

　　本章简要介绍了嵌入式系统近几年来的发展，以及其与云计算、大数据、物联网、智能制造等技术的关系。

　　嵌入式系统发展迅猛，每年相关的技术、架构、软件等方面都会有新技术和新概念出现，和云计算、5G 等新技术的结合也更加紧密，从而进一步提高嵌入式系统的入门门槛，但是嵌入式系统基础是不变的。新技术和新方法的应用，也为嵌入式系统研发者带来了更多可能，为他们提供了更加广阔的才能施展空间。

第 10 章　嵌入式系统实验

正如第 1 章所述，嵌入式系统的学习是离不开实验操作的，如果没有动手实操而只看资料，基本不可能掌握嵌入式系统开发，所以边学边练才是学习的正确方法。

10.1　开发板选购

目前市面上开发板或开发箱很多，各厂家针对自己的平台设计了不同的实验，有些实验针对应用层开发，有些又偏重硬件接口的应用，初学者往往无从下手，本章给出一些开发板选购的参考意见。

嵌入式系统的学习最好选购两套开发板，一套着重熟悉底层硬件操作，另一套能够移植操作系统。首先介绍 STM32（它主要针对硬件接口操作，一般不涉及操作系统的移植），它对了解各类外围电路是很有帮助的，尤其是对于了解板级开发和如何使用寄存器调用硬件设备特别有用。不过学习完 STM32 后应该尽快转向带操作系统的平台学习，本书一直建议学习目前比较主流的架构和系统，也就是"ARM 架构+Linux 内核+Android 系统"，这样相对来说更有利于适应相关工作。

本章后续内容将基于两种平台简要介绍嵌入式系统的主要相关实验和各实验应该达到的目的。

10.2　STM32 开发实验

基于 Cortex-M3 的 STM32 系列是一款很好的衔接单片机和嵌入式系统的学习平台，其功能比较丰富，对于一般单片机级别的应用开发足够了。尤其是意法半导体集团为其打造了固件库后，STM32 的开发更加高效。不过对于初学者来说，掌握固件库的开发方法不是一件容易的事，可以参考出售开发板的公司为大家提供的例程和资料，先学习例程，再慢慢深入。下面以图 10-1 所示的尚学科技的开拓者开发板为例对实验进行简单介绍。

STM32 开发涉及的主要软件有：串口和 USB 接口转换驱动、ISP 下载器、MDK4.7 调试软件和 Jlink 驱动等。图 10-2 给出了串口和 USB 接口转换驱动安装界面，图 10-3 给出了 ISP 下载界面，图 10-4 给出了 MDK4.7（keil4）调试界面。主要开发工具读者可以自行安装，网上有很多相关资料，或者在购买开发板时由厂家配送。

图 10-1　开拓者 MiniSTM32 开发板外观（尚学科技研发）

图 10-2　串口和 USB 接口转换驱动安装界面

图 10-3　ISP 二进制文件下载界面

图 10-4　MDK4.7 开发环境

在安装以上主要开发软件和驱动时，应完成几个主要实验，实验具体内容根据选择的开发板自行确定，本章节的实验内容仅供参考。

10.2.1　STM32 开发环境搭建

实验要求：

(1) 会安装 USB 转串口驱动，并查找串口编号；

(2) 会使用 ISP 软件从串口下载.HEX 可执行文件到 STM32 目标板；

(3) 学会安装 MDK4.7 调试软件；

(4) 会设置 MDK4.7 软件的常用选项；

(5) 会安装 Jlink 仿真器驱动，并能够正确使用 Jlink 仿真器连接主机和目标板；

(6) 会使用 MDK4.7 软件连接目标板，学会调试下载程序；

(7) 能够对程序进行简单修改调试。

实验目的：

(1) 能够自行搭建 STM32 的交叉编译平台，安装所需要的基本软件；

(2) 能够将目标板和宿主机连接，进行例程的编译、调试、下载和运行；

(3) 会使用 Jlink 仿真器，并能够对代码进行单步调试；

(4) 能够独立查看相关软硬件文档资料，遇到问题能够查找解决方法。

实验需要配套资料：

(1) 硬件：开发板、各种连接线口、Jlink 仿真器；

(2) 软件：USB 转串口驱动、Jlink 驱动、ISP 下载软件、MDK4.7；

(3) 资料：STM32 软硬件参考资料、实验例程等；

(4) 其他和实验相关的资料。

10.2.2　STM32 工程模板搭建

实验要求：

(1) 了解什么是 STM32 工程模板以及里面的固件库使用的基本方法；

(2) 能够独立建立用于开发的工程模板；

(3) 会查阅固件库手册；

(4) 编写简单的小程序测试建立的工程模板。

实验目的：

(1) 知道建立工程的目的和方法，以及如何从意法半导体集团官网上获取源码；

(2) 独立建立 STM32 的工程模板，为后续开发打下基础；

(3) 能够通过查阅固件库手册学习工程中的固件库调用方法；

(4) 能够在建立好的工程模板上编写简单的测试程序。

10.2.3　STM32 输入输出实验

实验要求：

(1) 下载 LED 流水灯例程到开发板中运行，并观察运行情况；

(2) 阅读例程，结合参考资料学习如何编程控制 LED 灯；

(3) 自行设计程序改变灯的亮灭，例如灯有规律地闪烁等；

(4) 安装串口终端，下载串口打印例程到开发板中，观察程序运行后串口终端的显示情况；

(5) 通过学习资料，自行设计编写串口输入输出测试程序，例如编程打印输出自己的姓名和学号。

实验目的：

(1) I/O 编程是嵌入式系统最基本的内容之一，通过固件库的使用，I/O 口编程十分便捷，通过一些参数的调整即可完成，应该熟练掌握 I/O 口的编程方式；

(2) 串口也是常用的，尤其是通过超级终端和上位机的通信实验，学习串口输入输出方法，并能够自己编程测试；

(3) 通过对 I/O 端口和串口的编写，初步了解固件库的使用方法和文档查询方法，能够举一反三。

10.2.4　STM32 中断实验

实验要求：

(1) 下载外部中断实验例程到开发板，观察中断实验的过程；

(2) 阅读例程，结合参考资料学习如何设置外部中断；

(3) 对比采用查询和中断的编程方式，认真思考查询和中断的优缺点并掌握两种方法的编程方式；

(4) 可以尝试更改中断服务程序，将不同外部引脚中断打乱自行设置。

实验目的：

(1) 理解查询和中断的基本概念及其优缺点；

(2) 通过例程学习两种方式在 STM32 上的编程方法；

(3) 重点学习中断寄存器的设置，阅读文档对中断的屏蔽、优先级的设置和中断服务程序书写的阐述；

(4) 在例程的基础上修改中断实验，自行对可屏蔽中断做配置，以达到熟练掌握中断的目的。

10.2.5　STM32 液晶显示实验

实验要求：

(1) 阅读文档，了解液晶屏的工作原理和连接方式；

(2) 按照要求连接液晶屏和开发板，分别下载数字、英文、汉字和图片的显示例程，观察输出结果 (注意：可能汉字和图片的显示需要 TF 卡拷贝字符库和图片)；

(3) 根据例程自行设计显示内容，编写程序实现它，例如点、线、面或波形的显示。

实验目的：

(1) 理解数字和英文字母的液晶显示方式，以及 ASCII 码的显示原理；

(2) 理解字符点阵的显示方式，会通过字模软件生成需要的汉字点阵码，在液晶上进行显示；

(3) 理解图片格式的显示方式，通过 TF 存取图片将其在液晶上显示；

(4) 阅读文档，掌握液晶显示颜色、位置等控制参数及编程方法。

10.2.6　STM32 综合实验

实验要求：

(1) 阅读文档，全面掌握 STM32 开发基本方法；

(2) 会使用定时器、中断、串口、I/O 口、LCD 接口等常用功能的编程方式；

(3) 自行设计一个 STM32 综合实验，要求在程序中包括三个以上常用功能，注意代码流程和可靠性，重点是中断和 I/O 接口的应用；

(4) 参考题目：秒表计时器、温度检测报警器、信号采集显示器等。

实验目的：

(1) 掌握程序代码的调试方法，遇到不懂的问题能够查阅固件库手册或其他软硬件手册，独立寻找问题的解决方法；

(2) 借助文档或工具能够独立完成简单的 STM32 程序开发，基本掌握固件库的使用；

(3) 通过 STM32 的实验了解"裸机"程序的开发流程和基本方法，为与后续带有操作系统的基于系统编程的开发方法进行对比分析打下基础。

10.3　系统移植实验

嵌入式系统课程的核心是操作系统的移植，具体移植的相关理论和方法已在本书第五章详细介绍，但要真正掌握操作系统的编译和移植是需要动手实际操作的。下面结合迅为公司设计的 iTOP4412 开发板简要介绍系统移植的相关实验，它是基于 Cortex-A9 设计的，能够移植基于 Linux 内核的多种操作系统，例如 Ubuntu、Android、QTE 等。

10.3.1　在虚拟机上安装 Linux 系统（Ubuntu）

嵌入式 Linux 系统的相关程序编译调试都需要在 Linux 环境下进行，对于一般用户来说，难以专门抽出一台电脑来安装 Linux 环境，所以使用虚拟机就是一个不错的选择。第一步：在 Windows 平台下安装 VMware 虚拟机，安装后界面如图 10-5 所示。

图 10-5　VMware 虚拟机的安装

第二步：使用虚拟机加载 Ubuntu 镜像文件，如图 10-6 所示。

图 10-6　加载了 Ubuntu 的虚拟机

注：因版本不同可能导致界面不一样

10.3.2　Shell 命令操作

Linux 系统移植需要掌握一些基本命令，这些命令对于使用过 Linux 系统的开发人员来说不是问题，但是对于初学者来说需要一个了解和熟悉的过程。一般可根据需要，设置两到三次实验来熟悉 Linux 的安装和基本命令使用。虽然本书不要求掌握全部的 Linux 命令(不可能也没必要)，但至少常用的十多个命令必须掌握，建议在虚拟机环境下运行本书第四章介绍的相关命令和操作，熟悉 Linux 下的基本操作，为后续系统编译和移植打下基础。

Linux 虚拟机下打开终端命令，Ctrl+Alt+T 命令操作截图见图 10-7。

图 10-7　Linux 环境下 Shell 终端命令练习

10.3.3　Linux 最小系统编译移植实验

Linux 最小系统的搭建、编译和移植在第五章进行了详细的叙述，可按照流程操作一次。当然采用不同的开发板，各公司提供的工具、方法、接口等会有一些差异，但关键是理解最小系统移植的流程及相关的知识点。

Linux 最小系统编译和移植可以设置两次实验课程来完成。在迅为公司 iTOP4412 上移植了 Linux 最小系统后通过串口终端显示的界面如图 10-8 所示。

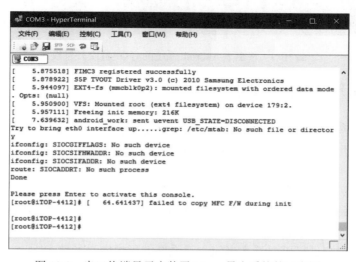

图 10-8　串口终端显示安装了 Linux 最小系统的示意图

10.3.4　Android 移植实验

Android 系统是现在手机和很多嵌入式产品的主流操作系统，移植 Android 系统可以让读者更加深入地了解嵌入式操作系统的移植方法。

Android 系统的移植和 Linux 最小系统的区别就在于最后挂载的文件系统不一样。它们都采用 Linux 内核，而 Android 系统的文件系统包括的东西更多，尤其是图形界面的加入使得 Android 的文件系统更大，一般超过 200MB（具体视版本而定），所以烧写时间略长，建议在有条件的情况下读者可以自己动手烧写一次 Android 系统。移植了 Android 系统的 iTOP4412 开发板如图 10-9 所示。

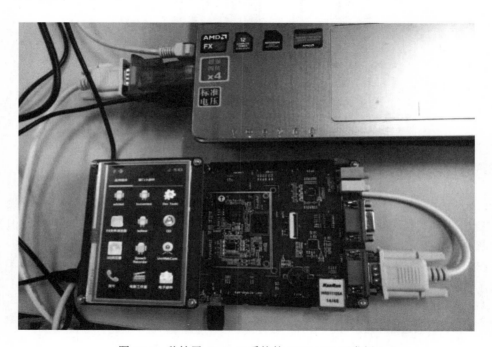

图 10-9　移植了 Android 系统的 iTOP4412 开发板

10.3.5　Linux 系统编程实验

移植了操作系统后，对于如何在操作系统下编程是又一个需要掌握的知识点，这就涉及系统编程的相关内容。第六章简要介绍了一些常用的系统编程方法和函数，主要让读者掌握交叉编译环境的搭建和 Linux 系统下的 C 语言编程和运行方式，这对于嵌入式系统课程的学习来说也是很有帮助的。

建议进行一到两次实验使读者了解系统编程的方法，尤其是常用函数的查询、相关进程函数的编写等。图 10-10 给出了 Linux 最小系统下运行 Helloworld 程序的截图。更多相关程序编写和测试可以参看本书第六章系统编程内容进行练习。

图 10-10　Linux 最小系统下 Helloworld 程序运行截图

10.4　本 章 小 结

嵌入式系统的实验很丰富，基于任意一款开发板或者开发平台都能设计出丰富多彩的实验，所以本章在实验方面的设计只介绍了两款开发板的基本相关实验，更多的内容需要结合教学具体情况进行设计。

参 考 文 献

毕盛, 2019. 嵌入式人工智能技术开发及应用[J]. 电子产品世界, 26(5): 14-16, 25.

陈明方, 邹平, 2013. 基于 STA9800VT 的高频微幅振动测试系统[J]. 仪表技术与传感器(1): 23-26.

陈泓, 郭晓学, 2012. 基于 ZigBee 平台的多通道温度系统的开发[J]. 通信技术, 45(6): 101-103.

陈晓军, 2012. 自制编程器修复三星数码王 DX-668B 中九接收机[J]. 卫星电视与宽带多媒体(15): 66-69.

陈宗义, 2010. 基于 MG2455 与 FGPA 的 SPI 从机接口设计[J]. 软件, 31(11): 25-27.

邓桂芳, 2016. 微机控制系统在汽车上运用[J]. 办公自动化(9): 23-28.

邓晓强, 2012. 典型现场总线技术分析[J]. 东方企业文化(24): 172.

董华, 苗晟, 2017. 嵌入式最小 Linux 的移植及系统性能测试[J]. 电子测量技术, 40(8): 203-206, 211.

董伟巍, 2016. JNI 技术在网络交互中的应用[J]. 电子设计工程, 24(6): 125-127.

杜勇, 东立明, 薛轶明, 2014. Bently 轴系状态检测系统故障隐患的解决办法[J]. 化工自动化及仪表(9): 1090-1092.

范少卓, 邓家先, 王成成, 2011. 多线程技术在 JEPG2000 图像解码中的应用[J]. 计算机系统应用, 20(3): 145-148, 160.

冯洋, 2012. 智能环境数据采集小车[J]. 电子设计工程, 20(21): 12-14.

高椿明, 聂峰, 张萍, 等, 2018. 光纤声传感器综述[J]. 光电工程, 45(9): 112-121.

郭毅, 高航, 赵国安, 2012. 基于路径损耗比的井下精确定位方法[J]. 数据采集与处理, 27(S2): 372-378.

韩翀, 2018. 激光位移传感器在卧式机组测量轴向位移中的应用[J]. 水电与新能源(10): 49-50, 55.

韩宇鹏, 马程群, 孟盈, 等, 2010. 某型末制导雷达自动测试系统设计[J]. 山西电子技术(6): 25-27.

何立民, 2018. 嵌入式领域并不陌生的边缘计算[J]. 单片机与嵌入式系统应用, 18(11): 3.

何立民, 2018. 2017 年观察与 2018 年展望[J]. 单片机与嵌入式系统应用, 18(2): 3-5.

洪新, 吴珂, 王波, 等, 2011. 基于 ZigBee 技术的山体滑坡预警系统设计[J]. 硅谷(1): 51, 36.

胡静波, 乐应英, 李超, 等, 2013. 基于 ARM 的嵌入式智能视频监控系统设计[J]. 信息技术(8): 73-74, 77.

胡强, 张建, 2012. 现场总线技术在工业称重仪表中的应用[J]. 衡器(6): 4-9.

胡曙辉, 陈健, 2007. 几种嵌入式实时操作系统的分析与比较[J]. 单片机与嵌入式系统应用, 7(5): 5-9.

简旭, 2016. 嵌入式软件编程开发初探[J]. 通讯世界(9): 16.

蒋仕勇, 2009. 基于 Java 的远程数据驱动设计实现[J]. 金融经济(11): 92-94.

焦健, 2012. Eclipse 下 Android 环境的搭建[J]. 信息与电脑(理论版)(6): 33-34.

荆海霞, 2008. STM32 系列微控制器的时钟系统分析[J]. 科技信息, 33(281): 511-512.

赖晓彬, 李德卿, 茹兴, 2012. BBS 传输链路多重保护研究之创新 Wi-Fi 路由保护技术[J]. 数字通信世界(7): 80-83.

郎为民, 2010. ZigBee 标准化进展[J]. 数据通信(6): 12-16.

李伟, 2014. Linux 系统中文件权限管理及应用[J]. 无线互联科技(4): 70.

林常君, 2011. 基于 web 的网络设备管理系统的设计与实现[J]. 科技信息(1): 65-66.

刘宝明, 苏培培, 张鹏, 2011. 基于 CPCI 总线的 IEEE1394 接口模块设计与应用[J]. 计算机测量与控制, 19(10): 2504-2506.

刘马宝, 王巧云, 张勇, 等, 2014. 铝合金结构腐蚀传感器综述[J]. 装备环境工程(6): 29-34.

刘珊, 左文英, 2011. 浅析嵌入式 linux 教学系统的构建[J]. 无线互联科技(8): 70-71.

刘雅, 张康, 郑先平, 2010. 基于层次分析的电子政务安全研究[J]. 福建电脑, 26(11): 54-55, 72.

马琳, 2013. 浅谈数据通信的前景[J]. 中国新通信, 15(2): 39-40.

毛敏, 2015. 非接触测量电机转速传感器综述[J]. 电子测试(12): 40-42.

毛敏, 王欣, 2015. 光电式转速表设计[J]. 工业仪表与自动化装置(5): 114-116.

邱娜灵, 蒋朝根, 2009. 嵌入式 Linux 下的 USB 设备驱动[J]. 电子元器件应用, 11(6): 41-43.

邵玫, 2011. 地铁列车旅客信息系统中司机控制单元的设计及实现[J]. 城市轨道交通研究, 14(1): 94-97.

施巍松, 孙辉, 曹杰, 等, 2017. 边缘计算: 万物互联时代新型计算模型[J]. 计算机研究与发展, 54(5): 907-924.

宋刚, 邬伦, 2012. 创新 2.0 视野下的智慧城市[J]. 北京邮电大学学报(社会科学版)(9): 53-60.

宋攀, 庄洁, 2015. 心率联合加速度运动传感器综述[J]. 当代体育科技, 5(6): 231-232.

苏珊, 侯钰龙, 刘文怡, 等, 2015. 光纤位移传感器综述[J]. 传感器与微系统(10): 1-3, 7.

谭庆华, 2011. 嵌入式存储器赋予智能机更多可 "能" [J]. 集成电路应用(12): 24, 26.

谭雄, 2016. 浅析云计算在物联网中的应用[J]. 电脑知识与技术(9): 277-278, 288.

王海霞, 2010. 自动络筒机所用到的总线技术[J]. 纺织机械(2): 36-40.

王锐, 2012. 基于 ARM9 的 GSM 无线发送系统开发[J]. 技术与市场, 19(6): 201-202, 204.

王绍卜, 2012. 基于 WSN 的医院病人实时监护系统[J]. 计算机系统应用, 21(5): 46-49.

王双锋, 何西昌, 肖洪涛, 2011. 施工升降机呼叫系统通信技术综述[J]. 建筑机械化, 32(1): 90-92.

王雪娇, 2012. 基于 ARM 芯片 I.MX51 的 bootloader 移植[J]. 电子技术, 39(7): 60-62.

王彦, 2012. DES 算法在数据加解密管理系统中的应用[J]. 机电技术, 35(4): 43-46.

王洋, 2013. 基于隔离电路的并口设备数据获取系统设计[J]. 电子设计工程, 21(18): 17-18, 21.

吴旻, 谢红福, 王晓梅, 2011. ZigBee 无线通讯技术在物联网系统中的应用研究[J]. 工业控制计算机, 24(8): 59-60, 69.

吴瑕, 2013. BootLoader 的介绍及应用研究[J]. 数字技术与应用(5): 132.

席洁, 陈明, 弟寅, 等, 2013. 测量电场的铌酸锂光传感器综述[J]. 传感器与微系统, 32(3): 4-6, 14.

谢俊聃, 曹剑中, 2010. 基于 SPI 总线技术的同步 422 接口设计[J]. 电子技术应用, 36(8): 26-28, 32.

徐博, 郭秋敏, 2011. 基于 SPI 协议的音频流解码系统的研究与设计[J]. 工矿自动化, 37(1): 44-49.

徐伟, 姜元建, 王斌, 2011. ZigBee 技术在智能插座设计中的应用[J]. 电力系统通信, 32(3): 78-81.

薛子凡, 邢志国, 王海斗, 等, 2017. 面向结构健康监测的压电传感器综述[J]. 材料导报, 31(17): 122-132.

杨敏, 2013. Java 网络通信对 ICQ 的实现[J]. 计算机光盘软件与应用, 16(6): 147, 149.

杨潇亮, 2014. 基于安卓操作系统的应用软件开发[J]. 电子制作(19): 45-46.

杨艳, 2012. Linux 操作系统在嵌入式设计中的分析与实现[J]. 电子世界(20): 108.

叶培顺, 2011. 嵌入式 Linux 在 s3c2440 上的移植[J]. 电子设计工程, 19(15): 111-113.

尹康, 王兴存, 熊东, 等, 2011. 基于 ZigBee 技术的电力杆塔远程监视系统设计[J]. 供电企业管理(4): 45-47.

袁建国, 顾盛, 刘冠琼, 2011. 智能手机系统的 MTBF 自动测试分析与研究[J]. 电子测试(6): 4-7, 11.

袁野, 程善, 美胡仙, 2011. STH32F103 在电力电子控制系统中的应用[J]. 变频器世界(7): 64-67.

袁志勇, 王景存, 2009. 嵌入式系统原理与应用技术[M]. 北京: 北京航空航天大学出版社.

原野, 冯文哲, 张明琰, 2012. 云计算与物联网的融合[J]. 科技信息(4): 252.

岳彬彬, 李向阳, 2012. 基于 CotexM3 的 USB-CAN 转换器开发[J]. 计算机工程与科学, 34(5): 68-72.

曾新亮, 张启萍, 李江春, 等, 2011. 串行数据传输技术在高档数控系统中的应用[J]. 金属加工(冷加工)(22): 70-72.

张玢, 孟开元, 田泽, 2011. 嵌入式系统定义探讨[J]. 单片机与嵌入式系统应用, 11(1): 6-8.

张丹璇, 黄冠全, 李玉蟾, 2019. 智慧医疗云服务平台架构与实现[J]. 电子技术与软件工程(22): 167-168.

张广泉, 2019. 信息化和网络安全同步推进: 访中国工程院院士中国科学院计算技术研究所研究员倪光南[J]. 中国应急管理(7):
　　36-39.

张年如, 王厚淳, 2018. 用指令的机器码格式理解操作数的寻址方式[J]. 江西化工(6): 205-206.

张婷曼, 王巧霞, 2010. Java 语言教学和实践环节的研究与分析[J]. 科技资讯, 8(35): 188.

张志霞, 肖林, 2016. UNIX 平台下的进程控制管理[J]. 信息化研究(1): 58-62.

赵良好, 王澜, 戴贤春, 等, 2018. 搭建基于 Qt 的嵌入式开发平台[J]. 铁道通信信号, 54(2): 37-40.

赵阳, 姚正言, 2019. 智慧城市建设发展现状分析[J]. 智能建筑与智慧城市(8): 26-27, 30.

钟晓玲, 张晓霞, 2015. 面向机器人的多维力/力矩传感器综述[J]. 传感器与微系统, 34(5): 1-4.

周润, 谢永乐, 2010. 基于 ARM-Linux 和 S3C2440 的嵌入式 Linux 内核设计[J]. 中国仪器仪表(3): 56-59.